| 青海省社会科学院建院四十周年丛书 |

奋进的历程

青海省社会科学院建院四十周年

COMMITMENTS, PERSEVERANCE AND ACHIEVEMENTS

A Retrospective of the First Forty Years of
Qinghai Academy of Social Sciences

主　编／任惠英　赵　晓

社会科学文献出版社
SOCIAL SCIENCES ACADEMIC PRESS (CHINA)

1985 年 10 月 23 日，中宣部部长邓力群（左三）来青海视察工作时与省长黄静波（左四）及青海省社会科学院院长史克明（左二）、副院长周生文（右二）、鲁光（左一）、隋儒诗（右一）合影

1991 年 2 月 12 日，省长金基鹏（右一）来青海省社会科学院视察指导工作

1991 年 4 月 16 日，省委书记尹克升（右）在青海省社会科学院课题鉴定会上讲话

1991 年 4 月 17 日，青海省社会科学院科研人员编纂出版的《格萨尔学集成》在人民大会堂举行首发式。全国人大副委员长赛福鼎·艾则孜（中）和全国政协副主席杨静仁（右一）出席了首发式。青海省社会科学院副院长周生文（左一）在首发式上讲话

1992年1月23日，省长田成平（右）在青海省社会科学院玉树课题鉴定会上讲话

1996年3月，院党组研究青海省社会科学院"九五"计划和2010年发展规划。左起冯敏、王昱、谢佐、陈国建、周生文、翟松天、汪发福、刘忠

1997年12月30日，省委副书记桑结加（左二）在青海省社会科学院首批特邀研究员聘任会上讲话

1998年8月7日，中国社会科学院党委书记王忍之（右二），哲学、马列研究所联合党委书记傅青元（左二，原青海省社会科学院院长）等在省委常委、宣传部部长田源（右一）陪同下来青海省社会科学院视察指导工作

2001年3月22日，省委副书记宋秀岩（中），省委宣传部部长曲青山（左）、副部长石昆明（右）来青海省社会科学院视察指导工作

2003年6月，省委副书记骆惠宁（前中）来青海省社会科学院视察指导工作

2005年7月13日，省委副书记刘伟平（中）来青海省社会科学院视察指导工作

2007年9月21日，省委书记赵乐际（右一）、副书记刘伟平（左二）来青海省社会科学院视察指导工作

2008年2月2日，省委常委、组织部部长齐玉（左）看望青海省社会科学院崔永红副院长

2008年6月24日，青海省社会科学院青年喜迎奥运圣火

2008年7月15日，全国政协副主席、中国社会科学院院长陈奎元（中）于北京会见青海省社会科学院院长赵宗福（左）

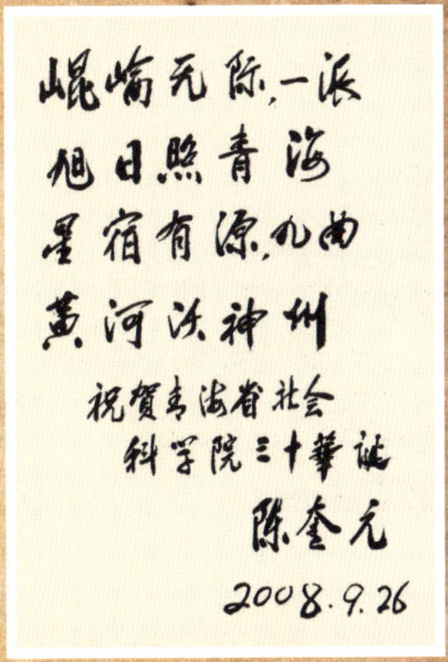

2008年，全国政协副主席、中国社会科学院院长陈奎元为青海省社会科学院建院30周年题词

2012年5月，青海省社会科学院举办土文化国际学术研讨会，省委常委、宣传部部长吉狄马加（左四）出席

2012年7月，青海省社会科学院举办"格萨尔与世界史诗国际学术论坛"，中国社会科学院副院长武寅（中）出席

2012年8月，青海省社会科学院举办"昆仑神话的现实精神与探险之路国际学术论坛"，省委常委、宣传部部长吉狄马加（中）出席并致辞

2013年8月，青海省社会科学院举办"2013'中国昆仑文化国际学术论坛"，省人民政府副省长辛国斌（中）出席

2014年8月，青海省社会科学院举办"2014'昆仑文化与丝绸之路经济带国际学术论坛"，省委常委、宣传部部长吉狄马加（中）出席论坛并致辞

2014年10月22日，副省长匡湧（右）来青海省社会科学院视察

2014年12月25日，省委第一巡视组组长桑杰参加青海省社会科学院党组民主生活会

2015年2月3日，青海省社会科学院召开地方研究所工作会议，图为代表合影

2015年5月19日，中国社会科学院王伟光院长（左）在北京会见青海省社会科学院陈玮院长

2015年5月19日，中国社会科学院李培林副院长（右）在北京会见青海省社会科学院陈玮院长

2015年6月15日，青海省社会科学院藏学研究中心成立

2015年7月10日，青海省社会科学院党务干部在四川省委党校培训期间悼念汶川特大地震遇难同胞

2015年10月13日,省委常委、秘书长王予波(左)来青海省社会科学院调研,右为院党组书记、院长陈玮教授

2015年重阳节,青海省社会科学院老干部登山合影

2016年1月15日,青海省社会科学院召开"青海蓝皮书"发布会

2016年5月23日,青海省社会科学院学习贯彻习近平同志"5·17"重要讲话精神

2016年9月4日，青海省社会科学院举办藏区精准扶贫学术研讨会

2017年1月19日，孙发平副院长（右二）陪同省委宣传部领导看望青海省社会科学院专家

2017年6月3日，中国藏研中心来青海省社会科学院举办《西藏通史》捐赠仪式暨科研工作交流座谈会

2017年6月29日，陈玮院长走访慰问青海省社会科学院退休老同志

2017年7月17日，青海省社会科学院召开藏区价值共识与"五个认同"学术研讨会

2017年7月24日，青海省社会科学院职工参加"喜迎十九大、颂歌献给党"省直机关职工文艺汇演

2017年8月4日，青海省社会科学院承办第十八次全国皮书年会在西宁召开

2017年8月4日，中国社会科学院院长王伟光（左三），青海省委副书记、省长王建军（左四），青海省委常委、宣传部部长张西明（左一）等领导出席全国皮书年会

2017年8月4日，青海省省长王建军在全国皮书年会上讲话

2017年8月4日，中国社学科学院王伟光院长（左四）来青海省社会科学院指导工作

2017年8月4日，中国社会科学院王伟光院长（中）视察青海省社会科学院成果展厅

2017年12月1日，省委常委、宣传部部长张西明来青海省社会科学院调研

2017年12月16日，青海省社会科学院召开"唐蕃古道"联合申遗前期协调会议

2018年2月1日，青海省社会科学院党组代表全院职工精准扶贫奉献爱心

2018年6月9日，陈玮院长在青海省社会科学院主办的西宁地区第三十二届藏族文化艺术节开幕式上致辞

2018年7月5日，青海省社会科学院举办"贯彻新发展理念推动新时代青海经济社会发展学术论坛"

2018年7月13日，中国社会科学院谢伏瞻院长（右）在北京会见青海省社会科学院陈玮院长

2018年8月27日，第十四届西部十二省（市区）社会科学院院长联席会暨习近平生态文明思想与西部绿色发展论坛与会代表合影

2018年8月27日，青海省社会科学院组织召开第十四次西部十二省（市区）社会科学院院长联席会

2018年8月31日，青海省社会科学院召开三江源国家公园体制试点评估报告评审会议

《青海社会科学》《青海社会科学（藏文版）》

《青海研究报告》《青海藏区要情》《丝路建设智库要报》等智库平台

"青海蓝皮书"系列

《青海研究报告》《智库报告（合订本）》

编委会

主　　任：陈　玮

副 主 任：孙发平　马起雄

委　　员：（按姓氏笔画为序）
　　　　　马勇进　毛江晖　任惠英　刘景华　闫金毅
　　　　　杜青华　杨志成　张生寅　张立群　张国宁
　　　　　张建平　拉毛措　赵　晓　鄂崇荣　谢　热

主　　编：任惠英　赵　晓

编　　务：李卫青　柴丰洪　赵生祥

立时代之潮头　　发思想之先声（代序）

随着我国改革开放四十年的辉煌历程，青海省社会科学院也迎来了建院四十年华诞。1978年10月，青海省社会科学院的诞生，既是改革开放播下的早春火种，也是青海省哲学社会科学事业迈向新征程的历史标志。

四十年来，青海省社会科学院在青海省委省政府的正确领导下，始终坚持"二为"方向和"双百"方针，坚持"三兼顾，三为主"的原则，坚持立足青海、面向全国、注重实际、突出特色，大力推进哲学社会科学繁荣发展，在基础研究和应用对策研究领域取得了显著成就，推出了一大批高质量的学术研究成果，形成了一支具有一定规模的哲学社会科学研究队伍。据统计，四十年来全院共完成学术专著223部，社科知识读物、教材、工具书、资料汇编、古籍整理、译著176部，发表论文、调研报告4306篇，承担国家级课题93项、省级课题105项、省委省政府及有关部门委托课题91项，在地方经济、地方历史文化、藏学、民族宗教、青藏高原生态环境等研究领域生产出了一批优秀科研成果，如《青海百科全书》《格萨尔学集成》《青海通史》《青海简史》《青海省建置沿革志》《中国藏族部落》《藏族部落制度研究》《甘青藏传佛教寺院》《觉囊派通论》《青海藏族游牧部落社会研究》《中国密教史》《青海佛教史》《青海果洛藏族社会》《青海经济史》《五世达赖喇嘛传》《历代达赖喇嘛与中央政府关系研究》《中国三江源区生态价值与补偿机制研究》《青海转变经济发展方式研究》《中国藏区反贫困战略研究》等。科研成果先后荣获中宣部"五个一工程"入选作品3项，第四届中国藏学研究珠峰奖汉文学术论文类一等奖1项、三等奖1项，水利部黄河水利委员会科学技术进步二等奖1项，首届中华优秀出版物（论文）奖1项，青海省哲学社会科学优秀成果一等奖16项，二等奖57项，三等奖109项，鼓励奖34项。

特别是党的十八大以来，青海省社会科学院党组坚持"开放办院"方针，努力创新工作思路和方法，突出优势，从四个方面主动作为，在学科布局、智库建设、队伍建设等领域取得了显著成就。一是彰显省情特点，合理架构学科布局。本着有所为有所不为的原则，根据青海省生态地位突出、民族多元宗教多样、区位安全战略地位显要等省情特点，通过调整学科设置布局、倾斜资金支持、创办民族文字期刊等方式，重点加强生态学、藏学、民族学、宗教学、循环经济学等学科建设，不断巩固发展特色优势学科。二是挖掘两种资源，不断拓展联系渠道。一方面，进一步加强与地方党委政府合作，建立健全地方分院，理顺合作机制，引导科研人员接地气，聚焦现实问题的研究；另一方面，继续加大与中央高端和地方专业智库机构在课题研究、人才培养等方面的交流合作，拓展学术研究的全局、全球视野。三是创建整合平台，倾力打造高端智库。围绕优势特色学科，充分吸纳省内外和院内外研究力量，构建专业化系列化、以研究中心为载体的高端智库平台，并依托这些平台精心打造专业化系列化的高端智库报告，智库服务的质量和水平得到大幅度提升。四是营造创新环境，着力加强人才队伍建设。在严把科研队伍入口关的同时，以项目带动、学术交流、学术团队建设以及各类人才高地为抓手，培养了一批学历层次较高、学术功底扎实、研究方法规范、治学作风严谨的青年科研才俊。

经过四十年的艰辛探索，青海省社会科学院已经发展成为一个角色定位清晰、优势学科突出、研究队伍齐整、发展潜力明显的地方智库。目前，全院有民族宗教、文学历史、社会学、政治与法学、经济学、藏学和生态学等7个研究部门，4个科研辅助部门和2个行政后勤部门，另外内设院机关党委（机关纪委）和机关工会。现有各类专业技术人员54人，其中，正高职称人员14人，副高职称人员21人；享受国务院特殊津贴专家7人、省级专家5人；全国宣传文化系统"四个一批"优秀人才1人，全国新闻出版行业领军人才1人，全省宣传文化系统"四个一批"拔尖人才1人、优秀人才3人；博士8人，硕士26人；二级岗研究员7人。

四十年峥嵘岁月，四十年大潮浪涌，四十年升华提高，青海省社会科学院始终与国家改革开放巨变同步，始终与青海改革开放事业发展同行。青海省社会科学院的成长和壮大，始终离不开青海省委省政府的高度重视和巨大关怀，始终离不开青海省委宣传部的具体指导，始终离不开全院工作人员的努力付出与辛勤耕耘。四十年的发展历程告诉我们，没有马克思主义和中国特色社会主义作为指导思想，社会科学研究就会偏离正确方向；没有中国共产党的坚强领导，青海省社会科学院就不能繁荣发展；没有改革开放和现代化建设的伟大实践，社会科学工作者就缺少理论创新的源泉和动力。青海省社会科学院成长发展的四十年，是伴随改革开放和社会主义现代化建设阔步前进的四十年，是不断开拓创新、取得丰硕成果的四十年。四十载流金岁月，承载了几代社科院人的辛勤耕耘和无私奉献，见证了青海省社会科学院创新发展的辉煌历程。

身处新时代，立足新起点，展望新未来，我们激情满怀。以习近平同志为核心的党中央紧密结合新的时代特征和实践要求，以全新的视野深化对共产党执政规律、社会主义建设规律、人类社会发展规律的认识，形成了习近平新时代中国特色社会主义思想，开辟了马克思主义中国化新境界、中国特色社会主义新境界，是照亮中华民族伟大复兴新征程的灯塔，是中国共产党人新时代的力量源泉，是我们必须长期坚持的指导思想，不仅为我国今后的发展提出了新目标和新任务，也为社科界深入开展创新研究提供了基本遵循。面对百舸争流、千帆竞发的新形势、新局面，青海省社会科学院上下一定要始终牢记党和人民赋予的历史使命，继续保持特色、发挥优势，自觉做先进思想的倡导者、学术研究的开拓者、社会风尚的引领者、党执政的坚定支持者，立时代之潮头、通古今之变化、发思想之先声，积极为党和人民述学立论、建言献策，努力把青海省社会科学院建成马克思主义的坚强阵地、青海省意识形态的重要阵地、青海省哲学社会科学研究的最高殿堂、省委省政府重要的思想库和智囊团，在认识世界、传承文明、创新理论、咨政育人、服务社会等方面百尺竿头，更进一步！

陈 玮

（青海省社会科学院党组书记、院长、教授）

2018 年 10 月

目录 CONTENTS

| 第一章 | 概况 | 001 |

第二章	机构设置	009
	一 行政机构、组织	009
	二 科研机构	014
	三 科研辅助机构	023
	四 非社团机构	025

第三章	人员情况	030
	一 高级职称队伍	030
	二 现职人员名册	087
	三 现职各类专家及人才名册	089
	四 特聘专家名册	091
	五 离退休人员名册	098
	六 调离职工人员名册	101

第四章	科研工作回顾与展望	106
	一 四十年科研工作回顾	106
	二 主要研究成果	110

三　四十年科研工作的做法与经验 …………………………… 125
　　四　未来科研工作的设想与展望 …………………………… 129

第五章　历年科研成果及奖项统计 …………………………… 132
　　一　建院以来科研成果汇总统计表 ………………………… 132
　　二　历年出版的著作（丛书）类成果一览表 ……………… 132
　　三　历年承担的国家社会科学基金项目 …………………… 140
　　四　历年承担的青海省社科规划项目 ……………………… 145
　　五　历年承担的院级项目 …………………………………… 150
　　六　历年承担的委托及横向项目 …………………………… 182
　　七　历年科研成果统计表 …………………………………… 192
　　八　历年获奖的科研成果目录 ……………………………… 205
　　九　历年科研成果获领导批示一览表 ……………………… 237

第六章　大事记 ………………………………………………… 251

后　记 ……………………………………………………………… 305

第一章 概况

青海省社会科学院成立于1978年10月25日,是青海哲学社会科学研究的最高学术机构和综合研究中心。第一任院长史克明,第二任院长傅青元,第三任院长朱世奎,第四任院长陈国建,第五任院长景晖,第六任院长赵宗福,现任院长陈玮。青海省社会科学院以学科特色鲜明、人才较为集中、研究资源相对丰富的优势,在青海改革开放和现代化建设的进程中,围绕重大理论和现实问题进行创造性的探索和政策研究,肩负着为省委省政府提供高质量决策咨询服务的光荣职责,以及从整体上提高青海人文社会科学水平的时代使命。

建院初期,全院设哲学研究室、经济研究室、民族研究室、宗教研究室、地方史研究室、图书资料情报室、刊物编辑室、办公室等8个处级机构,事业编制60人。1988年6月核定事业编制131人,1996年6月核定编制113人。2003年机构改革后,全院总编制为90名。其中专业技术人员编制70名,行政管理人员和其他人员编制20名。2017年全省精简事业编制,青海省社会科学院按比例核减事业编制5名,核减后全院总编制85名。目前,院级领导职数有4名,其中院长1名,副院长3名。下设办公室(人事处)、科研管理处、经济研究所、社会学研究所、民族与宗教研究所、藏学研究所、政治和法学研究所、文史研究所、《青海社会科学》编辑部、文献信息中心、培训中心(生态环境研究所)、后勤服务中心等12个处级机构,另外内设院机关党委(机关纪委)、机关工会。现有在职职工84人。其中,专业技术人员58人(科研人员49人,科研辅助人员9人),占职工总数的69%;行政后勤人员26人,占职工总数的31%。在拥有专业技术职称的人员中,正高14人,副高19人,中级职称20人,初级职称5人。

建院 40 年来，在省委省政府的正确领导下，在省委宣传部的具体指导下，青海省社会科学院坚持以马克思列宁主义、毛泽东思想、邓小平理论、"三个代表"重要思想、科学发展观和习近平新时代中国特色社会主义思想为指导，深入贯彻落实中央和省委治青理政战略部署，以打造"中国特色、青海特点"新型专业化高端智库为目标，坚持"立足青海、面向全国、注重实际、突出特色"及"三兼顾、三为主"的原则，强化服务意识、开放意识、学科意识、精品意识、人才意识。正确处理应用研究与基础研究的关系、对策建议的时效性与学术价值的永久性的关系、管理工作与科研工作的关系、本院工作与全局工作的关系。以科研为中心，不断调整学科布局和科研力量，增强精品意识，提高研究水平和工作效率。适应新时代中国特色新型智库建设要求，在重视基础研究的同时，不断加强对新时代中国特色社会主义发展过程中的重大理论与现实问题的研究，特别是对青海省经济社会发展、民族宗教问题、生态环境等关乎国家稳定、社会和谐、人民幸福生活的重大问题的研究，推出了一大批高质量智库成果。经过 40 年的奋斗和发展，青海省社会科学院在全国的学术影响力不断提升，先后入选"中国智库索引"首批来源智库，并被国家推进"一带一路"建设工作领导小组办公室和国家信息中心"一带一路"大数据中心评选为最具影响力的十家地方智库之一。

建院 40 年来，青海省社会科学院除组织各研究所承担相当数量的国家和省级哲学社会科学规划研究项目外，还根据青海经济社会又好又快发展的需要和各学科的特点及其发展趋势，确定院级重点课题项目和一般课题项目。同时积极承担省委省政府及有关部门提出或委托的在青海经济与社会发展中具有全局意义的重大理论问题和现实问题的研究任务。重点研究项目通常以课题组的形式进行，参加者根据自己的专业特长接受院、研究所的委托或自愿选择研究任务。许多重大课题，由多学科的学者参加，以利于多学科综合优势的发挥。也有部分科研人员，根据自己的专业方向和兴趣，独立地进行研究。近年来，青海省社会科学院以重点学科为着力点，确定了藏学、青藏高原生态环境、民族宗教等研究领域作为研究重点和主攻方向，并注重从青海省体制改革、对外开放、经济社会发展战略、社会主义物质文明、政治文明、精神文明、社会文明、生态文明等方面选取科研课题。经过全体科研人员的辛勤努力，产生了一大批针对新形势新任务、研究新问题、探索新路子，直接为各级党委政府科学决策提供理论依据和智力支持、为各部门各行业解决现实问题提供咨询服务的优秀科研成果。据不完全统计，截至2018年9月底，青海省社会科学院共完成学术著作223部；资料汇编、古籍整理、工具书、教材、社科普及读物、译著等176部；发表论文、调研报告4306余篇；承担国家社科基金86项、省级课题110项、省委省政府及有关部门委托（合作）课题158项。

建院40年来，先后荣获中国藏学研究"珠峰奖"一等奖1项，三等奖1项；中宣部"五个一工程"入选作品奖3项；青海省精神文明"五个一工程"入选作品奖7项；青海省哲学社会科学优秀成果评奖一等奖16项、二等奖57项、三等奖109项、鼓励奖34项，还有许多成果获全省各类大型研讨会的优秀论文奖。这些成果体现出较高的学术理论价值，取得了良好的社会效益和经济效益，为决胜全面建成小康社会和哲学社会科学事业大发展大繁荣做出了应有的贡献。

建院40年来，按照中央和省委关于加强人才队伍建设意见精神，青海省社会科学院紧紧围绕科研、咨询、评估中心工作，以建设一支高学历、高素质、结构合理、富有活力、开拓创新的科研人才队伍为目标，采取切实有效的措施，人才队伍建设工作取得显著成效。特别是近年来，院党组以建设中国特色青海特点新型智库为目标，深入实施人才强院战略，解放思想，更新观念，牢固树立"人才资源是第一资源"的理念，高层次人才队伍建设成效显著。目前全院在职职工84人。其中专业技术人员58人，全院专业技术人员队伍中，博士后1人、博士学历7人、硕士学历31人、本科及其他学历19人；其中正高职称14人，副高职称19人，中级职称20人，初级职称5人。全院现有享受国务院特殊津贴专家6人，全国文化名家暨"四个一批"人才1人，全国新闻出版行业领军人才1人，省宣传文化系统"四个一批"拔尖人才1人、优秀人才3人，省级优秀专家4人，省级优秀专业技术人才3人，青海省第二批"高端创新人才千人计划"拔尖人才5人，青海省第三批"高端创新人才千人计划"杰出人才1人、领军人才1人、拔尖人才1人。青海省专家评审委员会委员1人，"五个一工程"评审专家3人，省社科界专家人才库专家9人，青海省新闻和文化出版产业专家库推荐人选5人、青海省优秀法学家1人、青海省优秀青年法学家1人、省委宣传部中端和初级人才培养对象17人。

建院40年来，青海省社会科学院长期坚持广泛开展对外学术交流的方针，近年来对外学术交流不断发展。据不完全统计，在交流规模上，青海省社会科学院共组织、参加全国和全省性各种形式的学术报告会、研讨会700多次，有1000多人次参加了各类学术活动。从交流形式方面，积极拓展学术交流渠道，采取请进来的办法，先后邀请中国社会科学院、中国藏学研究中心等高端智库的专家和学者300余人次为青海省社会科学院科研人员举办专题讲座等活动。采取"走出去"的办法，先后派遣数十人次赴美国、德国、比利时、蒙古国、俄罗斯、乌克兰、新加坡等国家和我国台湾地区进行学术交流，拓宽了科研人员的视野，活跃了学术思想，营造了浓厚的学术氛围，从而提升了研究能力和水平，提升了人才队伍的整体素质。选派业务骨干到省内玉树州、河南县、兴海县、化隆县等地方党委和政府挂职锻炼，组织中青年科研骨干和党务干部赴四川省委党校、山东省委党校等进行学习和培训。通过访问学习和挂职锻炼，培养了一批政治素质硬、研究水平高、创新能力强的中青年人才骨干。在地区分布上，青海省社会科学院对外交流已遍及世界10余个国家（地区）和全国30多个省区。日益发展的对外学术交流活动，对繁荣青海社会科学事业、促进学科建设和人才培养发挥了重要的作用；对增进与有关国内外智库机构间相互了解和友好合作关系发挥了积极的作用。青海省社会科学院将对外学术交流、课题研究和学科建设紧密结合，通过对外学术交流，促进重点科研项目和学科发展。一批研究人员通过高校进修和访问交流，拓宽了学术视野，业务上得到培养和提高，许多人才已成为科研骨干或学科带头人。

建院40年来，青海省社会科学院始终以扩大青海哲学社会科学优秀成果推介和助推文化名省建设为己任，努力打造《青海社会科学》这一高端学术平台，为全省哲学社会科学大发展大繁荣做出了积极贡献。《青海社会科学》是青海省社会科学院主办的综合性人文社会科学学术期刊。1980年创刊，1982年改为双月刊并在国内公开发行，1985年起在国内外公开发行。40年来，《青海社会科学》坚持正确的办刊方向，注重思想性、学术性、创新性、应用性，刊发了一系列学术上有创见、勇于探索、对经济社会发展具有现实针对性和指导意义的高质量学术作品，产生了一定的学术影响和社会影响。截至2018年9月底，已出版233期，发表各类理论学术文章约 6000 篇。其中：50% 以上文章被《新华文摘》《中国社会科学文摘》《人大报刊复印资料》等权威性期刊全文转载、复印，或被论点摘登及题录；有 3 篇被评为全国"五个一工程"入选作品奖；在历次青海省哲学社会科学优秀成果评奖中，获奖数及等次在省内刊物中均名列前茅。《青海社会科学》1992 年被列为全国综合类社会科学重要期刊和民族学类核心期刊；1999 年被列入中国人文社会科学核心期刊；1998 年、1999 年、2006 年、2008 年、2010 年、2012 年、2017 年先后七次入选中文社会科学引文索引（CSSCI）来源期刊，2018 年入选中国人文社会科学核心期刊；2002 年、2008 年连续两次获青海省社科期刊编校质量一等奖；2009 年被评为"中国北方十佳期刊"；2018 年 8 月入选"青海最美期刊"；2013 年获得国家社会科学基金资助，为青海唯一获国家社科基金资助期刊。目前，《青海社会科学》设有本刊特稿、藏学研究、丝路研究、生态研究、哲学与政治学研究、经济学研究、社会学研究、法学研究、文学研究、历史与文化研究、民族与宗教学研究等常设栏目，并跟踪学术热点问题，适时开设相关专题研究栏目。2018 年 3 月 10 日，经国家新闻出版广电总局批准，由中共青海省委宣传部主管、青海省社会科学院主办的《青海社会科学（藏文）》正式创刊。《青海社会科学（藏文）》属季刊，设政治学、经济学、生态学、民族学、宗教学、法学、历史学、人类学、民俗学、教育学、语言学、藏医药学、文学艺术等特色学科栏目。主要刊发用藏文创作的具有较高学术水平的研究论文、调研报告及其他学术成果。充分展示我国藏学界的最新研究成果和前沿动态，向藏区社科理论工作者和藏学研究人员提供丰富的学术资料和科研信息。

建院 40 年来，青海省社会科学院先后创办了系列应用对策研究成果刊登平台，如《进言》（2006 年 2 月），以"咨政献策、一事一议、观点创新"为宗旨，先后刊发 129 期，得到省级领导批示肯定 108 次。《决策视野》（2009 年 11 月）创刊，主要刊载社科理论研究前沿的动态信息和研究成果，专呈省委省政府主要领导参阅。《科研参考》（2014 年 8 月），截至 2018 年 6 月编发信息类资料共 82 期，提供省上领导和有关部门参考。《青海时政手册》（2011 年）至今已连续编发 5 册，专门提供领导干部和科研人员参考学习。《青海社会科学报》（1999 年 1 月，曾用名称《社科动态》《青海社科院》，2008 年更为现名），自 2015 年起发行期数由原来的双月期改为单月期，每年发行12期。此外，2001年底，创办了专呈副省级以上党员领导干部参阅的《青海研究报告》。报告撰写人主要系青海省社会科学院学者专家和科研骨干，以全省经济社会发展的重大理论和实践问题为研究对象，侧重理论联系实际，注重宏观性、前瞻性。围绕青海省经济社会发展中遇到的热点难点问题选题立项，在深入调查研究的基础上，通过科学的分析研判，提出有针对性和可操作性的对策建议，为青海省委省政府和地方各级党委提供决策依据和理论支撑。经过17年的实践，已成为社科院应用对策研究的一大平台，因其报送内容客观翔实且有较高的应用价值，多次得到省委省政府主要领导同志的批示肯定和各级党委政府的重视与认同，并在实际工作中得以吸纳借鉴。目前，《青海研究报告》已成为青海省社会科学院的重要科研品牌，是青海省社会科学院发挥新型智库功用的主要载体之一。近年来，为更好地向党委政府决策提供高质量理论咨询服务，不断深化和拓展成果应用平台，扩大智库品牌效应，相继创立了《青海研究报告建言版》《青海藏区要情》《丝路建设智库要报》《青海生态建设智库要报》《青海民族宗教内参》，以及《舆情信息》等多个智库报告，拓宽了科研成果转化渠道，确保研究成果应用于经济社会发展实践，不断扩大科研品牌效应。先后有135项智库成果获得中央政治局常委、国务院副总理张高丽、中央政治局委员、中央统战部部长孙春兰等领导同志和青海省委省政府省政协等主要负责同志及其他省级领导批示160多次（具体批示见后文《历年科研成果获领导批示一览表》）。

建院40年来，青海社科院紧紧围绕省委省政府中心工作，着眼于全省经济社会发展需要，打破部门和学科界限，于1999年创办了集综合性、原创性、前瞻性于一体的《青海蓝皮书》。全书以青海省经济、社会、政治、文化和生态文明建设等各领域的重大理论和现实问题为研究对象，从战略高度对青海经济社会进行综合分析和科学预测，是对全省经济社会形势进行上一年度全面分析，下一年度科学预测的专题研究集成。2012年起，全新改版升级，由社科文献出版社权威出版发行，同年成为全国两会青海代表团的会议材料。从2015年开始，青海省政府每年以官方新闻发布会的形式对《青海蓝皮书·青海经济社会形势分析与预测》的主要成果、学术观点进行权威发布，实现了皮书新闻发布的制度化、常态化。2017年2月，《青海日报》以《2017年青海经济之走向》为题，首次整版介绍了《青蓝皮书》。2017年《青海蓝皮书》被列为中国社会科学院创新工程学术出版项目，这是《青海蓝皮书》获得的重大荣誉。目前，《青海蓝皮书》已成为集全省社会科学研究智慧和精华，对当前青海热点问题进行年度专业研究的重要成果表达形式，成为青海社科院广视角、全方位宣传推介青海经济社会发展成就的重要窗口。更是各级领导、人民代表、政协委员、专家学者和社会各界非常重视的参政议政、科学研究和认识省情的重要参考和理想读物，也是哲学社会科学服务青海改革发展稳定的重要载体，有效提升了青海学术话语权。同时，按照省委省政府要求，组织编撰了首部《青海生态文明建设蓝皮书》（2016年）和《青海人才发展蓝皮书》（2017年），为向海内外宣传推介青海生态文明建设、高原人才建设成就发挥了重要作用。从2012年起，还与西北五省区社科院联合编撰出版《西北蓝皮书》。由于青海社科院在皮书工作方面的突出成绩，2017年中国社会科学院委托青海社科院与社科文献出版社联合承办"第十八次全国皮书年会"，年会参会人数规模之大、出席会议领导层次之高、专家之众，都在皮书发展史创造了新的纪录。会上，青海省社会科学院精心推出的《2016年青海经济社会形势分析与预测》荣获第八届"优秀皮书奖"二等奖。登载于《2017年青海经济社会形势分析与预测》的《青海省藏传佛教寺院"三种管理模式"成效及经验》一文，获得第四届中国藏学研究珠峰奖汉文学术论文类一等奖；《三江源区生态补偿政策成效及对策建议》一文，被中办信息刊物《每日汇报》单篇采用，时任中央政治局常委、国务院副总理张高丽做出批示；《2017年至2018年青海经济发展形势分析与预测》一文，被中办信息刊物《观点摘编》综合采用。

建院40年来，青海省社会科学院始终坚持行政后勤和各类辅助工作，要紧紧围绕科研中心的要求和以人为本、围绕需求、服务科研的原则，认真履行服务和保障职能，在管理、保障、服务、廉洁、务实、高效上下功夫，确保以科研为中心的各项工作保障。各职能部门切实把积极改善工作环境、扩大学术资源等视为第一要务，把全力推进中国特色青海特点新型智库建设作为奋斗目标，各项工作取得了显著成效。

近年来，青海省社会科学院按照"功能分设、深度交流、相互支撑"的原则，根据省委省政府决策需求和青海经济社会发展需要，打破单位和学科界限，先后成立"青海藏学研究中心""青海丝路研究中心""青海生态环境研究中心""青海宗教关系研究中心""青海人才研究中心"等专业化高端智库研究机构,逐步实现了科研咨询向专业化精细化发展目标。同时,还建立了青海省社会科学院玉树分院等一批地方研究院。

经过40年的发展,青海省社会科学院凭借高质量的科研咨询服务工作和各项事业全方位的整体发展,得到青海省委省政府和社会各界的广泛认可。2010年3月被中共青海省直机关评为2009年度"机关党建先进单位";2010年6月被省直机关精神文明建设指导委员会评为"省直机关文明单位";2011年6月被省直机关工委评为"先进基层党组织";2011年11月被评为全省宣传思想文化人才工作"先进集体";2012年2月被中共西宁市城中区委、区政府评为2010~2011年度精神文明建设"先进集体",并将青海省社会科学院学术报告厅确定为"道德讲堂";2012年2月被中共青海省直机关工委评为2010~2011年度"机关党建先进单位";2012年9月荣获"全省理论工作先进单位";2010~2012年度青海省社会科学院被授予"省级文明单位"称号;2013年1月被省直机关工委评为"学习型党组织建设示范点";2013~2015年度青海省社会科学院被授予"省直机关文明单位"称号;2017年度青海省社会科学院被西宁市城中区民族团结进步创建领导小组命名为"先进集体",同时在全省民族团结进步创建(综合治理)工作专项考核中评为"省直机关优秀单位"。同时,院党组切实加强党风廉政建设和反腐败工作,切实把加强党的政治建设摆在首位,努力推动全面从严治党向纵深发展。2011年、2012年院领导班子连续两年被评为党风廉政建设责任制和惩防体系建设"优秀领导班子"。

第二章 机构设置

一 行政机构、组织

1. 院党组

历届院党组书记、副书记、成员:

1981.4~1985.11

党组书记史克明,副书记鲁光,成员隋儒诗、周生文

1985.11~1989.5

党组书记傅青元,成员隋儒诗、周生文、翟松天

1989.5~1994.5

党组书记朱世奎,副书记周生文,成员翟松天、王昱、刘忠、冯敏

1994.5~1998.12

党组书记陈建国,副书记周生文,成员翟松天、王昱、刘忠、冯敏、谢佐、曲青山、汪发福

1998.12~2007.12

党组书记景晖,成员翟松天、王昱、冯敏、曹景中、曲青山、汪发福、淡小宁、崔永红、孙发平

2008.4~2015.4

党组书记赵宗福,成员淡小宁、崔永红、孙发平、苏海红

2015.4至今

党组书记陈玮,成员淡小宁、孙发平、苏海红、马起雄

2. 院行政领导

历届院长、副院长:

1978.12~1985.11

院长史克明，副院长鲁光、隋儒诗、周生文

1985.11~1989.6

院长傅青元，副院长隋儒诗、周生文

1989.6~1994.5

院长朱世奎，副院长周生文、翟松天、王昱、刘忠

1994.5~1998.12

院长陈国建，副院长周生文、翟松天、王昱、刘忠、谢佐、曲青山

1998.12~2007.12

院长景晖，副院长翟松天、王昱、曲青山、蒲文成、曹景中、淡小宁、崔永红、孙发平

2008.4~2015.4

院长赵宗福，副院长淡小宁、崔永红、孙发平、苏海红

2015.4至今

院长陈玮，副院长淡小宁、孙发平、苏海红、马起雄

3. 办公室

1978年10月25日青海省社会科学院成立时设办公室建置。历任主任党勤务、李怀文、曹毓武、刘得庆、拉毛扎西，副主任李鸿钧、刘广仁、李端兰、刘志安、杨占奎、徐世龙、李安林、杨志成、拉毛扎西、任惠英、毛江晖、赵晓、张国宁、张继宗、鲁顺元。现任主任任惠英，副主任张书卫、李晓燕。

办公室主要职责：为全院的科研和行政管理提供综合服务，参与调查研究，处理综合信息，负责全院文秘工作和财务、车辆管理及房产、水电、暖气、资产的管理、保管等工作。同时，积极落实领导交办的其他事宜。

4. 人事处

1996年7月经省编制委员会批准挂政治处牌子（2003年改为人事处）。历任处长徐世龙、拉毛扎西，现任处长任惠英。

人事处主要职责：负责全院干部人事、专业技术人员、职称评聘和劳动工资管理工作；制定全院机构设置、人员编制方案；承办干部任免、调配、奖惩等方面工作；负责统战、职工教育和老干部服务工作；管理干部

人事档案。

5. 科研管理处

1983年8月4日经省党政机关机构改革工作指导小组同意，青海省社会科学院设立科研组织处，2003年机构改革时更名为科研管理处，历任处长、副处长李怀文、李高泉、李嘉善、刘得庆、马林、穆兴天、刘景华、鲁顺元，现任处长赵晓。

科研管理处主要职责：对全院科研工作进行组织和管理，负责组织参加各类学术评奖和优秀调研成果评奖活动；负责申报各类专家及优秀人才称号人员、申报职称人员的奖项审核及成果认定；及时报送本院工作动态和科研信息；负责科研活动对外联系及各项科研管理制度的拟制与修订工作。

6. 机关党委

1990年1月8日经省直机关工委同意成立院机关党总支，历任总支书记周生文、王昱，副书记郭天德、拉毛扎西、秦书广、秦晓英。2001年经省直机关工委批准，成立院机关党委，历任书记汪发福、淡小宁；历任专职副书记拉毛扎西、秦晓英；现任书记陈玮，专职副书记杨志成。

机关党委主要职责：负责院基层党组织的设置和审批工作；负责安排和检查党员教育、管理、评议和监督工作；负责审批发展新党员工作；负责基层党组织党内政治生活相关工作；负责院党务宣传工作、文化建设工作、普法工作；负责精神文明建设创建及考核工作；负责民族团结进步先进区创建及考核工作；负责工、青、妇等团体的日常管理工作。

7. 机关纪委

2003年3月，经省直机关工委批复，成立院机关纪委，隶属院机关党委。历任书记王仲潜、毛江晖、杨志成。现任书记马起雄、副书记闫金毅。

机关纪委主要职责：维护党的章程和其他党内法规，协助院党组检查党组织和党员遵守党纪，贯彻执行党的路线、方针、政策和决议的情况；负责对党员进行党性、党风和党纪教育；协助院党组开展反腐败斗争，加强党风廉政建设，制定有关规章制度；按照职责权限，查处党组织、党员违反党纪的案件；决定、批准对党员的处分；承办院领导交办的其他任务。

8. 机关工会

历任主席有刘广仁、刘德清、拉毛扎西、张伟、张毓卫、李安林等，现任主席张国宁。

机关工会主要职责：依法维护职工的合法权益，全心全意为职工服务，发挥工会联系党和广大职工的桥梁和纽带作用；紧密围绕全院中心工作开展具有本单位特点的文化体育活动，推动全院精神文明建设；督促有关部门依照国家有关规定为职工缴纳各项社会保险和住房公积金等费用，与有关部门协商解决涉及职工切身利益的问题，为职工谋取福利；积极开展"送温暖"活动，关心困难职工生活，努力为困难职工办实事、办好事；加强自身建设，推进工会工作的制度化、规范化；依法收好、管好、用好工会经费，管理好工会财产。

9. 后勤服务中心

2002年11月，经省机构编制委员会批准成立后勤服务中心，历任主任、副主任李安林、杨志成，现任主任张建平，副主任李建军。

后勤服务中心主要职责：负责本院的物业管理，水、电、暖的供应、维护工作；利用本院可利用的资产开展经营服务创收；负责资产保管、文字打印、报刊收发、承办职工（含离退休人员）医疗保险和疾病预防及保健工作、承担庭院绿化卫生、安全保卫以及各类设备的维修维护和北山绿化工作；同时承担各类会议的后勤保障和完成院领导交办的其他工作。

10. 院学术委员会

1985年12月21日，成立了优秀成果评定小组，由傅青元、隋儒诗、李高泉、陈庆英、钱之翁、魏兴、王昱、褚晓明8人组成。1989年10月4日，党组决定在优秀成果评定小组的基础上成立院学术委员会，由朱世奎任主任，翟松天、陈庆英任副主任，王昱、李高泉、张方朔、钱之翁、蒲文成、魏兴任委员。1992年6月29日，院务会同意增补王恒生为委员。1995年6月12日经院务会研究，调整院学术委员会组成人员，由陈国建任主任，翟松天、蒲文成任副主任，王昱、谢佐、朱玉坤、赵秉理、李嘉善、魏兴、王恒生、崔永红、何峰、李端兰任委员。1998年8月31日院长办公会议调整院学术委员会组成人员，调整后由下列同志组成，主任：翟松天；副主任：蒲文成；成员：王昱、曲青山、王恒生、朱玉坤、崔永红、何峰、吕建福、赵秉理、余中水、梁明芳、马林。2003年因机构改革和人事变动，9月17日院长办公会议研究决定调整院学术委员会组成人员，调整后的学术委员会由下列同志组成，主任委员：王昱；副主任委员：崔永红、翟松天；委员：景晖、王恒生、余中水、张伟、徐建龙、马林、穆兴天、徐明、刘景华、拉毛措、张毓卫、冀康平。2006年6月12日院长办公会议研究决定调整院学术委员会，由景晖任主任委员，崔永红、孙发平、王昱任副主任委员，马林、马连龙、王昱、王恒生、孙发平、刘景华、余中水、张伟、张立群、张毓卫、拉毛措、徐明、徐建龙、崔永红、景晖、翟松天、穆兴天、冀康平为委员。2008年5月26日院党组会议研究决定调整成立新一届学术委员会，调整后的学术委员会由下列同志组成，主任委员：赵宗福；副主任委员：淡小宁、崔永红、孙发平；委员：马林、马连龙、马进虎、孙发平、刘成明、刘景华、苏海红、张伟、张立群、张毓卫、拉毛措、赵宗福、徐明、淡小宁、崔永红、穆兴天、冀康平。2013年党组会议研究决定调整新一届学术委员会，调整后的学术委员会由下列同志组成，主任委员：赵宗福；副主任委员：淡小宁、孙发平、苏海红；委员：丁忠兵、马林、马进虎、马勇进、孙发平、刘景华、苏海红、张立群、拉毛措、赵宗福、赵晓、淡小宁、鄂崇荣、冀康平，秘书长赵晓。因人事变动，经2015年12月22日院党组会议研究决定调整新一届学术委员会，调整后的学术委员会由下列同志组成，主任委员：陈玮；副主任委员：淡小宁、孙发平、苏海红；委员：马进虎、马勇进、马生林、毛江晖、孙发平、刘景华、苏海红、陈玮、张立群、杜青华、拉毛措、赵晓、淡小宁、鄂崇荣、鲁顺元、谢热，秘书长赵晓。因人事变动，根据工作需要，经2016年12月7日院党组会议研究决定马起雄同志任院学术委员会委员、副主任委员，淡小宁同志因退休不再担任院学术委员会委员、副主任委员。调整后的学术委员会由下列同志组成，主任委员：陈玮；副主任委员：孙发平、苏海红、马起雄；委员：马进虎、马勇进、马起雄、马生林、毛江晖、孙发平、刘景华、苏海红、陈玮、张立群、杜青华、拉毛措、赵晓、鄂崇荣、鲁顺元、谢热，秘书长赵晓（以上委员排名均以姓氏笔画为序）。

院学术委员会主要职责：审议全院中长期科研规划及年度科研计划；负责院级以上科研课题的推荐、论证、评审、鉴定、验收；审议科研经费分配方案并监督科研经费的使用；评定院级优秀科研成果；其他有关学术活动事宜。

二 科研机构

1. 经济研究所

1978年成立经济研究室，1986年改为经济研究所。2003年7月与青藏高原资源与环境经济研究所［成立于2000年3月，时任所长王恒生，副所长张伟（正处级），编制8名］合并，称经济研究所。历任所长于瑞厚、蒋家齐、王恒生、徐建龙、苏海红；副所长胡先来、祝宪民、张伟、苏海红、丁忠兵，现任所长杜青华。全所现有科研人员7名，其中研究员1名、副研究员2名、助理研究员2名、研究实习员2名；享受国务院特殊津贴专家1名、青海省"四个一批"优秀人才1名、青海省"高端创新人才千人计划"拔尖人才1名。

经济所主要从青海省经济建设实际出发，重点研究青海经济社会发展中的理论和重大现实问题，大力开展省情调查。主要研究领域涉及区域经济发展战略、区域产业布局、区域生态功能研究；国企改革、产业结构优化升级；生态农牧业、耕地草场流转、新型城镇化建设、实施乡村振兴战略研究；资源环境经济、民族经济、工业经济、人口经济、盐湖资源的综合开发利用等。建所至今，经济所先后出版专著（含参与）77部，主要著作有《青海经济发展战略问题的研究》《公有制经济与商品交换》《中国国情丛书——百县市经济社会调查·格尔木卷》《中国国情丛书——百县市经济社会调查·湟中卷》《中国社会主义经济思想史简编》《中国经济思想史丛书》《互助县经济社会发展战略研究》《青海盐湖经济问题》《社会主义工业企业民主管理》《青海百科全书》《青海高原老人》《人口控制学》《青海经济史》《青海产业结构及产品结构研究》《高耗电工业西移对青海经济和环境的影响》《青海湖区生态环境研究》《青海工业经济发展路径研究》《省外在青海固定资产投资研究》《青海民营经济研究》《中国藏区反贫困战略研究》《青海工业化道路的探索与实践》《青藏高原生态变迁》等。发表学术论文、调查研究报告1200余篇；完成国家社科基金项目23项，省级社科基金课题50余项，委托课题90余项。上述成果中，共有40余项成果获省部级以上奖励，其中一等奖5项，二等奖16项，三等奖20余项，获院厅级奖和省内外学术团体奖60余项，一项成果得到时任中共中央政治局常委、国务院副总理张高丽批示，有40余项研究成果获省部级领导肯定性批示。《中国三江源区生态价值及补偿机制研究》《中国藏区反贫困战略研究》《青海转变经济发展方式研究》《青海湖区生态环境研究》《青海藏区"河湟文明"的形成与民族和谐研究》《青藏地区经济一体化发展研究》《青海生态保护区生态移民后续产业发展研究》《青藏地区藏族和回族经济发展研究》《青海藏区生态移民后续产业发展问题研究》《祁连山生态环境综合治理对策研究》《八一冰川正遭受灭顶之灾》等研究成果在省内外学术界有较大影响。经济研究所多年来致力于为党政机关决策服务的同时加强学科建设，鉴于经济学分制学科众多而经济研究所人员流动大、科研人员少的情况，将本着小核心大外围，联合社会力量搞科研的思路，以本所为依托，课题为龙头，采取灵活多样的形式调动和组织社会有关专家学者共同开展经济研究。

2. 政治和法学研究所

成立于2004年5月，原名为法学研究所，2012年更名为政治与法学研究所。该所是青海省社会科学院研究地方政治与法学的专门机构。现任所长张立群。现有科研人员6名，其中教授1名，副研究员2名，助理研究员2名，实习研究员1名。

该所主要研究青海地方法治建设现实问题与党史党建相关问题。主要研究方向：一是青海地方法治建设研究；二是民族地区生态环境保护相关法律问题研究；三是少数民族民间法研究；四是党史党建研究。该所成立以来，先后发表多项优秀研究成果。截至2018年共发表学术论文、研究报告近200篇，主持或参与完成国家级课题7项，主持或参与完成省级课题10余项，主持完成相关部门委托课题或评估报告30余项。主要科研成果有《青海世居少数民族公民法律素质调查与研究》（著作）、《海西州党风廉政建设和反腐败工作评估报告》《青海省大众创业万众创新改革评估报告》《西部民族地区和谐社会的法制建设研究》《藏区维稳工作从应急状态向常态建设转变研究》《藏族习惯法与国家法的冲突与调适》《落实主体责任提升全面从严治党水平》《论党的群众路线的基本特征》等。科研成果中有10余项成果获省部级优秀成果一、三等奖，10项成果分获"西部法治论坛"一、二、三等奖,还有40余项成果获其他各类奖项。有10余项研究成果得到省部级领导的肯定性批示。

3. 藏学研究所

1982年成立塔尔寺文献研究室,1983年改称塔尔寺藏族历史文献研究所,与本院民族宗教研究所合署办公,1987年分署改为现称。历任所长:陈庆英、何峰、马林;历任副所长:张田友、何峰;现任副所长谢热。现有研究人员6名,其中研究员1人、副研究员3人、助理研究员2人。

该所主要研究方向为:一是藏族历史文献研究,主要进行古藏文文献、藏传佛教典籍的整理、翻译、研究;二是藏族传统文化的现代化转型与变迁重大理论与实践问题研究,重点探讨藏族传统文化的历史演进及其现代化变迁机制、路径及其模式;三是藏族历史研究,主要是藏族断代史、重要历史人物和重大历史事件、藏族与周边民族关系史,以及中央政权与各藏族地方政权关系史研究等;四是藏族经济社会发展研究包括运用文献资料和社会历史调查资料,研究历史上的藏族社会形态、社会制度,以及各藏区经济社会发展中有关政治、经济、宗教等重大现实问题研究;五是藏传佛教教义教理和藏传佛教寺庙研究;六是藏族语言文字即藏文语法、修辞、藏语文的规范化研究等。

截至目前,全所共出版学术专著、译著、工具书、古籍整理等60余部,发表论文、研究报告、译文等600余篇。主要成果有《蒙藏民族关系史略》、《塔尔寺概况》、《元朝帝师八思巴》、《青海藏传佛教寺院碑文集释》、《中国藏族部落》、《藏族部落制度研究》、《果洛藏族社会》、《〈格萨尔〉与藏族部落》、《历辈班禅年谱》、《藏传佛教与藏族社会》、《佛学基础原理》(藏文)、《历史的神奇与神奇的历史——五世达赖喇嘛传》、《藏族生态文化》《历辈达赖喇嘛形象历史》、《传统与变迁——藏族传统文化的历史演进及其现代化变迁模式》、《角斯部落发展史》(藏文)、《村落信仰仪式——河湟流域藏族民间信仰文化研究》、《热贡宁玛派教法史》(藏文)、《观念信仰与习俗——藏族招福观及其文化特征》(藏文待出版)。主要译著有《汉藏史集》《三世、四世达赖喇嘛传》《五世达赖喇嘛传》《章嘉若必多杰传》《东噶佛学大辞典·历史人物类》《夏琼寺志》《文艺复兴时期的三大伟人》《世界风貌》《话说地球》《藏族历代文学作品选》《当代藏族研究生论文精选》《金刚橛详解》《藏密医术文献汇编》。

建所至今，共承担完成国家社科基金立项课题约 15 项；获第四届中国藏学研究"珠峰奖"（国家级）一等奖、三等奖各 1 项、省部级优秀科研成果荣誉奖 1 项、二等奖 5 项、三等奖 12 项、鼓励奖 5 项，多项研究报告获省上主要领导的肯定性批示。目前每人均承担一项国家社科基金立项课题。

4. 民族与宗教研究所

1978 年 10 月成立民族宗教研究室，1996 年 6 月改为现称。历任所长刘醒华、蒲文成、穆兴天、马连龙；副所长蒲文成、拉毛扎西、穆兴天、吕建福、拉毛措、马连龙、鄂崇荣。现任所长鄂崇荣。先后有 25 名研究人员在所内工作。现有人员 6 名，由汉、藏、土、蒙古、撒拉 5 个民族组成，其中研究员 1 人，副研究员 1 人，助理研究员 4 人。

该所以青海主要宗教和世居少数民族为研究对象，始终坚持马克思主义基本立场观点方法，通过文献研究、田野调查、统计分析等手段，对青海民族宗教问题进行多视角、多方位的基础理论和对策应用研究。多年来在民族历史、民族文化、民族理论与政策、藏传佛教、秘密佛教、伊斯兰教、民间信仰、宗教与现代社会相适应、民族团结进步创建等领域进行了大量的社会调查和科学研究工作。先后进行了我国藏区社会历史、宗教和藏传佛教教派、中国民族村寨调查、中国少数民族现状与发展调查研究、青海农牧区民间信仰与两个文明建设、青海宗教现状大调研、青海民族问题大调研、三江源区生态保护与建立生态补偿机制、青藏高原山水文化、青海民族团结进步创建活动评估等大型调研工作。

至 2018 年共承担国家基金课题 13 项，省部级课题 12 项，委托课题 20 项。共出版专著、译著 45 部，发表学术论文和调查报告 300 多篇，资料及其他成果 17 种，文字总量 1000 多万字。主要专著有《中国密教史》《觉囊派通论》《甘青藏传佛教寺院》《塔尔寺概况》《藏传佛教与藏族社会》《历辈达赖喇嘛与中央政府关系研究》《藏文化与藏族人》《大日经研究》《批判精神》《章嘉国师传》《藏密溯源》《青海民间信仰》《土族民间信仰解读》等；合作编写《青海少数民族》《藏文古体诗格举例汇编》《青海藏传佛教寺院明鉴》《历代达赖喇嘛与班禅额尔德尼年谱》《邓小平民族理论与实践》《藏族生态文化》《镜鉴——青海民族工作若干重大历史事件回顾》《佛教二百题》《中国百县市调查湟中县》《中国少数民族现状与发展研究丛书·玛沁县·藏族卷》《中国少数民族现状与发展研究丛书·互助县·土族卷》《青海藏族人口》《守望精神家园》《青海藏区社会稳定研究》等；主要译著有《七世达赖喇嘛传》《六世班禅洛桑巴丹益希传》《佑宁寺志》《如意宝树史》《西藏简明通史》《夏琼寺志》等；参加了《中国各民族宗教与神话大辞典》《东噶藏学大辞典·历史人物卷》《青海百科全书》《青海百科大辞典》《藏族大辞典》等工具书的撰写翻译工作。

共有30多项成果获省部级以上奖励，其中获中宣部"五个一工程"的入选作品奖1项，入选中央组织部、中央宣传部、中央党校、中央文献研究室、中央党史研究室、教育部、中国社会科学院、解放军总政治部等八部门组织为纪念中国共产党成立90周年理论研讨会论文集1篇。获省部级优秀科研成果二等奖9项、三等奖8项、鼓励奖8项。主持完成的国家社科基金西部项目《藏传佛教文化在港澳台地区的传播与发展态势研究》结项等级为优秀，国家社科基金一般项目《多元文化背景下多民族民间信仰互动共享与变迁研究——以青海地区为例》，国家社科基金西部项目《青海蒙古语地名研究》《藏区多元宗教共存历史与现状研究》等的结项鉴定结果均为良好等级。

多年来该所完成的诸多现实问题研究成果，为青海经济社会发展和青海省委省政府决策提供了智力支持。从2000年至今，共有20余项成果获得省委省政府领导批示肯定。其中穆兴天同志执笔撰写的《关于信教群众宗教负担的调研报告》，获得青海省委主要领导的批示肯定，为青海省社科院建院以来获得的省委主要领导的第一次批示，该文同时被中央统战部相关资政平台全文转载；参看加同志完成的《新形势下藏传佛教现代高僧培养问题的解决之道》一文获时任中央政治局委员、中央统战部部长孙春兰批示。此外，本所科研人员撰写的《应关注新一代宗教界代表人士的培养》《中国共产党处理藏传佛教问题的探索与启示》《维护青海藏区稳定的一些思考》《近年来青海省藏传佛教青年僧侣思想动态研究》《青海对蒙古、俄罗斯涉藏工作对策研究》《青海"平安寺院"建设评价及有关建议》《青海藏区杰钦修丹信仰分歧对策思考》均得到时任省委主要领导的高度评价或批示肯定。另外，本所科研人员主持或参与完成的三江源区生态环境建设和生态补偿机制、民族宗教工作、构建和谐民族关系、构建积极健康的宗教关系、发展民族文化旅游、培养宗教上层人士以及积极引导宗教与社会主义社会相适应等方面的研究成果，引起省委省政府的重视，部分成果被采纳应用到相关部门和地方实践当中。

所内除长期坚持立足地方风格、民族特色研究专长之外，还与时俱进，把握时代脉搏，加强海内外学术交流。除积极邀请地方知名学者、海内外著名学者到所内进行学术合作和学术讲座外，本所科研人员先后还利用各种渠道和平台，就"藏传佛教在全球传播发展研究""藏传佛教在港澳台地区的传播与发展态势研究"等各类课题到印度、蒙古和我国港台地区进行考察调研，参加蒙古科学院和蒙古国立大学联合承办的"第13届国际藏学研讨会"等国际和全国学术会议39余次。本所科研人员参加全国性和全省性学术团体共20多个，并兼任部分学术团体副会长、副主任、常务理事、理事等职。

5. 文史研究所

2000年3月由原历史研究所与原文学研究所合并而成。原历史研究所成立于1978年10月，时称地方史研究室，1984年更名为历史研究室，与青海地方志编纂委员会办公室（成立于1983年12月）合署，1986年分署改名，历任所长有王昱、崔永红、马进虎，先后有18人在该所工作。原文学研究所成立于1986年3月，历任所长赵秉理、副所长拉毛扎西，先后有6人在该所工作。文史研究所现有研究人员7名，其中研究员2名、副研究员4名、助理研究员1名，学历构成较高，其中博士2人、硕士4人、本科1人。

文史研究所属青海社科院具有地方特色的优长学科研究机构之一。其中原历史研究所的研究方向是中国历史，重点是青海地方历史，多年来在青海通史、断代史、沿革地理、经济史、民族史的研究方面以及古籍整理、新方志编纂、史学普及领域取得了丰硕的成果，出版了《青海方志资料类编（上、下）》《青海历代建置研究》《青海简史》《青海经济史》《南凉志》《方志理论与新志编纂》《盐业志》《中国国情丛书——百县市经济社会调查·格尔木卷》《中国国情丛书——百县市经济社会调查·湟中卷》《黄河上游地区历史与文物》《当代青海简史》《马步芳在青海1931~1949》《青海近代社会史》《青海通史》等论著，曾筹办全省性学术研讨会3次，协办全省性爱国主义的知识竞赛和电视大奖赛。原文学研究所坚持以研究青海地方民族文学为方向，以研究藏族史诗《格萨尔》为重点，兼顾研究中国文学的重大理论与实际问题，先后开展格萨尔、蒙古族文学、土族文学、毛泽东文艺思想、邓小平文艺理论等领域的研究，编著有《格萨尔学集成》《格学散论》等，先后参加了第一、二、三、四届《格萨（斯）尔》国际学术讨论会及青海省第一、二届《格萨尔》学术讨论会。

文史研究所成立以来，以青海地方历史、青海民族民间文学为重点研究对象，同时兼顾文化青海建设战略、文化产业、非物质文化遗产研究、人才发展等应用对策研究，推出了《青海省志·建置沿革志》、《青海史话》（共两辑）、《明代以来黄河上游生态环境与社会发展变迁研究》、《唐蕃古道与文成公主》、《两河之聚——文明激荡的河湟回民社会交往》《国家与社会关系视野下的明清河湟土司与区域社会》、《土族社会现状调查研究》、《中华民族全书·中国土族》《青海省情丛书·青海历史》《元代以来藏传佛教寺院管理研究》、《丝绸之路青海道志》等一批有较高学术质量的科研成果。曾于 2008 年 7 月承办"第十一届全国文学所所长联席会暨地域文化多样性与和谐社会建设研讨会"，于 2017 年 12 月承办唐蕃古道联合申遗前期研究第二次协调工作会议，受到与会者的好评。截至 2018 年 7 月，先后出版学术专著（含参与）58 部，发表学术和撰写研究报告论文 544 篇，完成工具书、译著、综述、文学评论、散文等 114 项，承担完成国家级、省级课题 25 项，总成果量 2250 万字。先后有 38 项科研成果获省部级优秀成果一、二、三等奖，《青海历史文化的内涵及其在现代旅游中的开发利用》（王昱主持）、《近百年来柴达木盆地的开发与生态环境变迁研究》（王昱主持）、《明代以来黄河上游生态环境与社会发展变迁研究》（崔永红主持）等 3 项国家社科基金项目获"优秀"结项等级，《青海简史》《青海通史》《青海经济史》《青海省志·建置沿革志》《格萨尔学集成》等著作在省内学术界有较大影响。

6. 社会学研究所

社会学研究所原名为哲学研究室，成立于 1978 年 10 月，1980 年 5 月更名为马列主义毛泽东思想研究室，1986 年 6 月更名为哲学研究所，1990 年 9 月改为哲学社会学研究所，2013 年改为现名，是青海省社会科学院社会学研究的专门机构。先后有 30 余名研究人员在所内工作。历任所长：隋儒时、魏兴、朱玉坤；历任副所长：陈依元、邢海宁、徐明、拉毛措、刘成明。现任所长拉毛措。现有研究人员 6 名，其中研究员 2 名、副研究员

1名、助理研究员3名；硕士4名，本科2名。

长期以来，社会学所坚持理论联系实际的原则，以马列主义、毛泽东思想、邓小平理论、"三个代表"重要思想、科学发展观和习近平新时代中国特色社会主义思想为指导，立足本省，以马列主义毛泽东思想、邓小平理论、科学技术哲学、党史党建、民族社会学、宗教社会学、妇女社会学、人口社会学及应用社会学为重点研究学科，主要研究青海省经济社会发展和社会转型过程中重大社会热点难点问题，同时，总结科学技术的新发展探索社会主义市场经济条件下的物质文明和精神文明建设问题；进行美学、科技哲学、观念变革和人的素质研究；进行社会心理学、社会文化学、应用社会学和民族宗教社会学方面的调查研究，先后推出了一批高质量的科研成果。截至2017年底，出版学术专著（含参与）25部，论文集3部，教材10部，工具书5部，发表学术论文800余篇，调研报告100余篇；承担国家社科基金项目《藏传佛教和伊斯兰教文化圈女性价值观比较研究》《青藏地区基层宗教组织与社会稳定的社会学研究》《青藏地区加强创新社会管理研究》《青藏地区城镇化进程中青年就业问题的调查研究》等14项，省级项目《青海省世居少数民族妇女问题研究》《促进青海区域基本公共服务均衡研究》等5项，委托项目10余项。主要专著有《走向系统、控制、信息时代》《交通事故透析》《新时期毛泽东思想发展研究》《走向毒品王国》《青海人论》《刘少奇经济思想研究》《藏族妇女问题研究》《青海回族史》《青海伊斯兰教》《青海回族历史与文化》《撒拉族人口》《藏族妇女文论》《青海妇女社会地位研究》、《科学发展观与西部和谐社会建设》等。独立、合作和参与的26项成果分获青海省哲学社会科学优秀成果荣誉奖和一、二、三等奖，2项成果获国家七部委入选奖，其中《邓小平及党的第三代领导集体的宗教观分析》《试析抗日战争时期延安廉政建设的历史经验》荣获全国七部委研讨会入选奖、青海省第七届和第九届哲学社会科学优秀成果荣誉奖；《青海多元民俗文化圈研究》《青海加强和创新社会建设与社会管理研究》获青海省第十次哲学社会科学优秀成果专著类和论文调研报告类一等奖；《刘少奇经济思想研究》获中国社会主义经济思想研究中心首届优秀成果一等奖；《现阶段中国西部与青海观念变革的若干思考》获全国社会主义初级阶段理论研讨会优秀论文奖；《西宁市毒祸之患的调查与思考》获21世纪中国经济社会与社会学的历史使命全国理论研讨会二等奖；《青海省城镇各社会阶层状况调研报告》《青海回族史》《关于打造"西宁毛"品牌，加快申报国家农产品地理标志的调研报告》《中国西部城镇化发展模式研究》《当前青海伊斯兰教事务管理工作中需关注的几个问题》分获青海省第八、九、十一次哲学社会科学优秀成果二等奖。9篇调研报告获得省部级领导批示。

为了开阔研究视野，提升研究能力，该所注重对外交流，提倡"走出去，请进来"的交流模式，全体科研人员曾赴甘肃兰州大学进行了集中学习培训，接纳美国弗吉尼亚大学宗教系邵云东博士为该所访问学者，实现了与国外学者的直接交流，成功举办"全国社科院系统中国特色社会主义理论体系研究中心第十五届年会暨理论研讨会"，举办地方特色文化系列学术讲座，邀请相关省内专家学者来所进行交流等，增进了了解，开阔了视野，业务知识和能力得到进一步提升；同时，科研人员通过参加"西部之光"访问学者等，取得了良好效果。

在新时代，全所科研人员通过自学、参加业务培训、提高学历、加强交流等措施，进一步提升了业务素质；通过合作完成集体项目等方式，逐步打造一些具有一定影响力的科研成果；通过参与国内外学术交流等方式，广纳学术信息，开阔学术眼界，进一步融入国内外学术领域并逐步提升科研人员在本领域的影响力；强化"深入基层，深入调研"，及时掌握第一手资料，为青海省经济社会发展和省委省政府决策提供高质量高品质的咨政服务和智力支持。

7. 生态环境研究所

生态环境研究所成立于2014年12月，研究方向定位于生态文明、生态环境保护与建设、体制机制和自然保护地建设。研究领域包括：自然资源保护和利用、自然环境保护和治理、生态产业发展、绿色循环经济发展与布局、生态城市和生态农村建设、青藏高原生态安全、生态文明建设的空间结构、青藏高原生态区划和生态系统评价。

本所现有职工5人。其中，副研究员2名，助理研究员2名；博士2名，硕士1名。现任负责人为毛江晖。

成立以来，本所即主动适应青海经济社会发展新常态，紧扣青海生态文明建设大局，积极承担并完成了多项课题的研究任务。其中，国家社科基金项目2项，即《青藏高原城市化发展与生态环境耦合协调发展研究》

《青藏高寒农业区贫困与生态安全问题研究》；省级课题1项，即《生态文明背景下青海藏区绿色发展水平评价及其路径研究》。院级重点课题6项，主要有《以生态保护优先理念协调推进经济社会发展研究——以海北州为例》和《2020年青海实现基本公共服务均等化的标准与路径研究》；院级一般课题10项，主要有《青海生态文明先行区建设综合评价和比较研究》和《生态文明视角下青海生态文化建构研究》；在国家中文核心期刊发表文章5篇。此外，还完成了《青海生态文明先行区建设综合评价与比较研究》《生态文明视角下青海生态文化建构研究》《三江源国家公园体制试点第三方评估报告》《三江源区生态保护红线社会稳定风险评估》《青海省生态保护红线社会稳定风险评估》等应用性研究项目。

本所将秉持"格物求是、创新敦行"的发展理念，力争经过一定时间的建设和发展，形成更加稳定和成熟的研究团队和方向，并整合各方人力资源和建设平台，通过一定时间的持续积累，大幅度提升本所的学术竞争，力争五年到十年使其学术影响力在省内具有较高知名度。

三　科研辅助机构

1.《青海社会科学》编辑部

1980年《青海社会科学》创刊，初设刊物编辑室，1982年更名为《青海社会科学》编辑部，主要负责《青海社会科学》的编辑出版工作。

编辑部历任负责人：王春刚、钱之翁、赵秉理、魏兴、童金怀、余中水、汪发福、徐明、马勇进。1989年《青海社会科学》始设主编、副主编，2003年设常务副主编（正处级）。历任主编魏兴、孙发平、赵宗福、陈玮，副主编童金怀、余中水、马勇进、张前，常务副主编徐明、马勇进。现任主编陈玮，常务副主编马勇进、副主编张前。

编辑部现有工作人员5人，其中编审2人、副研究员1人、助理研究员1人、编务1人。其中1人荣获"全国新闻出版行业第四批领军人才"称号。另聘请省内外10名教授、研究员担任审稿专家。

编辑部成立以来，始终坚持正确的政治方向和学术导向，围绕中心，服务大局，倾心打造《青海社会科学》学术品牌，相继编辑刊发了一系列思想性强、学术性精、文化品位高的学术论文。编辑出版的《青海社会科学》先后七次入选中文社会科学引文索引（CSSCI）来源期刊，2018年入选中国人文社会科学核心期刊；两次获青海省社科期刊编校质量一等奖；2009年被评为"中国北方十佳期刊"；2018年8月入选"青海最美期刊"；2013年获得国家社会科学基金资助，为青海唯一获国家社科基金资助期刊。1994年《青海社会科学》编辑部被评为青海省宣传工作先进单位。

2. 文献信息中心

成立于1978年10月，初名图书资料情报室，1986年6月更名为"文献情报所"。1990年3月内设图书馆、情报室、《社会科学参考》编辑部三个科级业务部门。1993年10月，《社会科学参考》编辑部从文献情报所分出独立运行。1996年8月更名为文献信息中心，下设文献部、信息部两个科级部门。2008年8月起负责院网站的业务技术工作，2012年2月，院网站从文献信息中心划归科研处。

目前共有工作人员3名，其中正高职称1人，副高职称2人。历任负责人郑飞、王宏昌、张方朔、苏文锐、褚晓明、李端兰、梁明芳、张毓卫，现任负责人为刘景华。

文献中心编有《社会科学参考》（内刊），创刊于1979年10月，由《青海社会科学》编辑部主办，1986年后划归文献情报所，其间共出刊278期，1993年10月停刊。1999年2月~2008年6月，编发信息类资料《理论信息——西部开发观点摘要》（前身为《西部大开发资料汇编》）共82期。2014年1月开始编撰年度《青海时政手册》（修订版）和《科研参考》，至今共出版青海时政手册5期（册）、科研参考58期；供省上有关部门领导和院科研人员参考。

3. 培训中心

青海省社会科学院培训中心于1999年经省委批准成立（青办字〔1999〕38号），系为省直机关干部提供培训、教育的专门机构，2010年被省委组织部命名为全省干部自主选学（专题研修）培训基地。其主要职责是为青海省党政机关、行政事业单位培养较高层次、不同类型的行政管理人员和专业技术人员。现有工作人员3人，历任负责人：马林、刘志安、张国宁，现任负责人毛江晖。

近十年来，培训中心经中共青海省委组织部、省委宣传部、原省劳动人事厅、西宁市人民政府和省社会科学院批准，与中国社会科学院研究生院联合举办了政治经济学（社会主义市场经济研究方向）、民商法学、城乡建设与管理学、财政学（含税收）、技术经济管理5个专业的在职研究生课程进修班，结业学员1107人，成为青海省具有一定规模的、较为规范的干部培训基地，受到社会各界的好评。2009年起，培训中心开始举办干部自主选学（专题研修）培训班，并协助省委组织部有关部门建立干部自主选学培训机制和教学质量评价体系。至今，共研发21个培训专题，135门专业培训课程，共培训省直机关干部3700人次，在全省赢得较好的口碑。

四 非社团机构

（一）各研究中心

1. 青海藏学研究中心

成立于2015年6月16日，系青海省社会科学院和青海省委党校联合成立的非社团性质研究中心，"青海藏学研究中心"重点从三个方面开展研究与合作。一是紧紧围绕省委省政府中心工作开展调研，在着力加强学科基础研究的同时，不断加大现实应用对策研究；二是通过藏学研究中心这一开放平台，加大人才培养力度，把研究中心打造成青海省开展藏学研究的人才高地；三是通过广泛的合作不断拓展藏学研究中心的影响力，密切学术交流，实现资源共享。

2. 青海丝路研究中心

成立于2015年11月26日，系隶属于青海省社会科学院的非社团性质研究中心，是从事丝路发展研究的高端智库。研究中心以"古为今用"为要旨，与青海省文化与新闻出版厅、青海省商务厅、青海省发改委等单位联合组建研究团队，与各联办单位和地方党委政府、研究中心特聘专家学者通过科学论证，在实施"一带一路"国家倡议，推动经济社会持续健康发展等方面开展前瞻性、针对性、储备性政策研究。研究中心以《丝路建设智库要报》为载体，将刊载研究成果报送省委省政府、省委宣传部领导和相关职能部门、地方党委政府，提供高质量的决策参考和科学咨政服务。

3. 青海生态环境研究中心

成立于2015年12月10日，系隶属于青海省社会科学院的非社团性质研究中心，是从事生态环境研究的高端智库。研究中心与青海省环保厅、青海省林业厅等单位联合组建研究团队，组织开展前瞻性、针对性、储备性政策研究，为省委省政府和相关职能部门、地方党委政府，提供高质量的决策参考和科学咨政服务，助推青海生态文明建设先行区建设。

4. 青海宗教关系研究中心

成立于2017年5月17日，系由青海省社会科学院和青海省委统战部联合成立的非社团性质研究中心。中心打破部门和学科界限，组建高效务实的科研团队，密切关注青海宗教关系问题及宗教工作，深入开展调查研究，促进改革发展、维护社会稳定，为青海省委、省政府决策提供咨询服务和智力支撑。

5. 习近平新时代中国特色社会主义思想研究中心

成立于2017年11月7日，是青海省社会科学院按照建设中国特色青海特点新型智库和开放办院的工作思路，结合工作实际，经院党组讨论研究决定的专业化智库机构。中心宗旨是组织开展对习近平中国特色社会主义思想进行专题研究和学术研讨，加强理论创新和对策研究，为推动新时代中国特色社会主义事业发展提供理论支撑。

6. 青海人才研究中心

成立于2018年5月25日，系青海省社会科学院和青海省委组织部人才办联合成立的非社团性质研究中心，青海人才研究中心立足省情实际，坚持解放思想，坚持智库标准，坚持应用导向，出思想、出新知、出实招，深入开展调查研究，形成高质量的研究成果和智库报告，为推进全省人才提供有力的智力支撑和决策参考。

（二）各地方分院

1. 海北州分院

青海省社会科学院海北州分院成立于2008年7月，由青海省社会科学院与中共海北州委联合组建，分院设于海北州委政研室，系青海省社会科学院与海北州委联合成立的新型智库和搭建的合作平台，主要从事海北州地方经济社会发展和生态保护研究，为海北州委州政府决策提供咨政服务。本着"优势互补、协同发展"的理念，青海省社会科学院将人才密集优势与当地资源优势充分结合，确立研究课题，开展调查研究，生产出了一批具有应用价值和现实指导意义的研究成果，得到海北州委州政府的充分肯定和高度认同。海北州分院首任院长为时任州委副秘书长、政研室主任包正清同志。现任分院院长为州委副秘书长、政研室主任景占旭同志。该院成立以来，与青海省社会科学院科研人员合作，先后完成了《海北州社会管理创新做法与经验的调研报告》《青海高原现代生态畜牧业示范区建设跟踪调研——以海北州为例》《海北州培育农牧业新型经营主体调查研究》等研究课题，为海北州经济社会的发展做出了积极贡献。

2. 黄南州分院

青海省社会科学院黄南州分院成立于2008年11月，由青海省社会科学院与中共黄南州委联合组建，分院设于黄南州委政研室，系青海省社会科学院与黄南州委联合成立的新型智库和搭建的合作平台，主要从事黄南州地方经济社会发展、生态保护维护社会稳定研究，为黄南州委州政府决策提供咨政服务。本着"优势互补、协同发展"的理念，青海省社会科学院将人才密集优势研究与当地资源优势充分结合，确立研究课题，开展调查研究生产出了一批有应用价值和现实指导意义的研究成果，得到黄南州委州政府的充分肯定和高度认同，黄南州分院首任分院长为时任州委副秘书长、政研室主任徐卫方同志。现任分院院长为州委副秘书长、政研室主任王国栋同志。该院成立以来，与青海省社会科学院科研人员合作，先后完成了《黄南州发展有机畜牧业的背景、实践与启示》《青海藏族人口城镇化及其就业趋向和特点研究——以黄南州同仁县为例》《彰显民族特色，打造文化品牌——黄南打造全国一流藏文化基地的成效与启示》等研究课题，为黄南州经济社会的发展做出了积极贡献。

3. 海南州分院

青海省社会科学院海南州分院成立于2009年12月，由青海省社会科学院与中共海南州委联合组建，分院设于海南州委政研室，系青海省社会科学院与海南州委联合成立的新型智库和搭建的合作平台，主要从事海南州地方经济社会发展、生态保护文化产业发展研究，为海南州委州政府决策提供咨政服务。本着"优势互补、协同发展"的理念，青海省社会科学院将人才密集优势与当地资源优势充分结合，确立研究课题，开展调查研究生产出了一批具有应用价值和现实指导意义的研究成果，得到海南州委州政府的充分肯定和高度认同。海南州分院现任院长为州委副秘书长、政研室主任张琦同志。该院成立以来，与青海省社会科学院科研人员合作，先后完成了《海南州生态畜牧业集约化、专业化、产业化发展问题研究》《青海农牧区传统手艺产业化发展研究——以海南州为例》《海南州同德县特殊类型地区整体扶贫攻坚经验成效与启示》等研究课题，为海南州经济社会的发展做出了积极贡献。

4. 海西州分院

青海省社会科学院海西州分院成立于2012年7月，由青海省社会科学院与中共海西州委联合组建，分院设于海西州委政研室，系青海省社会科学院与海西州委联合成立的新型智库和搭建的合作平台，主要从事海西州地方经济社会发展、生态保护新能源产业发展研究，为海西州委州政府决策提供咨政服务。本着"优势互补、协同发展"的理念，青海省社会科学院将人才密集优势与当地资源优势充分结合，确立研究课题，开展调查研究，生产出了一批具有应用价值和现实指导意义的研究成果，得到海西州委州政府的充分肯定和高度认同。海西州分院首任院长为时任州委副秘书长、政研室主任马晓峰同志。现任分院院长为州委副秘书长、政研室主任杨波同志。该院成立以来，与青海省社会科学院科研人员合作，先后完成了《海西州社民生创先的总体思路与对策措施》《海西州打造地域特色文化品牌研究》《海西州建设国家光伏发电基地研究海西资源型地区产业结构转型问题研究》等研究课题，为海西州经济社会的发展做出了积极贡献。

5. 玉树州分院

青海省社会科学院玉树州分院成立于2017年9月，由青海省社会科学院与中共玉树州委联合组建，分院设于玉树州委党校，系青海省社会科学院与玉树州委联合成立的新型智库和搭建的合作平台，主要从事玉树地方经济社会发展、生态文明建设、藏族康巴传统文化的保护传承以及保护维护社会稳定研究，为玉树州委州政府决策提供咨政服务。玉树州分院的设立，标志着玉树州委州政府和省社科院的合作进入了经常化、机制化的新阶段，对于今后结合玉树实际有针对性地开展重点课题研究具有重要意义。青海省社会科学院将科研人才力量与当地资源优势充分结合，确立和承接研究课题，开展调查研究，生产出了一批具有应用价值和现实指导意义的研究成果，得到玉树州委州政府的充分肯定和高度认同。玉树州分院的成立，是省社科院和玉树州携手并进，贯彻落实中央、省委有关精神，加强哲学社会科学人才队伍建设，推动社会科学发展进步的生动实践和重大举措，既有利于实现资源共享，合作双赢，更有利于玉树汇聚更多人才、更强力量、更广共识，开创玉树哲学社会科学事业发展的崭新局面。玉树州分院现任院长为州委党校常务副校长马生成同志。

（三）省情调研基地

1. 乐都区李家乡省情调研基地

青海省社会科学院李家乡省情调研基地成立于2008年5月，由青海省社会科学院与海东市乐都区李家乡联合设立，基地设于李家乡政府。基地的成立既为当地经济社会发展建设提供了智力支持，也为青海省新型智库建设提供了平台，对于青海省社会科学院科研人才队伍建设，以及更好地服务地方、回馈社会，学以致用具有重要意义。多年来，青海省社会科学院与李家乡基地协作开展智力帮扶，把该乡全面深化农村改革和扶贫脱贫工作作为主要研究内容，着力探索农村改革和扶贫工作的新途径、新办法及新举措，取得了明显成效。我们先后联合完成了《贫困地区未来十年易地搬迁安置调查报告——以东都区李家乡为个案》《青海农村低保户评定问题的调研报告》等研究课题，为李家乡实现脱贫发展做出了积极贡献。

2. 玉树市省情调研基地

青海省社会科学院玉树市省情调研基地成立于2017年10月，由青海省社会科学院与玉树市联合设立，基地设于玉树市政府，基地的成立既为玉树市推进生态文明建设、保护康巴藏族传统文化、促进经济持续健康发展和维护社会稳定和谐积累更多更好的经验，也为玉树市借助省社科院智力、科研优势和理论成果，可以进一步提升科学决策能力和水平，实现双方优势互补，共同发展，在生态、人文社科等研究领域，生产更多有价值有影响有创新力的科研成果。玉树市调研基地是玉树市首次与省社科院开启的合作模式，是双方携手践行"四个转变"新理念具体实践，对玉树市实现"1631"总体目标和省社科院全力打造中国特色青海特点新型智库的战略目标具有重大意义。

第三章 人员情况

一 高级职称队伍

(一) 在职高级职称人员

陈玮,男,藏族,中共党员,1959年12月生,青海省大通县人,兰州大学藏学专业研究生,法学博士。曾先后在省教育厅教材编译处、省委党校(省行政学院、省社会主义学院)等单位工作。现任青海省社会科学院党组书记、院长,享受国务院特殊津贴专家,青海省人才"小高地"民族宗教学领军人和首席专家,青海藏学研究中心首席专家,青海师范大学博士生导师,兼任中国民族学会联合会副会长、中国民族学会常务理事、中国社会科学院西藏智库常务理事等职,是国内著名藏学研究专家。长期从事民族宗教、藏学等方面的研究,先后撰写、主编《青海藏族游牧部落社会研究》《藏族古典小说概论》《民族宗教理论与政策概论》等著作20余部。用藏汉两种文字在《中国社会科学》《中国藏学》《西北人口》《西北史地》等学术刊物发表学术论文90余篇。其中,《青海藏族社会习惯法的调查》被《中国社会科学》杂志英文版全文翻译转载,有10余篇被《人大报刊复印资料》全文转载。学术成果获国家级、省部级科研成果奖10余项,其中,《青海省推行藏传佛教寺院"三种管理模式"的成效及经验》一文获得第四届中国藏学研究"珠峰奖"学术论文类一等奖;《青海藏族社会习惯法的调查》一文获第二届中国藏学研究"珠峰奖"学术论文类二

等奖;《抵御境内外敌对势力分裂渗透活动方面的形势、任务、思路和对策》获 2011 年全国统战理论研究优秀成果一等奖。主持完成国家社科基金项目《建立维护藏区社会稳定工作长效机制研究》1 项,完成《青海努力实现从人口小省向民族团结进步大省转变研究》等省部级项目 10 余项,主持完成《三江源国家公园体制试点评估》等省委省政府及相关部门委托的重点项目 10 余项,完成中央统战部、国家民委、中央党校、中国藏学研究中心等委托的《青海藏区民族关系研究》《历代中央政府治理青海藏区研究》等课题 10 余项。主持撰写的调研报告《青海省推行藏传佛教寺院"三种管理模式"成效及经验》《青海对蒙古、俄罗斯涉藏工作对策研究》得到时任青海省委常委、统战部长旦科和公保扎西同志的肯定性批示。长期在省委党校从事藏族文化史、马克思主义民族宗教观与党的民族宗教政策的教学工作,开设"藏族部落制度""青海民族关系史""宗教社会学"等课程,是民族宗教学、社会学和藏学等学科领域的学术带头人和骨干教师,是社会学专业导师组组长,多次被评为优秀教师和先进工作者。2013年以来,在兰州大学和西北民族大学担任藏学专业博士研究生毕业论文答辩主席和委员,指导青海省委党校社会学专业在职研究生毕业论文,长期在一些省直机关党委中心组、州县委中心组讲授有关民族宗教理论和政策等方面的专题课。曾率中国藏学家活佛代表团出访欧洲多国,进行学术交流和宣传党和国家西藏政策,在西藏经济建设、生态保护、传统文化保护和宗教信仰自由方面取得的伟大成就,维护了国家利益,受到时任国家领导人的表扬,并多次前往日本、德国、加拿大、俄罗斯等国出席国际学术会议,进行学术交流和宣传推介。

孙发平,男,汉族,1962 年 10 月生,大学学历,中共党员。现任青海省社会科学院党组成员、副院长、研究员、教授,享受国务院特殊津贴专家。

1983~1986 年,在甘肃省甘南州委党校任教。1986~2006 年,在青海省委党校经济学教研部任教,其中,1995 年聘任为副教授,1996年任教研部副主任;2000 年聘任为教授、教研部主任,主要承担《资本论》、社会主义市场经济、世界经济学、青海经济发展战略等教学工作；2001年担任区域经济学和经济管理学专业的研究生导师组组长；2003~2012年，任第九届、第十届青海省政协委员，省政协经济委员会副主任。2006年4月至今，任青海省社会科学院副院长。其中，2007年聘任为研究员；2008年评为享受国务院政府特殊津贴专家；先后任青海丝路研究中心主任、首席专家，中国特色社会主义理论体系研究中心主任；兼任中国城市经济学会常务理事、青海省旅游绿色发展工作咨询委员会主任委员、青海省政协理论研究会副会长、青海省人口与计生委专家委员会副主任委员；被聘任为青海省社会科学界联合会特邀研究员、中共青海省委讲师团特邀教授、中共青海省委党校特邀教授、青海省发改委"十二五"、"十三五"规划咨询委员会委员、青海省丝绸之路经济带研究院学术委员会委员、青海省委党校新型高端智库专家委员会委员。长期从事经济发展战略、区域经济学和青海经济问题的研究与教学工作，先后独立、合作、主编书籍10余部，发表论文100余篇，主持和参与完成国家社科基金项目2项，主持完成青海省社科规划办重大招标项目2项、重点项目2项、一般项目2项，主持完成各类委托课题40多项。主要代表作：著作有《中国三江源区生态价值与补偿机制研究》《青海建设国家循环经济发展先行区读本》《"四个发展"：青海省科学发展模式创新》《青海转变经济发展方式研究》等；研究报告有《"一带一路"青藏国际陆港建设研究报告》《中央支持青海等省藏区经济社会发展政策机遇下青海实现又好又快发展研究》《青海省大众创业万众创新改革评估报告》《三江源区生态移民生产生活安置效益评估研究》《三江源水源保护与涵养区生态补偿机制研究》《青海文化名省建设及考核评价指标体系构建研究》《青海应对国际金融危机的难点及对策建议》等。其中，获青海省哲学社会科学优秀成果一等奖4项、二等奖2项、三等奖5项；获青海省优秀调研报告一等奖4项、二等奖4项、三等奖2项；获水利部黄委会技术进步二等奖1项。

拉毛措，女，藏族，1962年12月生。1989年毕业于中央民族大学，研究生学历，法学硕士。同年6月至青海社会科学院从事科研工作至今，曾任民族与宗教研究所副所长，现任社会学研究所所长、研究员。曾任中华全国青年联合会

第九届委员会委员、青海省青年联合会第八、九届委员会常委。现兼任青海省女科技协会和青海省妇女研究会副会长、青海省藏族研究会副秘书长、全国党的建设研究会特邀研究员等职。2004 年被评为青海省民族团结进步先进个人,2003 年、2006 年、2008 年被评为青海省优秀女科技工作者,2007 年被评为全国"巾帼建功"标兵,2009 年被授予全国"三八"红旗手称号等。2011 年被评为青海省"四个一批"优秀人才。2014 年被评为青海省文化名人和"四个一批"拔尖人才称号及青海省优秀专家。2016 年被评为享受政府特殊津贴专家。1989 年毕业分配至青海省社会科学院藏学研究所从事藏族历史与现状研究,2000 年调至青海省社会科学院民族与宗教研究所,主要致力于藏族妇女问题研究,2003 年至今在青海省社会科学院哲学社会学研究所,主要致力于婚姻家庭及应用对策研究。先后累计完成各类科研成果 100 余万字(个人执笔部分),编辑稿件 200 余万字。其中先后独立完成专著 2 部、合作参与完成专著 10 余部,学术论文 90 余篇。独立和主持完成国家社科基金课题、省级社科基金课题 7 项。担任 2004~2009 年《青海经济社会蓝皮书》副主编工作;先后获青海省哲学社会科学优秀成果荣誉奖 1 项;《邓小平及党的第三代领导集体的宗教观分析》(合作),二等奖 1 项;《青海省城镇各社会阶层状况调研报告》(合作),三等奖 5 项;《藏族妇女历史透视》、《用中华民族意识凝聚青海各民族问题调研报告》(合作)、《西藏自治区妇女的法律保障及其社会经济地位》(合作)、《藏族妇女问题研究》(独立)等;获全国优秀妇女读物暨全国妇联推荐作品奖 1 项;《藏族妇女文论》(独立)。主要代表著作有:《藏族妇女文论》(独立)、《藏族妇女问题研究》(独立)、《藏传佛教与伊斯兰教文化圈女性价值观研究》(主持)、《青海世居少数民族妇女问题研究》(主持)、《青海妇女社会地位研究》(副主编)、《科学发展观与西部和谐社会建设——全国社会科学院系统中国特色社会主义理论体系研究中心第十五届年会暨理论研讨会论文集》(副主编)等。

张立群,女,满族,1962 年 11 月生,吉林省长春市人,教授。先后毕业于西北政法学院和陕西师范大学,获法学博士。现任青海省社会科学院法学研究所所长。享受国务院特殊津贴专

家，全国宣传文化系统"四个一批"人才，入选国家高层次人才特殊支持计划哲学社会科学领军人才。兼任青海省委法律顾问、青海省政府法律顾问、青海省法官检察官遴选委员会和惩戒委员会委员、青海省法制讲师团成员、青海省高级人民法院司法审判智库专家、青海省民族宗教事务委员会法律顾问、青海省社会科学界联合委员会特邀研究员、青海省法学会理事会特邀研究员、青海省法学会学术委员会副主任、青海三江源生态保护和建设工程项目专家库专家、三江源国家公园法治研究会常务理事、西宁市政府立法咨询员、西宁市仲裁委员会仲裁员。长期从事法学研究和教学工作，致力于法理学、行政法、民族法治和地方法治研究。独立完成国家社科基金项目"西部少数民族地区和谐社会的法制构建研究"、主编《青海世居少数民族公民法律素质调查与研究》，主持参与省级课题及委托课题10余项。独立发表论文50余篇。主要论文有《青海地方法制建设问题研究》《入世与我国知识产权的法律保护》《规范行政许可行为与建设法制政府》《青海民族地方立法问题研究》《中国共产党执政理念与人权保障》等，其中，《入世与我国知识产权的法律保护》获青海省第六次哲学社会科学优秀成果三等奖，《中国共产党执政理念与人权保障》获青海省第七次哲学社会科学优秀成果三等奖，《丝绸之路经济带法治环境建设研究》获中国法学会主办的第九届"西部法治论坛"一等奖，《对群体性事件的法律思考》获第二届西部法治论坛二等奖。此外，积极为青海省委、省政府提供智库研究，独立撰写的调研报告《对妥善解决青海省群体性事件的思考》《建立失地农民的法律保障体系问题研究》及合作撰写的《新时代青海政法工作展现新作为》得到省委领导批示。

刘景华，女，回族，1964年4月生，青海省西宁市人，研究员。毕业于中央民族大学，本科学历。先后在青海省社会科学院历史研究所、科研管理处、文献信息中心工作。曾任科研处副处长、处长，现任文献信息中心主任。2008年被评为"青海省优秀专业技术人才"，2014年被评为"青海省优秀专家"。

主要从事青海地方和民族历史、文化研究。截至2017年，累计完成科研成果207.5万字，其中论文、调研报告42篇（核心期刊和CSSCI

来源期刊 11 篇，省委、省政府领导批示 16 篇），专著 14 部（其中 1 部独著，2 部二人合著），主持和合作完成各类课题 8 项（7 项国家社科基金项目，1 项省社科规划项目。其中 1 项为国家社科基金重点项目、中国社会科学院重点项目；1 项合作获国家社科规划办优秀结项；1 项主持获国家社科规划办良好结项），获青海省哲学社会科学优秀成果奖共 10 项，其中一等奖 1 项，二等奖 3 项，三等奖 6 项；获国家部委奖 1 项，厅级奖 3 项。主要成果有：合作完成的专著《青海方志资料类编》获青海省第二次哲学社会科学优秀成果二等奖、《青海简史》获青海省第三次哲学社会科学优秀成果三等奖、《青海通史》获青海省第五次哲学社会科学优秀成果一等奖、《青海湖区生态环境研究》和工具书《西部开发信息百科·青海卷》获青海省第七次哲学社会科学优秀成果二等奖和三等奖、《青海历史文化与旅游开发》获青海省第八次哲学社会科学优秀成果三等奖、《关于打造"西宁毛"品牌，加快申报国家农产品地理标志的调研报告》获青海省第九次哲学社会科学优秀成果二等奖；独立完成的论文《抗战时期的西北诸马》获省委宣传部、省委党史办等联合举办的青海省纪念抗战胜利五十周年优秀论文一等奖和青海省第四次哲学社会科学优秀成果鼓励奖、《清代青海的手工业》获青海省第五次哲学社会科学优秀成果三等奖、《民族团结与社会稳定是实施西部大开发的首要前提》获中共中央统战部全国统战理论研究优秀成果奖、《西部大开发与民族团结和社会稳定》获青海省第六次哲学社会科学优秀成果三等奖；主持完成的国家社科基金项目《青藏地区"汉藏走廊"的形成及经济社会发展问题研究》获国家社科规划办良好结项。此外，独著《青海史话》系列丛书之一《西海蒙古》、主持完成的研究报告《青海伊斯兰教教派和谐相处的教育与管理研究》以及参与完成的多项研究报告获得副省级以上领导批示肯定。

鄂崇荣，男，土族，无党派，1975 年 2 月生，青海省民和县人，哲学博士，青海省社会科学院民族宗教研究所所长、研究员。1999 年 7 月参加工作以来，历任青海省社会科学院民族与宗教研究所研究实习员、助理研究员、副研究员、研究员、副所长、所长等职。兼任第十一届、第

十二届全国青年联合会委员，青海省政协常委、民族和宗教委员会副主任等职。享受国务院政府特殊津贴专家，先后荣获全国五一劳动奖章、首届国家民委民族问题研究优秀中青年专家、青海省优秀专家等荣誉称号。

长期致力于青海民族宗教等领域的研究，先后主持合作完成《多元文化背景下多民族民间信仰互动共享与变迁研究》《藏传佛教在港澳台地区的传播与发展态势研究》等国家社科基金一般项目、重大委托项目共10项，主持完成《青海藏区多民族交往交流交融研究》《青海少数民族非物质文化遗产保护与利用研究》等省部级项目4项。独立、合作出版《青海民间信仰》《土族民间信仰解读》《守望精神家园》《青海藏区社会稳定研究》《土族卷·互助县》等著作6部，在《中国社会科学报》《中国民族报》《青海日报》《西北民族研究》《青海社会科学》《青海民族研究》《青海民族大学学报》等报纸和学术期刊上发表学术论文70余篇，其中，30多篇发表在CSSCI来源期刊，多篇论文被《人大报刊复印资料》全文转载，或被《中国民族报》《北京大学学报》等报刊观点选摘，或被中国社会科学网、中国宗教学术网、中国民族宗教网、中国民俗学网等国内高端学术网络平台全文转载。

在潜心学术研究的同时，注重智库研究和社科普及工作，完成《中国共产党处理藏传佛教问题的探索与启示》《维护青海藏区稳定的一些思考》《近年来青海省藏传佛教青年僧侣思想动态研究》《青海对蒙古、俄罗斯涉藏工作对策研究》等研究报告和资政建议40余篇，多篇智库报告和资政建议得到时任中共青海省委主要领导的肯定性批示。合作参与完成《青海民族团结进步先进区读本》《青海文化知识读本》社科普及类书籍5部。部分研究成果曾获得中央统战部、青海省人民政府等颁发的中共中央统战部全国统战理论政策研究创新成果、青海省哲学社会科学优秀成果等省部级一等奖、二等奖、三等奖、优秀奖等奖项共12项；一些成果还分获首届青海省民间文艺奖、民间文艺优秀研究成果、全省优秀调研报告等奖项多项。

张生寅，男，土族，1974年11月生，青海省互助县人，硕士研究生。1996年6月毕业于中央民族大学历史系历史学专业，同年8月分配

至青海省社会科学院历史研究所工作。2006年9月至2009年7月在青海师范大学历史系中国古代史专业学习并获历史学硕士学位。2007年1月被聘为历史学副研究员。2010年9月至2011年7月作为"西部之光"访问学者在北京大学历史系学习。2011年12月获历史学研究员任职资格，2013年1月被聘为历史学研究员。2015年5月至2017年4月，在海南州兴海县挂职锻炼，任县人民政府副县长。2017年5月至今在青海省社会科学院文史研究所工作。个人先后被授予省直机关2006~2007年度优秀共产党员、2016~2017年度青海省优秀专业技术人才等荣誉称号。

主要从事青海区域历史文化研究，先后公开发表各类科研成果85项、189万字，其中参与、合作或主持撰写《青海通史》《西羌觅踪》《商贸互市》《镜鉴——青海民族工作若干重大历史事件回顾》《民国藏史通鉴》《明代以来黄河上游生态环境与社会变迁史研究》《中华民族全书·中国土族》《国家与社会关系视野下的河湟土司与区域社会》《中国藏传佛教大系·青海藏传佛教寺院》《青海历史》《元代以来藏传佛教寺院管理研究》《藏传佛教四大教派在青海的基本情况及影响》《丝绸之路青海道志》等著作13部，公开发表学术论文44篇，其中CSSCI核心期刊25篇，合作或独立完成调研报告14项。主持完成国家社科基金一般项目1项，参与完成国家社科基金西部项目1项、教育部人文基金项目1项、香港卓越领域学科计划（AOE）项目1项，主持完成青海省社科基金项目3项。科研成果先后获青海省哲学社会科学评奖优秀成果一等奖1项、二等奖1项、三等奖1项，获第五次全国人事人才科研成果三等奖1项，获厅级一等奖3项、二等奖2项、三等奖2项。加强青海柔性人才引进工作、建立人才小高地、促进文化与旅游融合发展等政策建议得到原青海省委书记强卫的批示和相关部门采纳实施，产生了积极的社会效益。主要学术兼职有中国土司学研究会理事、中国明史学会会员、青海史志研究会理事、青海中共党史学会理事、青海昆仑文化研究会理事等。

马勇进，男，汉族，中共党员。1960年1月出生于内蒙古呼和浩特市，籍贯山西省左权县，编审。1982年1月毕业于复旦大学国际政治系国际政治专业，获法学学士学位。现任

《青海社会科学》编辑部主任、常务副主编。兼任青海省期刊音像（电子）协会副会长，青海省延安精神研究会《延风》编辑部主任、常务副主编。1977年9月在青海省互助县城关公社大寺大队插队。1978年2月~1982年1月在大学就读。毕业后分配至青海省社会科学院工作，先后在情报所、《青海社会科学》编辑部从事情报与翻译、编辑工作至今。其间，于2001年9月~2002年6月，以国家公派普通访问学者身份在瑞典隆德大学政治学系留学。主要学术成果有：《青海省社会科学文献资源调查评述》（专著，合作）、《对党的执政方式现代化的思考》（论文）、《加强新时期党员队伍建设的思考》（论文）、《农村基层党组织功能及实现路径》（论文）、《抵制学术不端行为：学术期刊的神圣职责》（论文）、《以创新的姿态当好学术期刊编辑》（论文）、《苏南匈波四国政治体制改革的措施》（论文）、《六十年代以来苏联与东欧的经济改革》（译文）等20余部（篇）。参与了《青海百科全书》《当代中国社会科学手册》（青海部分）的撰写。2006年以来一直参与《青海蓝皮书》的编纂工作。合著的《青海省社会科学文献资源调查评述》获青海省第四次哲学社会科学优秀成果三等奖。

毛江晖，男，汉族，1969年6月生，青海省社会科学院生态环境研究所所长、培训中心主任，经济学副研究员。现任青海民族大学客座教授，青海省经济研究院客座研究员，西宁市发展和改革专家组成员。

长期致力于生态经济、区域经济、贸易经济和公共文化的研究与教学工作，完成各类科研成果120万余字。其中，出版专著1部，承担国家社科基金项目3项（参与）、省社科基金项目和委托课题3项，发表学术论文38篇，编写教材3部。获青海省哲学社会科学优秀成果二等奖1项，三等奖3项，主持完成《三江源国家公园体制试点第三方评估》等国家级评估5项。担任第一批创建国家公共文化服务体系示范区（格尔木市）制度设计课题研究课题组组长，牵头完成国家专项课题4项，制定管理制度18项；担任第二批创建国家公共文化服务体系示范区（西宁市）制度设计课题研究课题组组长，牵头完成国家专项课题1项，制定管理制度13项。

杜青华，男，汉族，1978年4月生，青海省乐都县人，副研究员。新加坡南洋理工大学管理经济学硕士研究生在读。现任青海省社会科学院经济研究所所长。青海省"四个一批"优秀人才。

长期从事区域经济与消费问题、高原地区贫困与生态移民问题的研究工作。工作以来，共完成科研成果总量120余万字。其中，合作和参与完成《青海藏区反贫困战略研究》、《青海经济史·当代卷》、《青海转变经济发展方式研究》等学术著作5部；主持、合作、参与完成《对中国藏区国家级贫困县的调查研究及对策建议》《金融危机形势下青海扩大居民消费促增长问题研究》《青海省新时期扶贫目标及对策建议》等国家社科基金、省部级项目和横向委托课题等10余项。公开发表学术论文和撰写研究报告50余篇。其中，公开发表论文30余篇。撰写研究报告、对策建议等应用类研究成果20余篇（其中有1篇获得中央领导批示，10余篇获得省部级领导批示肯定）。科研成果先后荣获青海省哲学社会科学优秀成果评奖一等奖2项，二等奖3项；2011～2017年先后荣获青海省优秀调研报告评奖一等奖2项，三等奖3项，鼓励奖1项。

鲁顺元，男，藏族，1971年11月生，青海省互助县人，研究员。民族学学士、民族社会学博士。曾任乡政府副乡长（挂职）、中央党校"西部之光"访问学者。先后获全省"四个一批"优秀人才、青海省优秀专业技术人才称号。

学术研究兴趣主要集中在民族社会学范围，兼及环境社会学的部分领域；围绕基层社会组织建设，人与环境及环境与文化、社会互动关系等作了长期的研究，对民族地区文化旅游发展、冬虫夏草资源开发等论题略有涉及。

合作出版书籍4部，发表（包括合作）论文、研究报告、散论等60余篇。其中，代表性专著《文化圈的场域与视角：1929～2009年青海藏文化变迁与互动研究》由国家权威出版社出版，获得第十二次青海省哲学社

会科学优秀成果评奖二等奖；有 4 篇论文被《人大报刊复印资料》全文转载，近 10 项研究报告获省级领导批示肯定。在历届青海省哲学社会科学优秀成果评奖中，有 1 项成果获得一等奖、4 项成果获得二等奖、7 项成果获得三等奖、1 项成果获得鼓励奖。主持完成的国家社科基金项目《青藏高原藏文化圈当代演化与和谐民族关系构建——以青海为例》结项鉴定为良好等级。目前在研国家社科基金项目《热贡移民社区与传统村落的文化开发保护研究》（主持人）和国家社科基金特别委托项目子课题《果洛达日：21 世纪初的经济社会发展》（副组长）。

谢热，男，藏族，无党派，1963 年 12 月生，青海省化隆县人，现任青海省社会科学院藏学研究所副所长、研究员。1979 年 9 月至 1983 年 7 月本科就读于西北民族大学藏语文专业；1983 年 7 月分配至青海省社会科学院藏学研究所，从事藏族传统文化现代转型与变迁的理论与实践问题研究；1999 年 9 月至 2001 年 9 月在中国社会科学院研究生院西方经济学专业研究生班学习；2011 年 4 月至 2014 年 5 月在化隆县政府挂职任副县长；2015 年 7 月担任藏学研究所副所长；2015 年 6 月兼任中国社会科学院"西藏智库"理事。长期致力于藏族传统文化现代转型与变迁的前沿性理论与实践问题研究。截至目前，独立出版学术专著：《传统与变迁——藏族传统文化的历史演进及其现代化变迁模式》（甘肃民族出版社 2005 年 5 月出版）、《村落信仰仪式——河湟流域藏族民间信仰文化研究》（社会科学文献出版社 2010 年 8 月出版）两部；参与、合作出版的学术专著有：《藏族生态文化》（中国藏学出版社 2006 年 1 月出版）、《藏族部落制度研究》及《中国藏族部落》（中国藏学出版社 1991 年 6 月出版）等 6 部；合作出版译著《夏琼寺志》（青海人民出版社 2008 年 10 月出版）；发表学术论文《论藏族传统文化的价值结构》《藏传佛教文化与现代化》《论古代藏族自然崇拜》《论古代藏族龙信仰文化》等 100 余篇；发表调研报告《藏传佛教僧侣社会身份及角色问题研究》《青海开展"平安寺院"建设活动的成功经验与启示》《青海藏传佛教寺院开展"教风年"活动的成效、问题及建议》《黄河上游梯级电站水域资源综合利用构想》《青海藏区与其他藏区经济社会

发展共同性及差异性分析》等 50 余篇。其中数篇获省委省政府主要领导的肯定性批示，2017 年《青海省推行藏传佛教寺院"三种管理模式"主要成效及经验》一文获第四届中国藏学研究"珠峰奖"汉文论文类一等奖，一些成果先后获省部级优秀成果一、二、三等奖多项，并得到一定程度的实践运用、转化；主持或参与完成国家社会科学基金立项课题 3 项，均已结项。

张前，男，土族，1973 年 7 月生，青海省民和县人，中共党员，编审，1995 年 7 月毕业于青海民族学院汉语言文学系。1995 年 7 月至 2002 年 4 月，在青海省海西州文联《瀚海潮》杂志社工作，先后担任《瀚海潮》杂志责任编辑、副主编、编辑部副主任、海西州文联秘书长等职务。2002 年 5 月至今，在青海省社会科学院《青海社会科学》编辑部工作，先后担任《青海社会科学》责任编辑、副主编、编辑部副主任等职务。2006 年获副编审任职资格，2011 年获编审任职资格。曾获"全国新闻出版行业领军人才"荣誉称号，获首届中华优秀出版物奖、首届全国报刊编校技能大赛决赛团体三等奖各 1 项。在第四届中国出版政府奖评选中被推荐为优秀出版人物奖（青海）人选。获得青海省社会科学院"优秀工作者"荣誉称号 2 项、"优秀共产党员"荣誉称号 4 项。

长期从事期刊编辑工作，潜心致力于编辑理论和实践研究，兼顾文化传播等研究工作。在编辑理论及实践研究方面的代表性论文有《一个编辑眼中的版面费问题》（《光明日报》）、《对学术期刊若干问题的分析与思考》、《学术不端与学术期刊的责任》、《社科类学术期刊科学发展的路径选择》、《市场语境中学术期刊的命运与路径》等，其中，《对学术期刊若干问题的分析与思考》一文荣获首届中华优秀出版物（论文）奖。在文化传播等研究方面，参与国家社科基金一般项目 1 项、重点项目 2 项、专题项目 1 项，独具视角，聚焦文化领域的新理论新问题，在国内核心期刊发表研究论文多篇，代表性论文有《从地域到世界："一带一路"倡议的地方语境创设》（"人大报刊复印资料"《文化研究》全文转载）等。责编或组织编发的文章获省部级以上奖励 6 项，数十篇文章被《新华文摘》《中国社会科学文摘》《人大报刊复印资料》等重要学术文摘全文转载或论点摘录，编辑出版的《青海社会科学》杂志获得国家社科基金资助（青海唯一一家）和"中国北方十佳期刊"荣誉称号，先后 6 次入选 CSSCI 来源期刊，先后两次获得青海省期刊编校质量一等奖。

马生林，男，回族，1959 年 12 月生，青海省祁连县人。1980 年 6 月参加工作，1988 年 6 月毕业于青海教育学院中文系，至 1990 年 7 月先后在祁连营盘台、河西小学和扎麻什中学、县中学任教。1990 年 8 月至 2000 年 12 月在祁连县政府办公室和地方志办公室从事行政和修志工作，担任副主任、主任职务。1999 年 12 月取得副编审任职资格，同年至 2001 年在中国社会科学院研究生院政治经济学专业学习。2001 年 1 月至今在青海社会科学院经济研究所从事生态环保研究工作。2006 年 12 月获得经济学研究员任职资格，2012 年获得青海省优秀专家称号，2014 年获得国务院政府特殊津贴专家称号，现为经济学二级研究员。

近 20 年来，主持完成国家社会科学基金项目 6 项、青海省社科规划项目 2 项、出版专著 8 部、发表论文 100 多篇、为省委省政府提供应用对策研究报告 50 多篇（省委省政府主要领导批示 18 篇）、获得国家级一等奖和省部级二等奖各 1 项、省部级三等奖 4 项。在国家和省级重点出版社公开出版学术著作《青海湖区生态环境研究》《"聚宝盆"中崛起的新兴工业城市》《青藏高原生态变迁》3 部。在《中国环境报》《中国民族报》《西部论丛》《水利经济》《西部发展报》《西北民族研究》《甘肃社会科学》《青海社会科学》《青海日报》等省内外报刊上公开发表《三江源——中华民族的生命源》《走近沙尘暴》《关注"生态难民"》等论文 100 多篇，其中核心期刊 26 篇，被人民大学报刊资料中心全文转载 3 篇。尤其《抢救黑河源头原始森林刻不容缓》《关于加强青海省红色旅游的建议》《对青海发展生态畜牧业的思考与建议》《祁连山生态环境综合治理研究》等研究报告得到省委省政府主要领导肯定性批示。主持完成《青海湖区生态环境综合治理对策研究》等国家社科基金项目 6 项，完成青海社科规划办课题《黑河流域生态环境及沙尘暴治理对策研究》等 2 项，国家社科基金课题的立项率和完成质量得到业内同行赞同。

马文慧，女，回族，1971年6月生，青海省西宁市人。1994年毕业于华东师范大学哲学系，获得哲学学士学位。研究员。1994年7月至今分别在青海省社科院哲学社会学所、社会学所工作。2016年度华东师范大学"西部之光"访问学者。兼任中国回族学会、青海回族研究会等学会理事。

主要从事宗教社会学、回族伊斯兰教研究。截至2017年，合作、参与出版专著5部，公开发表论文20余篇，独立、合作、参与完成调研报告30余篇，主持完成国家社科基金项目1项，合作、参与完成国家社科基金项目5项、省社科基金项目5项、委托课题3项，完成院级课题多项，共完成科研成果量170多万字。先后获得青海省哲学社会科学优秀成果评奖荣誉奖2项、一等奖2项、二等奖4项、三等奖1项；青海省优秀调研报告二等奖2项、三等奖4项；全国统战理论优秀成果二等奖2项，全省统战理论研究优秀成果一等奖3项；首届回族学会优秀成果论文类三等奖1项；6篇研究报告得到省部级领导的批示及相关部门的重视和采纳。主要著作有：合著《青海回族史》《青海伊斯兰教》《青海回族历史与文化》等；论文《从民俗文化视角看伊斯兰文化的本土化》《宗教与社会主义和谐社会的构建》《中国特色社会主义宗教论》《多维度应对青海农村老龄化问题》《基础与发展：青海伊斯兰教经堂教育的规范化考量》等；调研报告《青藏地区基层宗教组织与社会稳定的社会学研究》《当前青海伊斯兰教事务管理工作中需关注的几个问题》《加强青海省无党派人士政治引导问题的思考》等。其中《宗教与青海地区的社会稳定和发展》荣获全国统战理论优秀成果二等奖、青海省第六次哲学社会科学优秀成果荣誉奖；《邓小平及党的第三代领导集体的宗教观分析》荣获全国七部委研讨会入选奖、青海省第七次哲学社会科学优秀成果荣誉奖；《青海省城镇各社会阶层状况调研报告》《青海回族史》《关于打造"西宁毛"品牌，加快申报国家农产品地理标志的调研报告》荣获青海省第八次、第九次哲学社会科学优秀成果二等奖；《青海多元民俗文化圈研究》《青海加强和创新社会建设与社会管理研究》荣获青海省第十次哲学社会科学优秀成果专著类和论文调研报告类一等奖；《当前青海伊斯兰教事务管理工作中需关注的几个问题》荣获青海省第十一次哲学社会科学优秀成果调研报告类二等奖等。

胡芳，女，土族，1972年3月生，青海省民和县人。1995年6月毕业于中央民族大学汉语言文学系，文学学士。2007年6月毕业于青海师范大学人文学院，获民俗学硕士学位。现任青海省社会科学院文史研究所文学研究员，兼任中国民俗学会第八届理事会理事、青海省民间文艺家协会理事、中国土族研究会理事、青海省文艺评论协会理事、青海省作家协会会员、《中国土族》编委等，系青海省第十二届政协委员、省政协立法协商智库成员。

主要从事青海地方文学、民俗文化和土族文化研究，兼顾应用性研究，公开发表出版科研成果70多项、共180多万字，独著《土族社会发展现状调查研究》，合著《草原王国吐谷浑》、《青海历史文化与旅游开发》、《三川土族纳顿节》、《中华民族全书·中国土族》、《青藏地区民族民间文学研究》、《青海多元民俗文化圈研究》、《中国节日志·春节（青海卷）》（副主编）、《中国节日志·土族青苗会》（主编）、《吐谷浑史话》等。主持完成国家社科基金西部项目1项，参与完成国家社科基金西部项目4项、国家社科基金特别委托项目"中国节日志"子项目2项、省规划办社科基金项目2项。独立撰写的《民族历史回响中的文化寻根——论梅卓的长篇小说创作》《西部高原的礼赞——论昌耀的诗歌创作》分别获第三届、第六届中国文联文艺评论二、三等奖，《土族女词人李宜晴词艺简析》获青海省第五次哲学社会科学优秀成果三等奖，《民间生活的真实镜像——论陈元魁的〈麒麟河〉》《民族现实生活的文化审视——论梅卓的中短篇小说创作》分别获青海省首届、第二届文艺评论三、二等奖，《青藏地区民间传说的文化史价值》获青海省民间文艺家协会优秀研究成果三等奖。合著《青海多元民俗文化圈研究》《中国节日志·春节（青海卷）》《草原王国吐谷浑》《青海历史文化与旅游开发》《青藏民族民间文学研究》分别获青海省哲学社会科学优秀成果一、二、三等奖。此外，科研成果还曾获青海省文学艺术创作奖、青海省第三届青年文学奖、省委宣传部理论调研优秀成果一、二、三等奖等奖项。

窦国林，男，汉族，1965年9月生，青海省湟中县人。环境、工程、水文地质学学士，副研究员。主要研究方向：农村经济、资源经济。2007年始在青海省社会科学院经济研究所工作，转为经济学副研究员。主要从事农村经济、资源经济、环境保护等方面的研究工作。

完成科研成果总量80余万字，发表各种学术论文、研究报告等40余篇。代表性的研究成果有《青海藏区农牧民增收致富道路探讨》《青海扩大内需途径与对策》《湟水流域山区农牧民持续增收的制约因素及对策建议》《关于强化昆仑玉品牌发展战略的对策建议》《青海省节能降耗研究》等有一定影响力的研究报告。

参与完成的《中央支持青海等省藏区经济社会发展政策机遇下青海实现又好又快发展研究》获青海省第九次哲学社会科学优秀成果一等奖。《灾害不可避免 灾难可以减免》一文参加光明日报主办的"灾难中的智慧"征文活动获一等奖，主要观点予以发表。《中华智慧的"古为今用"》一文，在《光明日报》2013年1月16日加彩文官俑、秦始皇陵铜车马发表，并被中国文明网、求是理论网、文摘报等媒体转载。

高永宏，男，汉族，1962年11月生，大学学历，副研究员。1983年7月~2004年5月在青海省总工会干校从事法学教学与研究工作，曾任教研室副主任、主任，1999年取得高级讲师任职资格；1989年取得律师资格，曾在青海西海律师事务所等律师执业机构注册执业近20年；2004年6月调入青海省社会科学院法学研究所（今政法研究所）从事法学研究工作，转为副研究员任职资格至今。主要研究方向为社会法、司法制度、社会治理等。

在青海省社会科学院工作期间，共完成各类科研成果80余项，合作出版专著1部，主持完成省级课题1项，参与完成省部级课题3项，主持或参与完成各类部门课题、横向委托课题多项，公开发表论文、研究报告50余篇，总成果

量80余万字。曾获得省部级一等奖1项，其他各类奖项10余项。现为中国（青海）法学会会员，曾连续兼任两届青海省人大常委会法制咨询组成员，现兼任西宁市人大常委会立法咨询专家组成员、青海省高级人民法院司法审判智库专家。

参看加，男，藏族，1967年8月生，青海省贵德县人，副研究员。主要从事藏学、宗教社会学研究。发表有《藏传佛教夺舍转世法——一种特殊的活佛转世方法》、《藏文〈御制喇嘛说〉之注解》（藏文）等学术论文多篇；公开出版《藏密溯源——藏传佛教宁玛派》（合作），译著《马克斯·韦伯文选》（合作，汉译藏）等学术著作；主持或参与多项国家和省社科规划课题，主持完成的国家社科基金项目《藏区多元共存历史与现状研究》鉴定为良好；完成的多项成果获青海省哲学社会科学优秀成果奖，其中，《青海加强和创新社会建设与社会管理研究》（参与）获一等奖，《新形势下藏传佛教现代高僧培养问题的解决之道》、《藏传佛教与青海藏区社会稳定问题研究》（合作）、《江河源区相对集中人口保护生态环境》（合作）获二等奖；《应关注新一代宗教界代表人士的培养》等多项应用研究成果获省级领导肯定批示，《新形势下藏传佛教现代高僧培养问题的解决之道》获时任中央政治局委员、中央统战部部长孙春兰的批示。

马进虎，男，回族，1963年3月生，青海省大通县人，副研究员。1984年毕业于中央民族学院历史系，1993年毕业于西北大学中东研究所世界近代史伊斯兰教史专业，获历史学学士学位，2005年西北大学中东研究所中东文明史专业毕业，获历史学博士学位。曾任（2007~2017年）省社科院文史所所长。兼任中国统战理论研究会民族宗教研究甘肃基地研究员、青海回族撒拉族教育救助会会员。曾在门源、大通担任过机关干部、中学教师等职。

长期致力于伊斯兰教、回族教育、经济、文化产业等研究工作。先后合作、独立出版书籍2部，在《宁夏社会科学》《西北史地》《西北大

学学报》《长安大学学报》《西安电子科技大学学报》《回族研究》《青海社会科学》《青海民族研究》《青海蓝皮书》《西北蓝皮书》等专业期刊发表论文 30 余篇。合著《邓小平民族理论与实践》，专著《两河之聚——文明激荡的河湟回民社会交往》。获省哲学社会科学优秀成果三等奖一项，优秀成果鼓励奖一项，获青海省纪念建党八十周年理论研讨会优秀论文奖一项。获青海省全省优秀调研报告一等奖和三等奖各一项。

解占录，男，汉族，1974 年 11 月生，青海省湟中县人。1992 年考入青海师范大学历史系学习，获历史学学士学位。1996 年考入青海师范大学历史系中国古代史专业学习，获历史学硕士学位。1999 年 7 月在青海省社会科学院文史研究所工作，2006 年晋升历史学副研究员任职资格。其间，曾担任西宁市城中区第十六届人大常委会委员，第十七届人大代表。

主要研究方向为青海历史、青海文化与旅游等领域，迄今独自或参与完成《唐蕃青海之争》《镜鉴——青海民族工作若干重大历史事件回顾》《文成公主与唐蕃古道》《青海历史文化与旅游开发》《中国藏传佛教大系·青海藏传佛教寺院》《青海藏毯志》等专著、志书 9 部，《柴达木百年开发与生态变迁》《青海历史文化的内涵及其在现代旅游中的开发利用研究》《青海省农村劳动力素质与转移研究》等国家及省级课题 5 项，在《中国藏学》《青海社会科学》《青海民族研究》等刊物上独自或合作发表《清代喇嘛衣单粮制度探讨》《西方文化在湟源的传播与影响》《青海省"法轮功"基本情况调查、分析及对策研究》等论文近 30 篇。其中有一项成果获青海省哲学社会科学二等奖，两项获青海省哲学社会科学优秀成果三等奖。

毕艳君，女，土族，中共党员，1975 年 11 月生，青海省贵德县人。本科学历。1998 年 7 月至 2000 年在文学研究所工作，现为文史研究所文学副研究员，中国少数民族作家学会会员，中国文艺评论家协会会员，青海省作家协会委员会委员，青海省文艺评论家协会副秘书长，《中

国土族》杂志编委。2014年获得青海省"三八"红旗手荣誉称号。

长期从事文学评论与民族文化研究工作，先后在《民族文学》《民族文学研究》《延安文学》《西北军事文学》《解放军艺术学院学报》《湖北民族学院学报》《青海社会科学》《青海民族研究》等省内外刊物和《文艺报》《中国艺术报》《中国民族报》《青海日报》等省内外报纸上发表成果百余项。合著有《古道驿传》《文成公主与唐蕃古道》《青海历史文化与旅游开发》《三江源文化通论》《丝绸之路青海道志》。曾获第五届中国文联文艺评论奖三等奖，青海省首届文艺评论奖二等奖、第二届文艺评论奖三等奖、第四届青海青年文学奖以及青海省新中国成立60周年文学艺术创作政府奖、青海省哲学社会科学二等奖1项、三等奖2项，全省优秀调研报告奖等奖项。

肖莉，女，汉族，1964年7月生，大学本科学历，副研究员。1988年在青海省畜牧兽医职业技术学院参加工作；2002年公考考入院编辑部；2003年到社会学研究所工作至今。入院以来，共获得院级单项奖7项、院级荣誉3项。

主要从事应用社会学、公共管理等方向研究。从事科研工作以来，在公开刊物发表论文48篇，其中核心6篇，主要代表作品有：《影响青海社会稳定的因素分析及对策建议》《青海基层党组织维稳能力研究》《青海社会管理面临的主要问题及对策研究》；主持、参与完成《青藏地区加强和创新社会治理研究》等2项国家社科基金西部项目；主持、参与完成《促进青海区域基本公共服务均等化研究》等4项省级社科基金项目；主持、参与完成委托课题4项；主持、参与完成《青海藏区依法治理工作研究》等院级课题15项。《论中国共产党执政为民的理论与实践》等7篇论文在全省举办的研讨会上入选优秀论文并入集，《青海省城镇各社会阶层状况调研报告》等4项研究成果获青海省哲学社会科学优秀成果评奖一、二、三等奖。

刘傲洋，女，汉族，1976年6月生，大学本科学历，副研究员。2000年7月毕业于北京物资学院经济系，同年到青海省社会科学院经济研究所从事经济研究工作，2010年1月转入《青海社会科学》编辑部任经济学科

编辑至今。独立或合作完成专著、论文、研究报告及基金项目 70 余项,获青海省哲学社会科学优秀成果一等奖 2 项、三等奖 3 项,省部级入选论文奖 6 项、优秀论文奖 1 项,省优秀调研报告一等奖 2 项。编发稿件获青海省哲学社会科学优秀成果三等奖 1 项,多篇稿件被重要学术文摘全文转载。

娄海玲,女,汉族,1971 年 1 月生,河南省原阳县人,毕业于西北政法学院经济法系,大学本科学历,青海省社会科学院政治与法学研究所副研究员,青海省优秀青年法学家。长期从事法社会学和地方法治建设研究,完成各类科研成果近 100 万字,合作完成专著 1 部,主持或参与完成国家社科基金一般项目 3 项,主持或参与完成省级及各类委托课题 20 余项,发表论文及调研报告 60 余篇。主要研究成果有《藏族习惯法与国家法的冲突与调适研究》《青海世居少数民族公民法律素质调查与研究》《改革开放以来青海民族法制建设研究》《青海藏区草场地界纠纷调处预防机制研究》《关于"法律进宗教活动场所"的调研报告》《青海藏区生态保护的法律问题研究》等,研究成果中获青海省哲学社会科学优秀成果一等奖 2 项、三等奖 2 项,获青海省优秀调研报告三等奖 3 项,获中央政法委维护稳定工作优秀调研报告三等奖 1 项等。另有部分研究成果获省级领导肯定性批示。

王丽莉,女,汉族,1966 年 7 月生,本科学历,副研究馆员。1999 年 11 月调入青海省社会科学院培训中心财务部门任会计工作,2001 年 4 月在院财务部门主管工作,2004 年至院文献信息中心任图书馆员工作,2007 年 12 月取得图书馆员职称,2010 年取得图书馆系列副研究馆员职称。

先后在省内外公开刊物发表各类成果达

26.97万字（其中：论文12篇；青海蓝皮书1篇；调研报告1项；国家课题1项）。获得一等奖1项；二等奖2项；三等奖3项。

杨军，男，汉族，1978年生，甘肃省兰州市人，中共党员，副研究员职称，1999年毕业于青海师范大学，管理学硕士研究生学历。1999年7月至2003年6月，在青海省社会科学院培训中心负责教学、教务工作，2003年6月至2011年12月在青海省社会科学院文献信息中心负责信息化网络建设工作，2011年12月至今在青海省社会科学院科研组织处工作。参加工作以来，获得青海省社会科学院"优秀工作者"荣誉称号4项、"优秀共产党员"荣誉称号4项。

长期从事科研管理的理论和实践工作，兼顾区域经济、图书馆情报学等研究工作。在文献信息理论及实践研究方面参与了《青海省志·索引》总目录、地名笔画索引编辑的工作，设计并完成青海省社会科学院网站建设项目和青海省社会科学院资料平台数据库的建设，代表性论文有《对西宁市川浅村庄发展"城郊都市型"农业的调查与思考》《青海省海南州生态畜牧业集约化、专业化、产业化发展问题研究》《社会管理创新视角下对网络舆论问题的思考》《青海省网络文化产业发展思考》《信息服务发展视角下对西部欠发达地区信息化建设问题的思考》等，其中，《网络文化产业与图书馆事业的协调发展探讨》一文荣获2012年中国社会科学情报学会优秀论文奖、《图书馆法制建设及图书馆职业道德中的法律观念》获得西北五省区第十三次研讨会论文类一等奖。

沈玉萍，女，撒拉族，1972年2月生，博士研究生，副研究员。2000~2003年在青海民族大学攻读硕士研究生，获历史学硕士学位，2006~2010年在南京大学攻读博士研究生，获历史学博士学位。2010年9月到青海社会科学院工作，2014年获历史学副研究员职称。

主要成果有：研究生期间发表《试析临夏回族文化》《"口唤"一词文化解读》等论文。

博士期间发表《吐谷浑王国屡败屡兴原因探析》《马欢和马德新朝觐比较研究》《有关〈西域土地人物略〉作者的考察》等论文。在社科院工作期间发表《百年撒拉族族源研究述评》等专业论文，并主持或合作完成研究报告多篇，其中《丝绸之路经济带建设中青海"拉面经济"开拓中西亚市场研究》一文收入《2016年青海经济社会形势分析与预测蓝皮书》。合作出版著作《中国边缘穆斯林族群的人类学考察》《小儿锦研究》，及译著《中亚文明史》。在南京大学学习期间曾获2008年度光华奖学金一等奖。论文《草原民族历史上的城市：都兰的文化地位及都兰古墓群的保护开发》一文获第十一届中国·内蒙古草原文化主题论坛优秀论文三等奖。

才项多杰，男，1970年5月生，硕士研究生，副研究员。研究方向为青海藏区人文历史及文献翻译。

1994年毕业于西北民族学院（现西北民族大学）少语系，获中国少数民族藏语言文学学士学位。1994年在海南州民族师范学校参加工作。1999年考入青海民族学院藏学系，攻读藏汉翻译专业研究生，2002年获中国少数民族语言文学硕士学位。2002年起至今，在青海省社会科学院藏学研究所，从事文献翻译、青海藏族人文历史等基础性方面的研究，以及青海藏区社会经济文化等应用现实性决策服务研究工作。近十年来出版专著两部，译著2部，完成译著2部（待出版）；发表学术论文9篇，其中核心期刊6篇；完成调研报告10篇；主持并完成国家社科基金立项课题1项，参与完成2项；参与完成教育部人文、社会社科研究资助项目1项；主持完成中国藏学研究中心横向课题1项，参与完成1项。累计一类成果达60万字以上，二类成果约120万字。其中4篇调研报告得到省部级领导批示，获青海省第九届哲学社会科学优秀成果三等奖1项（参与），中国藏学研究第四届"珠峰奖"汉文论文类一等奖1项（参与）。

旦正加，男，藏族，1978年8月生，研究生学历，副研究员，第二批青海省"高端创新人才千人计划"培养人才项目拔尖人才。

2002年8月到青海省社会科学院藏学研究所工作，主要致力于藏族人文历史与民俗文化等领域的研究。出版学术专著《观念与习俗——藏族

"央"文化的本土解读》，参与撰写《道帏藏族社区志》，合编《当代藏族研究生论文精选》，合译《中国中学生百科全书（科学前沿、军事）》，发表《敦煌古藏文文书所载"森波杰达嘉布"王朝被灭事件及其后果探微》《藏族祈福仪式及其文化传承》《安多道帏藏乡的饮食文化》等藏汉文学术论文30余篇，完成调研报告6篇，参与录制藏族英雄史诗《格萨尔》及民俗民间文化光盘3部。主持或参与国家级课题4项，参与省部级课题4项。2016年，专著《中国节日志·春节（青海卷）》（参与）荣获青海省第十一次哲学社会科学优秀成果二等奖；2017年，论文《青海三江源地区牧民家庭贫困问题研究——以达日县典型牧户为个案》荣获第四届中国藏学研究珠峰奖汉文学术论文类三等奖；2018年，论文《论〈格萨尔王传〉中的梅萨其人》荣获第二届青海省《格萨尔》研究成果奖一等奖等。

张明霞，女，汉族，1982年3月生，博士研究生学历，副研究员，现从事生态环境和生态经济等方面的研究。近5年来，发表EI论文2篇，核心期刊论文10余篇，完成调研报告多篇，合著专著2部，主持、参与课题多项。主持国家社科基金项目《青藏高原城市化发展与生态环境耦合协调发展研究》；参与中宣部马克思主义理论研究和建设工程重大项目《三江源国家公园实践研究》，《中国西北发展报告（2019）》和《西宁市绿色发展蓝皮书》分篇报告撰写；参与完成《中国改革开放全景录·青海卷》《三江源国家公园体制试点第三方评估》《青海省划定生态保护红线社会稳定风险评估》《三江源生态保护红线（一期）划定社会稳定风险评估》《基于生态环境约束的青藏地区转变发展方式实证研究》《青海省打造生态文明示范区实践研究》等项目；执笔调研报告《公众参与青海生态文明建设机制研究》获原青海省委常委副省长马顺清同志批示，为地区社会经济建设建言献策，为科学决策发挥积极作用。

益西卓玛，女，藏族，1975年6月生，甘肃省玛曲县人，研究生学

历。1995年9月至2002年6月，就读于西北民族学院藏语系。2002年8月至今在青海省社会科学院藏学研究所工作，兼任青海省佛教文化研究中心《宁玛文化丛书》主编。2002年开始从事藏学研究工作，致力于藏传佛教宁玛派文献整理、藏族妇女、文献翻译等领域的研究。公开出版专著2部（合著），独立译著4部，合作译著3部，古籍整理近30部；用藏汉两文公开发布论文、调研报告等20余篇。参与国家重大课题1项，主持国家社科基金课题1项，参与完成国家社科基金项目2项，主持、参与完成省部级重点课题3项，院级课题5项。2011年度被评为院先进工作者；2013年度被评为院优秀党员；2014年度被评为院五好文明家庭及院先进工作者；2015年度被评为全省最美家庭；2017年度被评为全国最美家庭；2017年8月参与课题荣获第四届中国藏学珠峰奖汉文类论文一等奖。

杨军，男，回族，1978年11月生，青海省大通县人。经济史专业硕士研究生，现任青海省社会科学院经济研究所副研究员，目前主要从事青海省"一带一路"建设研究。

参加工作以来，主持国家社科基金项目西部项目1项，参与国家社科基金一般项目1项，主持参与省级课题3项。公开出版合著3部，公开发表论文23篇，其中核心期刊12篇（独立发表核心期刊5篇），完成青海省社会科学院《青海研究报告》10多篇。累计成果50万字以上，其中一类成果30多万字，二类成果20多万字。相关成果获青海省哲学社会科学优秀成果专著类二等奖1项，青海省优秀调研报告二等奖1项、三等奖1项。

（二）离退休高级职称人员

朱世奎，1932年12月5日（农历壬申年十一月初八日）生，青海省西宁市人，笔名石葵。1952年前在西宁、兰州两地求学。历任湟川中学教师、青海省文联副主席、青海大学特邀教授、青海省社会科学院院长等职。1956年被评为全国先进生产者，1993年被评为研究员。任教期间进行教学改革：1953年冬，自行设计土温箱培养草履虫成功，在青海生物教学史上，第一次在冬季让中学生在显微镜下看到活的原生动物；1954年夏，组织学生在课外举行了"爱鸟日"活动，这是青海环保史上的第一次爱鸟活动；开辟了一亩多地的种植园，指导学生进行各种农作物栽培的实践活动。著有《西宁风俗纪略》、《西海雪鸿集》、《秋叶集》、《辛巳之殇——1941年日本军机轰炸西宁暴行录》、《西海古今谈》（中英文对照）、《西宁方言志》（合著）。任主编并撰稿人，已出版有《青海风俗简志》、《西宁方言词语汇典》、《东篱菊》、《辞鉴》、《青海掠影》、《西宁》（英文版）、《世界语在青海》、《青海省社会科学志》、《青海百科全书》（任执行副总纂，获青海省第五次哲学社会科学优秀成果一等奖）。发表过"西宁辛巳六十年祭"（日本军机轰炸西宁纪实）、《白兰——吐谷浑王国的光辉坐标》、《吐谷浑人的科技贡献》、《青海汉俗的建构特色》、《文泸画廊掠影》、《吐谷浑白兰地望新考》（与程起骏合作）、《河湟花儿语言艺术的散点透视》、《三家花园三家诗》、《第三次龟兔赛跑》（童话）等论文、文艺评论、杂文、散文、序跋、诗歌、童话、科普小品等80多万字；与李文斌合作收集整理盲艺人万玉琴女士演唱的8600诗行的《贤孝》等。

周生文，男，藏族。本名噶·班琼，1937年5月生，青海省玉树州治多县人，1955年12月加入中国共产党。曾被聘为藏学副研究员、青海大学特邀教授、《玉树州志》顾问。先后任青海省民师党团办公室副主任、玉树州委党校教育科负责人、海西州委组织部副部长、州委常委宣传部部长、省委宣传部部务会成员文艺处长，1997年退休前任青海省社会科学院党组副书记、副院长（正厅级）。1983~1987年任省人大民族委员会委员，1988~1996年任省政协委员。兼职省藏学、婚姻与家庭、统战理论诸研究会副会长；省民间文艺家协会副主席、省社科联副主席等。退休后任青海藏族研究会

副会长兼常务副秘书长等。

合作、独立出版专著11部,发表论文20余篇。其中专著《藏族部落制度研究》(第六章第二节)、《青海百科全书》(编辑部副主任、民族宗教分编主编并撰稿),获青海省哲学社会科学优秀成果一等奖;《甘青藏传佛教寺院》(撰玉树部分)、《建设有中国特色社会主义概论》(主编)、《玉树藏族自治州东部三县农业综合开发研究》(课题组长、副主编)获优秀成果三等奖,后者并获省科委省科技成果奖。论文《大元帝师八思巴在玉树地区的活动》(合作)获三等奖,《中国式社会主义的先行探索》(合作)获青海省纪念毛泽东诞辰100周年理论研讨会优秀论文奖等。晚年著《玉树地区藏族风俗志》,2017年12月由青海民族出版社出版。

陈国建,男,汉族,1936年10月生,四川省营山县人,副教授,1960年毕业于西南农学院农业经济系,1965年8月加入中国共产党。1994年5月到青海省社会科学院工作,任党组书记、院长。1998年11月退休。1960年8月~1983年4月,先后在青海省委农村工作部、省文教组、教育局任干事,省人民政府办公厅秘书、秘书组长,省科委政治处副主任,省人民政府文教办公室党组成员、政治处主任。1983年4月起,先后任省教育厅党组成员、副厅长,青海师范高等专科学校党委书记。兼任省大中专院校招生委员会和省自学考试委员会常务副主任、省科技进步奖评审委员会副主任委员、省高教学会第一届理事会会长、中国高教学会理事、省社科联第三届委员会副主席。1991年省委高校工作领导小组授予全省高校优秀思想政治工作者称号。历任青海省人民代表大会第七、八届代表,中共青海省第八、九次代表大会代表。较长时期从事教育行政管理工作,先后在省内外书报刊上发表有关教育、社科、经济方面的文章、调研报告50余篇,其中《毛泽东教育思想的发展阶段和主要内容》《坚定不移地走社会主义道路》《新时期社会科学研究的地位、作用及前景》等获省哲学社会科学优秀成果奖;主持省社会科学规划立项课题《青海六州经济发展突破口选择》和《青海资源开发回顾与思考》,并在中共青海省委政策研究室编的《调查研究》上全文刊登。《论加强高校领导班

子思想作风建设》《进一步加强思想道德建设》等收入《新时期党的建设文库》《走向 21 世纪的中国——中国改革与发展文鉴》。

景晖，男，汉族，1947 年 11 月生，陕西子洲县人。1964 年 10 月参加工作。1971 年 9 月考入青海师范学院、1979 年 3 月考入中央党校理论部脱产学习，获大学本科学历。1974 年 12 月调入中共青海省委写作组。1980 年 8 月后，历任《青海通讯》编辑部编辑、省委宣传部理论处副处长、处长（兼任青海省委常委会学习秘书）；1991 年 10 月，任省委党校副校长并兼任中央党校在职研究生（省部级班）责任导师、中函青海分院院长、"一校三院"学术委员会主任、《党校教育》总编辑。1998 年 11 月任青海社会科学院党组书记、院长，兼任青海省学位委员会副主任。2008 年退休。其间，在省内外多批次作过一些较为重要的学术报告，组织和参与过一些重大的评奖、教育活动。曾先后获省部级以上奖励 20 余项。主要代表作：《党性党风党纪》（独立）、《青海资源开发研究》（主编）以及《新时期毛泽东思想发展研究》（主编）；《中清以来人类活动对三江源区生态活动的影响》（第一作者）、《青藏高原生态替叠与趋导》（第一作者）；1999 年创办《青海蓝皮书》（主编）、2001 年创办《青海研究报告》（主编）、2006 年创办《进言》（主编）。以上"三大平台"曾引起省委省政府极大关注。先后获得省委、省政府主要领导 217 次重要批示，较好地发挥了"思想库"和"智囊团"的作用。2005 年 8 月 23 日赵乐际（时任青海省委书记，现任中共中央政治局常委）曾亲自写信："《青海研究报告》，我是每期必读。感到选题好、内容好、对我十分有助。请代我向参与研究的同志们致谢。"由于省委省政府领导的关心，在全国地方社科院系统和省内各层级党组织中也受到一定好评。同时，其利用业余时间还创作了一批诗歌、小说、散文等文学作品，并获得全国和省政府一些奖项（如青海省"五个一工程"奖一项、全国首届纪检系统歌咏比赛二、三等奖和国务院参事室诗词奖等）。歌曲《老话》获得省政府一等奖同时获得当年西北五省区唯一高奖，在一定范围内产生了较为良好的社会影响。从事教学、科研工作多年，取得一定的成绩和贡献，1992 年先后被评聘为研究员，1992 年被授予

青海省"优秀专家"称号，1997 年被评为"享受国务院特殊津贴专家"。退休后，先后发表了《加快经济发展、提高人民生活水平》《追梦台湾》《哦呵呵，雪山佛祖》等一些论文、文学作品。2017 年 1 月，整理出版了《景晖自选文集》（两卷本近 80 万字）。

赵宗福，男，汉族，1955 年 10 月生，青海省湟中县人，教授、研究生导师，1995 年加入中国共产党。1981 年 12 月毕业于青海师范大学中文系，获文学学士学位。2002 年 7 月毕业于北京师范大学中文系，获民俗学博士学位。2008 年 4 月～2015 年 4 月任青海省社会科学院院长，兼党组书记。之前曾任青海师范大学中文系主任、人文学院院长、副校长等。目前任中国民俗学会副会长、中国少数民族文学副理事长、青海省民俗学会会长、青海民间文艺家协会主席、昆仑文化研究院院长等，同时兼任国内外多所大学客座及特聘教授。1993 年起享受国务院特殊津贴，曾获得"青海省劳动模范"、"全国先进工作者"、全国文联"德艺双馨会员"等荣誉称号。曾获首届"钟敬文民俗学奖"、首届"大昆仑文化杰出学术理论奖"。

多年来致力于中国古典神话、民间文学、西部诗歌史、青海文化史、民俗文化学等方面研究，均有较高建树，在国内外学界有一定的影响。近年来，先后策划主办"昆仑文化与西王母神话国际学术论坛"、"昆仑神话与世界创世神话国际学术论坛"等 10 余次大型高端国际学术会议，在海内外产生较大影响。在其不懈努力下，昆仑文化已成为青海省委省政府对地方文化的文化定位和着力建设的文化品牌。多年来，先后在中华书局、中国社会科学出版社等出版学术著作 10 余部，主要有《花儿通论》《昆仑神话》《青海多元民俗文化圈研究》《青海历史人物传》《青海史纲》《青海民俗》等。先后在《文艺研究》《民间文学论坛》《民俗研究》《西北民族研究》和台湾《大陆杂志》《民俗曲艺》等海内外学术期刊发表论文 120 多篇，部分著作先后被译为英、日、韩等多种文本在国外出版发表。近年来主持和主要参与完成国家社科基金项目 6 项，其中主持完成的《青海多元民俗文化圈研究》获优秀结论。目前主持国家社科基金重大项目《昆仑文化与中华文明研究》，这是青海省第一个国家重大项目。一些论著被美国及我国台湾地区大学指定为研究生必读书目，关于民间信仰的田野报告被列为名牌大学研究生教学案例。先后有30项成果获省部级以上优秀科研成果奖，获奖成果大多为独著。其中中国青年哲学社会科学优秀奖1项，青海省哲学社会科学优秀成果一等奖3项、二等奖5项、三等奖3项，青海省文艺评论奖一等奖1项、青海民间文艺成果一等奖1项。

翟松天，男，汉族，1941年生，甘肃省武威市人，毕业于西北民族学院，同年来青海工作。先后在大通县、互助县参加社会主义教育运动，并于1966年5月加入中国共产党。曾在省康杨"五七"干校劳动，先后在互助县、省委宣传部工作，先后担任互助县宣传干事、县委秘书、县委办公室副主任、代主任，理论教育处干事、副处长、代处长等职，1983年任玉树州委常务副书记，1987年调省社会科学院工作，任副院长（正厅级），分管科研业务管理，至2002年8月退休。退休后，又被本院返聘从事科研工作，任期5年，直至2007年。

在院工作期间，曾被聘为青海省科协科学技术专家咨询委员会副主任委员、青海省科学技术委员会副主任委员。还曾任青海省商业经济研究会、青海省劳动关系研究会、青海省邓小平理论研究会副会长职务。曾主持完成国家社会科学基金资助项目《青海人口》、《高耗电工业西部对青海经济和环境的影响》、《中国藏区反贫困战略研究》和《青海百科全书》经济篇主编。完成省级科研项目多项，主要有《青海经济史》（近代卷）、《青海经济史》（当代卷1950~2000年）（与崔永红同志合作）；《青海经济蓝皮书》从1998~2002年，每年一本，共五本；《青海经济体制改革中期研究》《青海省"十一五"扶贫开发规划》《青海省"十二五"扶贫开发规划》《互助县经济社会发展规划》《海北州"十三五"交通发展规划》等。还有论文20篇。其中，曾先后获得省级哲学社会科学一等奖3项、二等奖5项、三等奖多项，于2001年获得享受国务院特殊津贴专家称号。

王昱，男，汉族，1947年6月生，1965年7月参加工作，1975年12月毕业于武汉大学，1983年8月毕业于中央党校理论部。1983年12月至2007年9月在青海省社科院工作，历任省地方志办公室副主任，省社科院历史研究所所长、副院长、正厅级调研员等职，曾兼任青海省地方志编委会副主任、《青海省志》副总编、青海省社会科学界联合会副主席（常务）、省社科规划领导小组成员等职。曾为省政协第八届委员、省科协第七届常委，2007年9月退休。

1992年起，享受国务院特殊津贴，1994年被聘为历史学研究员，2010年为院资深研究员，2013年8月被青海省人民政府聘为青海省文史研究馆馆员。2000年获省政府颁发的"青海省地方志先进工作者"奖，1985年、1987年被中共省直机关工委授予"优秀共产党员"，1987年被中共青海省委授予"优秀共产党员"。从事青海地方历史研究30余年，独撰、主编或合作出版图书25部，发表论文、调研报告150余篇。有23项成果获奖，其中《青海省志·建置沿革志》《当代中国的青海》《青海百科全书》3项学术成果获得省部级一等奖；《青海方志资料类编》《青海省志·社会科学志》《近百年来柴达木盆地开发与生态环境变迁研究》《论青海历史上区域文化的多元性》4项成果获省部级二等奖；获三等奖6项。主持完成国家社科基金项目《近百年来柴达木盆地开发与生态变迁研究》《青海历史文化的内涵及旅游开发》2项。主编《青海简史》，1992年出版，2013年再出修订版；校注（顺治）《西宁志》，1993年出版，现修订后待再版；校注（光绪暨民国）《西宁府续志》，2016年出版；主编《青海风土概况调查集》，1985年出版，现修订后待再版；主编《青海文献资源调查评述》，1994年出版，获中国省市区社科院图书馆一等奖；主编《青海省志索引》上、中、下三册，2008年出版。论文《对近百年柴达木开发的历史回顾与反思》，先发表于《青海社会科学》，后被《新华文摘》2005年第8期全文转载。调研报告《关于解决青新边界中段界限的历史依据和意见的报告》，1990年执笔，1.7万字，由省勘界领导小组上报国务院，受到省、部领导的好评。

刘忠，男，汉族，1937年6月生，内蒙古通辽市人，研究员。1960年毕业于辽宁财经学院计划统计系。1972年8月加入中国共产党。曾任青海省社科院党组成员、副院长。1997年退休。曾兼任青海省社会科学联合会副主席、青海省计划国土经济学会副理事长。主要著作有：《对我国西部地区经济发展问题探讨》《开发西部振兴青海》《中国的企业家》《在探索中前进》《中国企业承包实践（青海）》《社会保障制度改革初探》《略论建立适应社会主义市场经济发展的税收制度》《解放思想大力发展非国有经济》《中国现阶段的通货膨胀与对策》《青海跨世纪经济社会发展研究》《论中国东西部地区发展差距》等。组织领导和参与完成的重点科研课题有《柴达木盆地农业开发合理利用水土资源的研究》《青海改革中期规划研究》《青海省预算内工业亏损企业减亏扭亏对策研究》《青海财源建设研究》《加速少数民族地区经济社会发展研究》等。其中《柴达木盆地农业综合开发合理利用水土资源的研究》获农牧渔业部科学技术进步二等奖，专著《青海跨世纪经济社会发展研究》获省哲学社会科学优秀成果三等奖

崔永红，男，汉族，1949年10月生，甘肃省古浪县人，1982年6月毕业于武汉大学历史系，获历史学学士学位。同年7月在青海省社会科学院参加工作，2009年12月退休。工作期间，在青海师范大学攻读中国地方史专业，获硕士学位。1991年任青海省社会科学院历史研究所副所长，1996年8月任历史研究所所长，2000年被聘为历史学研究员，2006年4月任青海省社会科学院副院长。2013年被聘为青海省文史研究馆馆员。

长期从事青海通史、青海经济史、西北军事史、历史地理等方面的研究，同时也参与现实问题的调查和应用对策方面的研究。由于成就突出，曾获享受政府特殊津贴专家、"全省优秀共产党员"、"全省宣传文化系统'四个一批'拔尖人才"、青海省劳动模范等称号。2011年7月，作为优秀共产党员专家代表，在中南海受到当时的中央政治局常委、书记处书记、国家副

主席习近平等领导同志的亲切会见。2014年当选为青海省离退休干部先进个人，出席全国离退休干部双先表彰大会，受到习近平总书记的亲切接见。截至目前，共发表各类成果196项，555万字，其中论文116篇，调研报告30项，专著29部（含合作和参与），代表性成果《青海通史》（任第一主编）在社会上有较大影响。共有20项成果先后获省部级优秀科研成果一、二、三等奖。退休以后，继续发挥余热，前述成果中有49项、185万字是退休后完成的，如主要著作有：《西北战事志》（编著）、《中国地域文化通览·青海卷》（副主编）、《文成公主与唐蕃古道》（主编，修订版）、《柴达木民族史简稿》、《丝绸之路青海道志》（主编）等，主要论文有《明代青海疑难历史地理问题考证》《唐代青海若干疑难历史地理问题考证》《丝绸之路青海道的原真性普遍性价值研究》等。曾经先后担任青海省地方志研究会副会长、青海省党史学会副会长、省委宣传部与省社科联特约研究员、青海师范大学兼职教授、省委党校特邀教授、省委宣传部讲师团特邀教授、省文化厅文博专家组组长、青海省高校首批思想政治理论课特聘教授等职。

童金怀，男，汉族，1936年12月生，江苏省盐城市人，编审。1960年7月毕业于中国人民大学中国中共党史系，分配到青海省工作。先后在海南藏族自治州民族师范学校、兴海县中学任教。1982年9月调入青海省社会科学院。在马列主义毛泽东思想研究室从事中共党史和国际共运史研究。后任《青海社会科学》编辑部副主任、副主编。1997年1月退休。曾兼任中共青海省委党史资料征集委员会特约研究员，青海职工思想政治工作研究会特约研究员，青海省青年运动史工作委员会委员，青海老年大学文史班教授。在任《青海社会科学》编辑期间，初审、复审稿件约2500万字，编发稿件250篇约150万字，并负责刊物日常编务工作。多次担任全省性学术活动的评委或编委，主持或参与选编《坚持和发展毛泽东思想》《在党的旗帜下》等5部文集。撰写论文、评论等20篇，其中有多篇获得中共青海省委组织部、宣传部、党史研究室等部门的奖励。参与编写的《中共党史和马克思主义党的建设理论提要》获青海省第三次哲学社会科学优秀成果二等奖，论文《在总结历史经验的基础上创造新的理论》获青海省第四次哲

学社会科学优秀成果二等奖，并被收入《新时期党的建设文库》（中共中央党校新时期党的建设文库编委会与中国书籍出版社联合编辑、出版）。

李高泉，男，汉族，1934年9月生，湖南省安化县人。研究员。1958年毕业于东北财经学院统计系。1954年6月加入中国共产党。1980年4月来青海省社会科学院经济研究所工作后任科研组织处处长。兼任青海经济学会常务理事、青海省工程咨询委员会委员、统计系列高评委委员。1994年退休。长期从事经济学研究，研究方向侧重于农业经济的理论和实践。独立、合作完成的主要著作有《青海省经济地理》《中国人口——青海分册》《青海体制改革中期规划研究》《薄一波经济思想研究》《青海玉树东部三县农业开发研究》等。其中《薄一波经济思想研究》获省哲学社会科学优秀成果二等奖，《青海玉树东部三县农业开发研究》获三等奖。另有2篇论文分获全国社科院系统农村经济发展研究优秀论文奖和省社科院优秀成果三等奖。

李嘉善，男，汉族，1937年5月生，陕西省西安市人。1956年11月加入中国共产党。1958年7月毕业于青海师范大学教学系。曾任青海师大党委组织部干事，师大附中副校长，《青海师范大学学报》主编，外文系党总支书记等职。

1987年3月调至青海省社会科学院，任科研处处长、副研究员。主要学术成果有：合作撰写的《青海百科全书》（副总纂），获青海省哲学社会科学优秀成果一等奖、《青海省社会科学志》（副主编）和《中国国情丛书——百县市经济社会调查·湟中卷》（副主编）均获青海省哲学社会科学优秀成果二等奖，《青海高原老人》获青海省哲学社会科学优秀成果三等奖。发表论文《社会主义现代化的本质要求》《地方社会科学院的性质、地位和功能》《加大社会科学体制改革的力度进一步解放科研生产力》《论社会科学研究的方向、程序和方法》等30多篇。

刘醒华，男，汉族，1925年8月生，河南省西平县人。编审。1949年9月毕业于西北大学，同期参加工作，曾在青海日报社、青海文艺编辑部、青海省民族宗教事务委员会工作，1981年9月来青海省社会科学院任民族宗教研究所任所长，1985年2月离休。长期从事新闻工作与文艺工作，主要写作新闻报道、通讯、评论、散文及诗作。在社科院工作期间主要筹建藏学研究所、民族宗教研究所并选调第一批研究人员。

余中水，男，汉族，1941年1月生，浙江省嵊州市人，编审。1965年毕业于北京大学哲学系。1984年调入青海省社会科学院工作，先后任《青海社会科学》杂志编辑部副主任、常务副主编，青海省第七、八、九届政协常委。2008年3月退休。曾兼任青海省领导干部理论学习读书笔记审读小组成员、《求是》杂志第一读者。2001年被青海省人民政府授予青海省优秀专家称号，2004年被授予全省宣传文化系统"晚霞奖"，2005年被评为全省期刊优秀编辑。编发的文章有3篇被《新华文摘》全文转载，有3篇获全国"五个一工程"入选作品奖，有1篇被评为国务院发展研究中心优秀调研报告。独立和合作撰写学术论文50余篇，其中《中国藏族宗教信仰与人权》被评为全国"五个一工程"入选作品奖，《论中华民族凝聚力》获青海省"五个一"工程入选作品奖；《新时期社会科学研究的地位、作用及前景》《对当前道德建设的几点思考》《试论源头经济》《关于坚持社科学术期刊办刊原则的思考》被评为青海省哲学社会科学优秀成果三等奖。参与撰写学术专著6部，其中《唯物论通俗读本》《新时期毛泽东思想发展研究》被评为青海省哲学社会科学优秀成果二等奖，《资本主义市场经济研究》被评为三等奖。主持和参与科研课题10余项，其《青海资源开发与回顾》《青海草原畜牧业产业化研究》《实施绿色工程，发展特色经济》《社会主义政治文明建设若干问题研究》被评为青海省哲学社会科学优秀成果二等奖，《希望之星在升腾》《构建青海企业信用制度研究》被评为三等奖。

王恒生，男，汉族，1941年7月生，山西省原平市人。1962年毕业于范亭中学，1967年毕业于中国农业大学动物科技学院。1965年底加入中国共产党。曾先后在总后勤部贵南军马场政治处、青海省畜牧厅政治处工作，1978年底调青海省社会科学院从事经济学研究，历任经济研究所所长、资源环境经济研究所所长和经济学研究员等职务。获享受国务院特殊津贴专家、"四个一批"优秀人才、院资深研究员、2003年青海经济年度人物候选人等荣誉称号，2002年12月退休。

独立或主持完成课题项目30多项，其中国家级项目7项；主编专著10部；在《民族研究》《开发研究》《青海社会科学》《决策参考》《青海研究报告》《内参》等报刊上发表论文、调研报告、译文等近百篇。有的被新华社《国内动态清样》、《国际参考清样》及《人民网》、《瞭望》、《经济日报》、《经济参考》、《中国环境报》、《青海日报》等报刊摘登或转载，有15篇报告被省领导批示或被采纳。获省（部）级哲学社会科学优秀成果二等奖6项、三等奖8项。一些成果具有前瞻性，并产生了重要的影响和社会效应，例如：1998年撰文首次提出建立青海三江源自然保护区的观点和建议，后被新华社《国内动态清样》摘登呈送中央领导，并得到林业部鼓励；首次提出发展青藏高原特色农牧业的观点和建议，受到农业部重视，并列为部级科研项目。2004年首次撰文提出青藏高原应发展特色有机畜牧业，以破解牧业经济发展与生态约束的难题，实现牧业可持续发展的思路，发表文章多篇，其中4篇获省领导批示，并由此建立了青海省河南蒙古族自治县有机畜牧业产业化示范基地。2008年，在《决策参考》第一期发表的《青海投资开发俄罗斯农业可能是一条路子》一文，被新华社《国际参考清样》摘登，呈送中央领导，青海三江集团由此启动了投资开发俄农业项目。2010年调查并撰写的关于青海老干部人才资源开发利用的论文，获中组部老干局二等奖、省老干局二等奖，产生了一定的社会影响。主要有国家社科基金项目评审专家库专家、中国社会科学院国情研究中心特邀研究员、中国西部研究和发展促进会理事、青海省政协咨政、青海省规划委员会咨询专家、青海省老教授协会副会长兼秘书长、青海省社科联特邀研究员、青海高原经济发展研究中心首席专家等社会兼职。

徐明，男，汉族，1952年11月生。从事报刊编辑工作30多年来，编发党报新闻稿件、期刊学术论文9000多万字。自2003年5月主持《青海社会科学》编辑部工作以来，该刊连续4次入选"中文社会科学引文索引CSSCI来源期刊"，并跻身"中国北方十佳期刊"行列。使《青海社会科学》打进了中国哲学社会科学研究主流圈，在全国核心期刊界占有了一席之地。2012年底，《青海社会科学》又入选"国家社科基金重点资助期刊"。多年来，在圆满完成本职报刊编辑工作之余，在国内众多报刊、出版社先后发表和出版杂文、散文、报告文学、通讯、诗词、评论、社论、消息、调研报告、专著、编著等各类题材的文学、新闻、文化、社科研究成果达389万字，各种成果多次获省部级、院社级奖。参与国家级课题《青藏高原区域旅游合作现状趋势及对策研究》1项；独立完成的省级课题《玛多县生态保护与经济社会发展对策》，结项鉴定为优秀，同时获得2003年第六届青海省哲学社会科学优秀成果三等奖；主持完成省级课题《抢救、保护青海目连戏研究》，荣获第七届青海省哲学社会科学优秀成果二等奖；专著《青海目连戏》（第一作者），获青海省人民政府第六届文学艺术创作奖；发表于《威海日报》上的杂文《多管齐下，举国治安》荣获1997年山东省杂文大赛一等奖；论文《不懈反复是兴国之本》被评为全国少数民族省区党建理论研讨会优秀论文。先后50多次接受中央和省市电视台、电台及报社"专家访谈"，在全国数十家高校和单位开设数十场专题学术讲座。兼任青海省人民政府规划咨询委员会专家、中国期刊协会理事、青海省期刊协会副会长、青海省哲学社会学研究会常务理事、青海省社会科学界联合会特约研究员、青海省法学研究会特邀研究员等职，连续三届担任青海省哲学社会科学优秀成果评奖成果组组长及评奖观察员和总监票人，多次担任青海省社科理论界和青海省社会科学院各种理论、学术研讨会评委、编委及主编、第一副主编等职。

马林，男，汉族，1955年9月生，青海省循化县人。1972年11月参加工作，任西宁照相

馆摄影师。1978年考入青海民族学院少语系藏语文专业，1982年毕业，本科学历。历任青海省社会科学院藏学研究所研究实习员、助理研究员；青海省社会科学院科研组织处干事、助理研究员；青海省社会科学院科研组织处副处长、副研究员；青海省社会科学院培训中心副主任、副研究员；青海省社会科学院藏学研究所所长、研究员。获享受国务院特殊津贴专家、青海省优秀专家、全国民族团结进步模范个人、青海省宣传文化系统"四个一批"拔尖人才等称号。

长期从事藏族历史、藏文文献、西藏地方同历代中央政府的关系史、青海省情、藏区维稳等问题研究。共主持、参与完成国家级课题4项，省级课题2项。出版《塔尔寺概况》《青海藏传佛教寺院碑文集释》《历史的神奇与神奇的历史——五世达赖喇嘛传》《历辈达赖喇嘛形象历史》等专著5部；《五世达赖喇嘛自传》《元以来西藏地方与中央政府档案史料》等译著2部；参与编纂大型工具书《青海百科全书》；主持完成大型多媒体光盘《辉煌50年·青海》；发表《雍正帝治藏方略初探》《白哈尔王考略》《西藏山南穷结家族》《17世纪初西藏的政局与五世达赖喇嘛的认定》《论五世达赖喇嘛与固始汗的联合统治》《后固始汗时期五世达赖喇嘛权力的集中与扩张》等论文20多篇；完成《青藏铁路沿线藏区人文环境评估》《青海省异地扶贫研究》《华人、华侨藏胞现状与侨务工作的关系》《后达赖时期青海省反分裂、反渗透斗争形势的特点及对策研究》《青海省反分裂反渗透斗争中长期战略研究》《青海省涉藏侨情研究报告》《青海省创建民族团结进步示范区的理论与实践基础》《关于加快建设民族团结进步先进区的研究报告》等大型研究报告20余篇；发表译文8篇。累计成果量约230万字。获全省哲学社会科学优秀成果二等奖3项、三等奖1项。主要社会兼职为政协第九届、第十届、第十一届青海省委员会常委，政协青海省委员会民族宗教专委会副主任；青海省人民政府参事；民建青海省委常委；青海省监察厅特邀监察员；国家新闻出版总署特邀审读员；青海省教育厅思想政治教育特邀教授等。

张伟，男，汉族，1950年8月生，青海省湟中县人，研究员。1976年毕业于兰州大学经济系政

治经济学专业，大学本科学历。1976～1980年在青海省第三建筑公司任干部、教员；1980～1984年任青海省计划生育办公室干部；1984～1986年任青海省计划生育办公室副主任；1986～1997年任青海省计划生育委员会副处长；1997～2000年任青海省计划生育委员会处长；2000年调入青海省社会科学院经济研究所任副所长（正处级）。2005年被评为青海省优秀专家。

先后撰写了《人口控制学构想》《青海省少数民族人口问题和计划生育》、《关于青海省人口生产与物质资料生产平衡问题》《九十年代青海经济发展总体战略研究》《我国西部地区经济发展总体战略框架研究》《关于我国牧业区建设全面小康社会的新思路》《论人的统一性》《论现代家庭》等100多篇论文，其中，1982年3月31日在《青海日报》发表的《搞好计划生育，控制人口增长——谈谈人口政策在青海省的具体贯彻》一文，最初提出了青海省"一、二、三"的生育政策；著《人口新论》一书，主编《青海产业结构及产品结构研究》《人口控制学》两部专著，主编《中国西部开发信息百科（青海卷）》工具书一部；主持完成《民族自治地区改善政府公共服务体系研究——以青海为例》国家社科基金课题1项，主持完成《青海投资环境问题研究》《青海省产业结构调整问题研究》等5项省部级课题，主持完成厅局级委托课题12项，共完成200多万字研究成果。其中《人口控制学》专著荣获青海省第六次哲学社会科学优秀成果奖一等奖，《人口控制学构想》一文1992年被《新华文摘》第二期全文转载，并获青海省第三次哲学社会科学优秀成果二等奖，《青海产业结构及产品结构研究》获青海省第四次哲学社会科学优秀成果二等奖，《中国西部开发信息百科（青海卷）》获青海省第七次哲学社会科学优秀成果三等奖。

冀康平，男，1953年4月生，陕西省商洛市人。1982年毕业于青海大学化工系无机化工专业，获工学学士学位。先后在青海省化工研究所、青海省科技信息研究所、青海省社会科学院从事科研工作，2014年6月退休。2000年，被评为享受国务院特殊津贴专家，2004年被青海省人民政府首次聘任为省政府参事，2009年续聘至2015年。主持国家社会科学基金研究课题

2项；参与"八五"计划国家地方科技攻关项目1项；主持省级研究课题18项，参与4项。出版专著四部，其中《锂的开发利用》为第一作者，《锶的利用与开发》《循环经济理论与实践——以柴达木循环经济实验区为例》《青海"三区"建设丛书：青海建设国家循环经济发展先行区读本》为第二作者。发表学术论文22篇，独著18篇（核心期刊10篇），合作4篇（均为第二作者）。成果获奖7项，《青海省柴达木盆地西北部锶资源评价综合研究》获1997年青海省科技进步三等奖；省级项目《锶的利用与开发情报研究》获1997年青海省科技进步四等奖，同时获原国家科委、中国科协、原国防科工委、中国科学院、国家自然科学基金委员会联合颁发的科技信息成果三等奖。主持国家社会科学基金研究课题1项、青海省社科研究课题2项分别获得青海省哲学社会科学优秀成果三等奖。招标项目《"十一五"至2020年期间全面建设小康、加快建设青藏高原区域性现代化中心城市的阶段性战略目标、重点、指标测算、评价体系及对策研究》获青海省第七次哲学社会科学优秀成果三等奖。担任青海省人民政府参事期间，针对青海经济社会发展问题撰写参事建议13篇，其中《关于重视开发利用柴达木油田水的建议》《关于加快研究与开发天然气水合物（可燃冰）的建议》，得到省委、省政府主要领导的肯定性批示。

朱华，女，汉族，1962年生，浙江省绍兴市人，经济学研究员。1983年毕业于青海大学农学专业，获农学学士学位。2004年青海师范大学人文地理专业研究生班结业。1983年至2007年5月在青海省农牧业综合区划研究所工作，任综合研究部主任。2007年6月调至青海省社会科学院经济研究所工作，2014年6月退休。

工作30余年来主要从事农村能源、区域经济、贫困地区发展等领域的研究。一是农村能源研究。主持由国家计委、科技部、农业部等八部委联合下达的"九五"重点项目"全国百县农村能源综合建设示范县国家级"两县及青海7县的农村能源综合建设示范县规划及实施方案的编制，负责技术人员培训及项目实施；主持青海省科技厅"青海省退耕还林还草区农村能源用能结构研究"、"青海省三江源自然保护区生态能源开发利用研究"、科技部"十一五"攻关研究项目"青海省

农村能源综合利用体系建设"等；2003 年在香港中文大学的"遏制青海省生态退化的第一步——替代能源"的学术报告，获得一致好评。二是区域经济研究。主持青海省科技厅项目"科技支撑体系在'三农'中的作用及对策研究"、国家科技部科技攻关研究项目的子专题"青海省特色产业重大关键技术需求"，主持完成国家社科基金项目"'十二五'时期藏区农牧民收入倍增预期研究"，主要参加"一带一路"青藏国际陆港建设研究报告及海东市县"十三五"经济社会发展规划，主持完成应用对策性研究报告 10 项，其中 4 项获中共青海省委书记、省长批示。三是移民扶贫研究。主持与澳大利亚国际发展署合作项目、全省农区第一个参与式扶贫规划"大通县哈家嘴村参与式扶贫规划"，负责完成海东地区千余个贫困村、县、地区参与式扶贫规划的技术培训和指导工作，参与指导西宁地区的村级扶贫规划。以第三完成人参与世行合作项目"青海省香日德巴隆农业开发扶贫项目自愿移民安置实施计划报告"。同时主持或参与一系列扶贫项目的可行性研究报告及后评估研究工作。

主持及主要参加完成的各类研究项目 130 余项，其中，主持完成 60 余项；出版专著 12 部（合著）；发表论文 19 篇，其中发表于国际刊物 1 篇；获青海省科技进步四等奖 2 项，青海省哲学社会科学优秀成果一、三等奖各 1 项；国家科技成果证书 1 项，国家社会科学成果证书 1 项，青海省科技成果证书 10 项，青海省社科规划成果证书 4 项。2006 年入选中共青海省委组织部、宣传部"双争先进人物宣传"活动优秀科研工作者，青海电视台、青海人民广播电台、青海日报、西海都市报进行了专访和报道。

马学贤，男，回族，1957 年 3 月生，青海省门源县人。大学本科学历，民族学研究员。1975 年 7 月毕业于青海省海北州民族师范中专，同年在青海省海北州门源县教育局参加工作，1978 年 9 月考入青海民族学院少语系藏文专业学习，1982 年 7 月大学毕业，在青海省海北州商业局工作。1985 年元月调至青海省社会科学院工作。2007 年任民族学副研究员，2014 年 12 月任民族学研究员，2017 年 4 月退休。

30 多年来，先后在国内公开或内部刊物上发表相关科研专著、论文、研究报告等成果 40

多项，总字数百万字。其中完成合作专著《青海少数民族》《甘青藏传佛教寺院》《西藏佛教史·宋代卷》等 4 部；主持完成和在研国家社会科学基金课题《青藏高原东部少数民族聚集区宗教现状与社会和谐研究》《河湟地区伊斯兰教教派发展现状及社会和谐问题研究》等 2 项，合作完成国家社会科学基金课题《青藏地区基础宗教组织与社会稳定的社会学研究》《青藏地区多元宗教和谐相处关系研究》等 4 项；发表论文 20 余篇；"一带一路""清真食品产业""伊斯兰教宗教事务管理"等相关专题调研报告 15 篇，有 8 篇研究报告得到省级领导的批示及相关部门的重视和采纳。参加了由中国藏研中心承担的国家社科基金重点项目《西藏佛教史·宋代卷》撰写工作（此书获 2017 年第四届"中国藏学研究珠峰奖"特别奖）；参加国务院外事办下达青海外事办（委托）课题《青海省涉藏侨务工作调研报告》，受到国家外事办的好评。各项科研成果，先后获得青海省哲学社会科学优秀成果二等奖 2 项、三等奖 4 项、特别奖 1 项，"中国藏学研究珠峰奖"特别奖 1 项。2015 年曾被评为青海社科院"优秀科研工作者"。

顾延生，女，汉族，1965 年 8 月生。1988 年 6 月本科毕业于青海师范大学地理系，获理学学士学位，1988 年 8 月参加工作，2000 年 4 月调至青海省社会科学院，2000 年 7 月至 2002 年 6 月在中国社会科学院法学系民商法学专业研究生课程进修班学习，2015 年 12 月获研究员专业技术职务任职资格。

主要从事青海省区域经济、生态经济、农村经济等方面研究。主持和参与完成国家社科基金资助课题《少数民族地区灾后民生改善研究》《对若干国家级民族贫困县的调查研究及对策建议——以甘肃、青海、宁夏三省区为例》等 4 项；承担完成青海省社科基金资助课题《青海生态经济建设研究》（独立）、《西部大开发政策效应研究》、《从投资拉动到投资与消费双拉动：青海转变生产总值增长模式对策研究》3 项；承担青海社会经济蓝皮书的撰写工作，完成院级课题 10 余项；完成《三江源区生态危机与人口发展战略研究》、《关于人类活动对三江源区草场"三化"的影响》等委托课题 7 项。独立和参与完成专著 4 部，其中《青海生态经济建设研究》（独立）荣获青海省第八次哲学社会科学优秀成果三等奖、《青海藏毯产业集群化发展的理论与实践》获青海省第九次哲学社会科学优秀成果二等奖。先后发表论文和调研报告80余篇，其中，核心期刊6篇、《青海研究报告》10余篇，4篇研究报告得到省委书记等领导的肯定性批示。《青海省循化县扶贫开发研究》调研报告获第七次哲学社会科学三等奖。2005年完成的《关于柴达木发展循环经济战略思考》（独立）获青海省环境科学学会暨循环经济与可持续发展论坛优秀论文二等奖、青海省科技论坛优秀论文三等奖。2005年受青海省民革调研部特邀到柴达木调研，撰写的《柴达木建设循环经济试验区的建议》被省政府采纳。曾获青海省哲学社会科学优秀成果二等奖1项、三等奖4项、省部级优秀奖6项、厅级奖10余项。研究成果在省内外学术界引起一定反响。兼任青海国际文化经济交流协会副秘书长、青海发展研究院副秘书长、青海监察学会会员、党史学会会员、西宁市城中区法院人民陪审员。

梁明芳，女，汉，1949年7月生，大专学历，副研究馆员。1968年11月参加工作，1986年调入青海社科院，先后就职于哲学研究所、科研处、图书馆至退休。1996年10月被任图书馆副馆长，2000年2月任图书馆馆长。1989年被评为省直工会积极分子，1991年被评为省优秀社教工作队员。

共参与完成《互助县民族经济发展战略研究》《青海人伦》专著2部，《青海百科全书》《青海志·索引》工具书2部，《青海社科志》专业志1部；《光辉五十年·青海》光盘1张；《论市场经济与当前图书馆工作》《西部地区图书馆事业的发展与思考》《关于社科情报研究的思考》等论文8篇；综述3篇；调研报告1篇。其中著作《青海百科全书》获省哲学社会科学评奖一等奖，著作《互助县民族经济发展战略研究》《青海省社科志》《光辉五十年·青海（光盘）》获省哲学社会科学奖二等奖；著作《青海省志·索引》获省哲学社会科学奖三等奖，论文《论市场经济与当前图书馆工作》获省、市、自治区社科院系统图书馆奖二等奖，《西部地区图书馆事业的发展与思考》一文获省第九次图书馆学科论文讨论会二等奖。

张毓卫，男，汉族，1952年2月出生；1984年4月毕业于北京大学图书馆学系图书馆学函授专修科，大专学历。1969年1月参加工作，1987年7月调入青海省社会科学院，1993年1月获馆员任职资格，2004年2月1日被聘为副研究馆员直至2011年5月退休。

长期从事图书资料工作并以图书馆学信息学作为主要研究对象，在院工作期间参与撰写的《青海省社会科学文献资源调查评述》（主编：王昱、副主编：张毓卫），于1996年9月获青海省第四次哲学社会科学优秀成果三等奖；《高耗电工业西移对青海经济和环境的影响》（翟松天、徐建龙、张毓卫、郭竞世、赵晋平），于2000年8月获青海省第五次哲学社会科学优秀成果一等奖；《青海省志·社会科学志》（主编：王昱），于2003年8月获青海省第六次哲学社会科学优秀成果二等奖；论文《把握机遇 走出困境》，于2003年8月获青海省第六次哲学社会科学优秀成果三等奖。

郑家强，女，汉族，1962年8月生，山东省莱西市人。1984年毕业于北京大学图书馆学系专修科。1982年至今在青海省社会科学院文献信息中心工作，任文献信息中心副主任。2004年取得副研究馆员任职资格。中国图书馆学会会员、青海省图书馆学会理事。2018年4月退休。

长年从事图书分编、信息加工、咨询服务等工作。在完成图书馆日常工作的同时，参与并完成西北五省区合作课题1项，省级课题3项，委托课题1项，院级课题2项，发表论文或学术会议论文交流共10余篇，负责编发2016～2017年《青海时政手册》。其中合作完成的课题《西北五省区地方文献联合目录及港台地区文献目录》一书获全国社科院系统图书馆首次优秀成果二等奖。参与完成的省级课题《青海省社会科学文献资源调查评述》一书获青海省第四次哲学社会科学优秀成果三等奖、全国社科院系统图书馆首次优秀成果一等奖。承担了《青海百科全书》词条汉语拼音标注等工作，全书获青海省第五次哲学社会科学优秀成果一等奖。完成委托课题《青海省志索引

（上中下）》，2008 年出版，其中主编的《青海省志索引·地名及文献索引》130 余万字。独著论文有多篇获学术研讨会优秀奖、省级图书馆学科学讨论会优秀论文奖。

马尚鳌，男，汉族，1934 年 5 月生，陕西省华县人，副译审。1958 年毕业于西安外国语大学。毕业后放弃留在西安工作的机会，到青海工作，先后在青海省建工局科研所、省设计院、青海师范大学附中、青海省社科院工作，1994 年退休。在社科院文献情报所任翻译期间，主要向科研人员提供社会科学发展的新动态和新信息，介绍国外的新科学、新的研究方法和新的研究领域。先后发表译文、论文、编译及综述等十多篇。是 1992 年度青海社科院先进工作者。我国的民族社会学起步晚、起点低，为引入、评介国外在民族社会学领域的相关研究成果，增强学科的跨界交流，促进研究人员借鉴较为成熟的知识体系，构建本土化的民族社会学理论，更好地与国外学界展开对话，使学科建设走向成熟，基于青海少数民族多、地区范围大的特点，1988 年翻译出版了《民族社会学》一书，对促进我国民族社会学的发展，拓展研究视野，尤其是学科化建设起到积极的推动作用。

杨昭晖，男，汉族，1935 年 2 月生，河北省乐亭县人。1958 年 7 月毕业于北京师范大学地理系，大学本科学历，经济学副研究员。1958 年 7 月以后，曾在青海省教师进修学校任教师，青海教育出版社、青海人民出版社任编辑，青海省图书馆任馆员，青海省卫生学校医院办公室任管理干部，1982 年 2 月调入青海省社会科学院经济研究所。1984 年 1 月经青海省人民政府批准，聘任为青海省地名委员"青海地名词典"编辑部编辑。

曾参与撰写《青海地理》、《青海省经济地理》、《青海省志·总述》和《乌兰县经济研究》等书，参与"乌兰县经济研究"课题研究，并任课题组副组长。在《青海社会科学》《青海环境》《青海地名通讯》等刊物发表论文 50 多篇。1990 年 7 月 15 日获青海省科学技术委员会颁发的省级

"科技成果证书"；科研成果获青海省哲学社会科学优秀成果二等奖1项、三等奖1项。

张海红，女，汉族，1964年8月生，山西省翼城县人，副研究馆员，中国图书学会会员。1983年7月毕业于青海师专中文系，大专学历，1983年9月分配到青海电化厂团委工作；1985年5月调至青海社科院工作，先后在办公室、文学所、图书馆、科研处从事图书资料和科研管理工作，2006年12月取得副研究馆员资格，在科研处工作期间，结合科研管理工作的经验和认识，积极掌握图书馆及信息科学前沿动态，掌握新的研究方法和手段，承担完成《青海研究报告》《进言》《决策视野》单篇及合订本的编校和组织协调工作。曾公开发表学术论文6篇，其中3篇为核心期刊；合作完成省级课题大型多媒体光盘《辉煌50年·青海》，荣获第五次哲学社会科学优秀成果二等奖；合作并参与国家课题3项；参与编辑《青海省志索引》。

唐萍，女，汉族，1966年10月生，陕西省安康市人，1987年加入中国共产党，本科学历，在职研究生，政治学副研究员，主要从事党史党建、民族地区政党理论研究。2010年至2011年作为中宣部"西部访问学者"在中共中央党校访学；2015年5月至2016年5月在青海省海北州州委宣传部挂职。

共完成科研成果总量80多万字，其中一类成果30多万字。参与完成学术专著2部，独立发表学术论文9篇。主持独立完成国家社科基金项目1项，参与完成国家社科基金项目3项。主持并独立完成省社科规划课题2项，参与完成省社科规划课题3项，省市委托课题5项。主持独立完成院调研报告9项，参与撰写调研报告8项。主要成果有：《中国工农红军西路军文献》上下册、《构建县域党建工作动力机制》、《青海藏区基层党组织建设研究》、《论中共抗战时期延安廉政建设的经验与启示》、《中共执政60年对马克思主义中国化的伟大贡献》等。科研成果获青海省哲学社会科学优秀成果二等奖1项，国家主席习近平同志

批示 1 项，获全国党建研究会优秀调研成果二等奖 2 项，应用对策类成果得到省部级领导批示 4 项，获省（部）委一等奖 4 项，二、三等奖多项。其中，《论中共抗战时期延安廉政建设的经验与启示》入选国家 7 部委联合举办的纪念中国人民抗日战争胜利 60 周年学术研讨会优秀成果奖；《中共执政 60 年对马克思主义中国化的伟大贡献》入选中国政治学会举办的纪念新中国政治建设与政治发展 60 周年学术研讨会优秀成果奖；《基层党组织在青海藏区社会维稳中发挥战斗堡垒作用研究》被评选为全国党建研究优秀调研报告二等奖；《藏区基层党组织建设亟待加强》调研报告，得到国家主席习近平同志批示。

（三）调离高级职称人员

曲青山，男，汉族，1957 年 5 月生，陕西师范大学历史系本科毕业，中央党校原理论部中共党史专业研究生，中央党校培训部二年制中青班研究生，教授。曾任青海省土产杂货品公司团委书记，青海机床铸造厂办公室干部，青海省委干部理论教育讲师团教师、副团长、团长，青海省社会科学院副院长、党组成员，青海省委宣传部常务副部长、西宁市委副书记、青海省委宣传部部长、中央党史研究室副主任（十八届中央纪委委员）、主任（十九届中央委员）等职，现任中央党史和文献研究院副院长。

长期从事党的意识形态工作，对中国特色社会主义理论、党史党建和民族宗教问题有深入的研究。在青海工作期间，主要成果有《试论金瓶掣签的产生及其历史作用》《树立理论联系实际的马克思主义学风》《论新时期的思想解放》《论青海在稳定发展西藏中的地位和作用》，发表在《青海社会科学》；《从多视角看民族问题的重要性》《走向未来的新起点》，发表在《青海民族学院学报》；《新时期三次思想解放的历史比较》，发表在《青海师范大学学报》等。在中央部门工作期间，2011 年为第十七届中央政治局第 30 次集体学习作过专题讲解。参与和主持了《中国共产党历史》第二卷的修改和定稿工作，参与和主持了《中国共产党的九十年》的修改和定稿工作。2010 年以来，先后在《人民日报》《光明日报》《经济日报》

《求是》《北京日报》《学习时报》《中国纪检监察报》《中共党史研究》《党的文献》《当代中国史研究》《前线》《党建研究》等中央媒体和核心学术期刊发表《如何正确学习和认识党的历史》《从五个维度把握中国梦的内涵和意义》《全面把握"两学一做"的科学内涵和实践要求》《深刻认识和坚信中国特色社会主义的科学性》《认真学习和深刻把握"四个全面"战略布局》《中国共产党与中华民族伟大复兴》《开展严肃认真的党内政治生活是我们党的优良传统和政治优势》《学习领会党的十九大报告需要准确把握的几个重大问题》《学习贯彻党章的核心根本关键及实质》《改革开放是我们党的历史上一次伟大觉醒》《"两个伟大革命"论是党的重大理论创新》《关于党史编写中表述使用"林彪、江青反革命集团"提法的几个问题》《新中国成立后中国共产党若干重大历史事件时间考辨》《"文化大革命"时期整党建党五十字纲领考析》《〈邓小平时代〉若干史实及文字考订》等190多篇理论和学术文章。其中,被《新华文摘》转载和摘要5篇,被中国人民大学报刊资料中心期刊转载11篇。2017年作为学习贯彻党的十九大精神中央宣讲团成员在国内有关地方、高校和赴欧亚三国宣讲十九大精神。1991年青海省人民政府授予优秀专业技术人才称号;多篇文章获全国精神文明建设"五个一工程"入选奖和青海省精神文明建设"五个一工程"入选奖;多项科研成果获青海省人民政府颁发的哲学社会科学特别奖、二等奖、三等奖等。

蒲文成,别名白玛曲扎,汉族,青海省乐都县人,1942年11月生,1960年5月参加工作,曾在青海乐都县任中学教师。1967年藏语文专业毕业,在青海省果洛藏族自治州从事教学等工作11年,1982年西北民族大学古藏文硕士研究生毕业后,在青海省社会科学院从事社科研究工作,先后为副研究员、研究员,历任民族宗教研究所副所长、所长,社科院副院长,青海省人大第八、九届常委,2003年1月选任青海省第九届政协委员会副主席、第十届全国政协委员,曾为国家哲学社会科学基金项目评委、青海省人民政府参事、青海省知识分子联谊会副会长,玉树地震灾后恢复重建顾问、灾后重建规划委员会要员,青海省政协咨政,中国民族学学会、中国宗教学

会、中国统一战线理论研究会等会理事等，青海大学、青海师大、青海民大、青海省委党校、西北民大等高校特邀教授，先后任数十个文化学术单位顾问，2009年6月退休，任青海省文史研究馆名誉馆长，2017年6月20日去世。

长期从事藏族史、庶传佛教、民族宗教理论与问题研究，撰写过大量有一定学术价值和实际应用价值的专著、理论文章，并译注藏古籍多部，为继承、弘扬藏族传统文化和促进民族文化交流做出了贡献。先后主持完成《藏族地区社会历史及佛教寺院调查研究》（国家"七五"期间重点课题）、《青藏高原经济可持续发展研究》、《藏传佛教宁玛派和萨迦派概论》、《汉藏民族关系史》等国家社科规划资金项目以及《影响青海省藏族聚居区社会稳定的一些宗教问题及其对策建议》《河湟佛道文化》等多项青海省社科规划项目，出版书籍21部（含合作），发表学术论文160余篇，另参与10余部书的撰写工作，总成果量约600万字，有15项成果获省部级以上奖励，其中主持完成的《十世班禅大师的爱国思想》获全国"五个一工程奖"，独立完成的《青海佛教史》获中国藏学研究珠峰奖三等奖，合作完成的《汉藏民族关系史》获青海省哲学社会科学优秀成果一等奖，专著《觉囊派通论》和论文《吐蕃王朝历代赞普生卒年考》《藏传佛教进步人士在我国民族关系史上的积极作用》《藏传佛教与青海藏区社会稳定问题研究》《对社会主义初级阶段宗教问题的一些再认识》《再论党的宗教信仰自由政策》等获青海省哲学社会科学优秀成果二等奖，另有省级优秀成果三等奖6项，1990年12月被评为青海省优秀专家，1992年11月国家人事部授予全国有突出贡献的中青年专家称号，1993年元月起享受国务院特殊津贴。

何峰，男，土族，1956年生，青海省民和县人。中共党员，法学博士，藏学研究员，民族学教授。

1987年8月至1999年11月在青海省社会科学院工作，历任藏学研究所所长助理、副所长、所长。1999年12月至2008年9月任青海民族学院副院长，2008年10月至2009年4月任青海民族学院院长，2009年5月至2017年3月任青海

民族大学校长，2015年1月至今任青海省人民政府参事。

先后获青海省优秀专业技术人员、享受政府特殊津贴专家等称号，曾任十二届全国人民代表大会代表。现兼任中国民族学会副会长、教育部高等学校政治类学科教育指导委员会委员、国家哲学社会科学基金项目评审委员会委员等职。

在社科院工作期间，从事藏学研究，主持"藏族生态文化"等国家级课题2项，省级课题3项。科研工作具体涉及以下五个方面。一是藏族文学研究，其成果之中《宗喀巴诗歌特点及其成就》一文于1989年获青海省哲学社会科学优秀成果三等奖，《藏族历代文学作品选》（合作编注，第二作者）注释部分于1993年获青海省哲学社会科学优秀成果三等奖，全书于1993年获青海省普通高校优秀教学成果省级一等奖，并获全国普通高校优秀教学成果国家级一等奖。二是藏族部落研究，其成果之中《中国藏族部落》（合著，第二作者）于1993年获青海省哲学社会科学优秀成果三等奖，《藏族部落制度研究》（合著，第二作者）于1997年获青海省哲学社会科学优秀成果一等奖，《〈格萨尔〉与藏族部落》于1997年获青海省哲学社会科学优秀成果三等奖。三是藏族社会制度研究，其成果之中《藏族军事理论初探》于2000年获青海省哲学社会科学优秀成果二等奖，《古代藏族军事理论研究》于2006年获中国藏学珠峰奖二等奖，《五世达赖喇嘛〈十三法〉探析》于2006年获青海省哲学社会科学优秀成果二等奖。四是藏族生态文化研究，其成果之中《从史诗格萨尔看藏族的动物观》于2003年获青海省哲学社会科学优秀成果二等奖，《藏族生态文化》于2009年获青海省哲学社会科学优秀成果二等奖，并于2009年获第五届中国高校人文社会科学优秀成果三等奖。五是藏区现实问题研究，其成果之中《十世班禅大师的爱国思想》（合著，第二作者）一文于1996年获全国"五个一工程"入选作品奖，《中国藏族宗教信仰与人权》（合著，第一作者）一文于1999年获全国"五个一工程"入选作品奖。

谢佐，男，中共党员，汉族，1941年12月出生，青海省乐都县人，1965年参加工作，教授，享受国务院津贴专家。长期从事藏学研究及

地方志研究工作，先后独立翻译完成藏族古典医学名著《四部医典》，参与完成《水浒全传》汉译藏文，主编10余部专著和社会读物，在第一届至第六届哲学社会科学奖评选中荣获二等奖3次、三等奖3次，荣获首届"享受政府特殊津贴专家""有突出贡献的中青年专家"称号。历任省委党校副校长，省社科院副院长，省地方志总编。

苏海红，女，汉族，1970年1月生。1994年毕业于中国农业大学，2001年取得中国社科院在职研究生学历，2008年评为青海省级优秀专家，经济学研究员。2010年12月任青海省社会科学院副院长、党组成员。2017年3月任省科学技术厅副厅长、党组成员，兼任青海省政协科教文卫体专委会副主任、省青联副主席。在区域经济、农村经济和生态经济等研究领域有较多建树，研究成果先后有20余次得到省部级领导批示。累计科研成果200多万字，出版学术专著2部，主持和参与国家社科基金课题5项，主持和参与省部级课题和省市委托课题30余项，发表论文及调研报告100余篇，连续多年担任《青海蓝皮书》副主编，在青海学术界有一定影响力。

代表成果主要有：一是区域经济研究方面。《基于生态环境约束的青藏地区转变发展方式实证分析》《中国藏区反贫困战略研究》《青海加强和创新社会建设与社会管理研究》《中国西部城镇化发展模式研究》《"十三五"时期完善创新主体功能区战略背景下区域协调发展的政策体系研究》等；二是农牧经济研究方面，《三江源区生态移民后续产业发展研究》《青海省新时期扶贫目标及对策建议》《高原地区贫困人口可持续生计与扶贫产业发展战略研究——以青海玉树为例》《青海新农村建设成效评估及对策》《西部山区人口相对密集农业区域城镇化发展模式探讨》《中国藏区农牧业集约发展路径研究》等；三是生态经济研究方面，《青海建设国家生态文明先行区读本》《推动青海绿色崛起走向生态大省生态强省的路径与建议》《基于生态保护红线划定的三江源区经济社会发展研究》《构建三江源国家公园体制试点中法律制度体系的路径》《三江源区生态价值与补偿机制研究》《中国藏区脱贫与生态环境保护政策的联动性探讨》《中国三江源区城镇化与生态环境耦合发展路径研究》《三江源国家生态保护综合试

验区生态补偿方案研究》；四是应用对策研究方面，《中央支持青海等省藏区经济社会发展政策机遇下青海实现又好又快发展研究》《关于青海碳汇及碳交易的研究报告》《基于对口帮扶政策的青南地区飞地经济发展模式研究》《青海发展阶段新判断的认识与思考》《运用财政手段撬动民间资金问题研究》《对"十二五"时期青海经济发展规律的认识与建议》等。

曾获省级哲学社科优秀成果一等奖4项、二等奖3项、三等奖8项，中国社科院优秀皮书报告二等奖1项，省优秀调研报告一等奖1项、二等奖3项。曾获"青海省优秀专家""青海省优秀专业技术人才""青海省'双争'岗位优秀人才""全国'三八'红旗手""青海省'三八'红旗手""青海省直机关十大女杰""青海三江源自然保护区生态保护和建设工程实施工作先进个人"等荣誉称号。

魏兴，男，汉族，1949年8月生，山西省兴县人。编审。1975年毕业于南开大学哲学系。1981年内蒙古大学哲学系研究生毕业。1982年3月来青海省社会科学院工作，先后任马列主义毛泽东思想研究室副主任、《青海社会科学》编辑部主任、主编。1996年7月调青海省新闻出版局、青海人民（民族）出版社工作。1992年获政府特殊津贴专家称号，1995年被聘为编审。曾兼任中国编辑学会理事、中国经济史学会理事、中国辩证唯物主义研究会理事、中国社会主义经济思想研究中心特邀研究员、青海省社会科学联合会常委、青海省哲学社会科学研究会理事、青海大学特约教授等职。在青海省社会科学院任职期间，曾参加全省纪念马克思逝世一百周年和纪念毛泽东诞辰九十周年活动的筹备工作，负责纪念大会和学术讨论会的组织和协调，主持两会论文集的选编；组织全省和西北地区哲学学术讨论会并选编论文集。曾参加并应邀担任省第一、第三、第四次哲学社会科学优秀成果评奖、省社会主义初级阶段理论研讨会、省纪念中国共产党成立七十周年学术讨论会以及省纪念毛泽东诞辰一百周年理论讨论会的评委、编委。参加省民和县民族经济改革实验区发展规划的调研和一些省级课题的咨询论证。主持或参加过8部学术著作的审稿、编辑工作。发表有关哲学、经济学、政治学等方面的论文、译文60余篇。著有《刘少奇经济思想研

究》、《唯物论通俗读本》（主编）、《新时期毛泽东思想发展研究》（副主编）等书。获省部级社会科学优秀成果奖 8 项。曾被评为 1985 年、1990 年度优秀共产党员。

穆兴天（穆赤·云登嘉措），男，藏族，1960 年 9 月生，青海省贵德县人。1983 年 7 月毕业于中央民族学院历史系，获历史学学士学位。1985 年考入中央民族学院民族学系，1988 年毕业，获法学硕士学位。先后任青海省社会科学院民族宗教研究所和藏学研究所副所长、科研组织处副处长、民族宗教研究所所长、学术委员会委员、青海省高级职称评聘委员会委员。兼任中国民族理论学会常务理事、青海省规划咨询委员会专家、青海省三江源生态建设科技支撑组专家等职。2005 年获得国务院颁发的"全国民族团结进步模范个人"和"享受政府特殊津贴专家"称号。

2008 年调入西北政法大学，创建民族宗教学科。现任反恐怖主义法学院院长兼民族宗教研究院院长、二级教授、博士生导师。兼任中国立法学会常务理事、中国"一带一路"智库合作联盟理事、中国民族法研究会常务理事、陕西省法学会常务理事、陕西省法学会民族问题与民族法学研究会会长、中国社会科学院法治战略研究中心研究员、江苏师范大学汉藏法律文化与法治战略研究中心兼职教授等职。

1982 年起从事民族、宗教问题研究，期间共出版（包括独立、主持、合作、参与完成）学术专著、工具书 14 部，发表学术论文、调研报告 60 余篇，其中合作完成的论文《十世班禅大师的爱国思想》获得中宣部 1996 年"五个一工程"入选作品奖。另外获得省哲学社会科学优秀成果奖荣誉奖 1 项、一等奖 1 项、二等奖 2 项、三等奖 4 项。有 1 篇论文被《新华文摘》作为新观点介绍，有 3 篇论文被《人大报刊复印资料》全文复印，有 9 篇论文被《邓小平理论研究文库》、《管理英才文集》、《中国当代论文选粹》、《构建和谐社会理论与实践》等文集收录，有 20 篇研究报告先后得到中央和省部级领导批示肯定，一些对策、立法建议已付诸实践。主持完成国家级课题 4 项，参与完成 3 项；主持完成省级课题 18 项，参与完成 6 项。目前主持校企合作课题《反恐大数据实验室建设与暴恐犯罪防控研究》，参与国家规划办重点研究项目《法治队伍建设问题研究》，主编学校重点课题《西北地区稳定发展与国家安全研究丛书·民族宗教法律问题》（选题29部，已经出版6部）等研究工作。

马连龙，男，回族，1957年10月生，青海省大通县人。译审。1981年12月毕业于青海民族学院，获文学学士学位。任青海省社会科学院民族宗教研究所副所长，兼任青海省党外知识分子联谊会副会长，历任中国人民政治协商会议青海省第八届委员会委员，青海省第十届、十一届人大常委会委员、民族侨务外事委员会委员。2011年12月调至省人大工作。从20世纪80年代初起从事藏学研究工作，长期致力于藏族史、藏传佛教史、古藏文文献、民族宗教理论与现实问题等多方面研究。承担国家社会科学基金课题和中国藏学研究中心委托课题多项，曾多次深入广大藏区，全面调查藏传佛教寺院、藏族部落分布及沿革，研究藏族社会历史与现状，挖掘、翻译、整理藏文古籍等。先后独立、合作出版专（译）著10余部，发表论文40余篇。主要著作有：独著《历辈达赖喇嘛与中央政府关系研究》，合著《藏族社会制度研究》《中国藏族部落》《历辈达赖班禅年谱》《西藏通史》，主持或合作译著《三世达赖喇嘛传》《四世达赖喇嘛传》《五世达赖喇嘛传》《章嘉国师传》《夏琼寺志》等。其中《五世达赖喇嘛传》获青海省第五次哲学社会科学优秀成果二等奖，《藏族社会制度研究》《三、四世达赖喇嘛传》《中国藏族部落》获青海省哲学社会科学优秀成果三等奖。主持国家级课题2项，参加国家级课题3项。

徐建龙，男，汉族，1964年生，陕西省白水县人，1981年至1985年，在西北大学数学系计算机数学专业学习，获理学学士学位。1987年，毕业于西北大学经济系经济管理专业，获硕士学位。1987~1990年，在青海省社会科学院经济所任研究实习生；1990~1998年任助理研究员；1999~2004年任副研究员；2005年至今任研究员。1997年任经济所副所长，2002年任

所长。1999年荣获第二届"青海青年科技创业奖",2000年荣获青海省第三批省级优秀专家称号。2007年1月调至青海民族大学工作。

先后合作出版学术专著1部,参与完成国家社科基金项目1项,主持完成省社科基金项目1项、委托课题2项,参与完成省社科基金项目2项、省科技厅软科学项目1项,完成省委、省政府任务多项,公开发表论文32篇,成果量达到30多万字。其中,专著《高耗电工业西移对青海经济和环境的影响》获青海省第五届哲学社会科学优秀成果一等奖;《青海资源开发回顾与思考》《青海草原畜牧业产业化研究》获青海第五届哲学社会科学优秀成果二等奖;《青海加大启动社会投资力度研究》获青海省第六届哲学社会科学优秀成果三等奖,参与完成的《人类经济活动对三江源区生态环境的影响》得到省委主要领导赵乐际同志的较高评价。

刘成明,男,汉族,1971年5月生,青海省平安县人,博士,社会学研究员。1994年7月毕业于中国人民大学人口学专业,同年在青海省社会科学院哲学社会学研究所参加工作。2003年5月任哲学社会学研究所副所长,2011年12月晋升为社会学研究员。2012年8月调离青海省社会科学院,现任(广东)五邑大学通识教育学院院长兼书记。

1999年5月获青海省直机关优秀团干部荣誉称号,2008年9月评为青海省社会科学院建院30周年优秀工作者。曾担任《青海经济社会蓝皮书(2008～2009)》"社会篇"副主编,兼任中共青海省委党校特聘教授暨社会学专业硕士研究生导师、中国人口学会第八届理事会理事、青海省人口学会专家委员会委员等。

研究方向主要聚焦于区域与少数民族人口、人工生殖技术法律问题、社会转型时期的犯罪问题3个领域。先后在《人口研究》《西北人口》《甘肃政法学院学报》《青海社会科学》等学术期刊发表论文30余篇,出版《土族、撒拉族人口发展与问题研究》等专著2部,主持或合作完成《青海少数民族人口与发展问题研究》等科研项目20余项。《社会转型对早期社会化的影响及对策》等多篇论文被人大报刊复印资料全文转载或索引。《青海省城镇各社会阶层状况调研报告》等研究成果获省级哲学社会科学优秀成果奖，共获得省级哲学社会科学优秀成果奖二等奖 2 项、三等奖 2 项、鼓励奖 1 项。其中《土族人口状况调查分析》等关于青海少数民族人口研究的系列论著填补了相关研究领域的空白，《人工生殖技术立法的基本构想》等系列论文在当时具有一定的开拓性。

丁忠兵，男，汉族，1974 年 8 月生，四川省大竹县人，博士，研究员。1998 年 7 月毕业于兰州大学，同年在青海省社会科学院经济研究所参加工作；2002 年 12 月获助理研究员任职资格；2007 年 12 月获副研究员任职资格；2009 年 6 月任青海省社会科学院经济研究所副所长；2012 年 12 月，获研究员任职资格。2011 年 8 月，授予青海省优秀专业技术人才称号；2015 年 1 月，调至重庆市社会科学院工作。

主要从事国有企业改革、农村综合配套改革、民营经济发展、区域发展战略、生态文明建设与生态补偿机制研究。主要成果有：专著《青海民营经济研究》（2009 年 9 月甘肃民族出版社出版），专著《青藏高原生态替叠与趋导》（2006 年 1 月青海人民出版社出版，第二作者），论文《农业增长与农民增收的协调性检验——基于中国 31 个省区市面板数据的分析》（《青海社会科学》2013 年第 3 期）、论文《农业农村可持续发展探索——"农业农村可持续发展与生态农牧业建设论坛暨第六届全国社科农经网络大会"综述》（《中国农村经济》2010 年第 9 期）、论文《对市场经济有效性的几点反思——国际金融危机带来的深层启示》（《经济体制改革》2009 年第 5 期）。主持完成国家社科基金课题《青海、西藏牧区改革发展研究》（批准号：09BMZ004）。主持完成青海省社科基金课题《青海休闲观光农业发展研究》（批准号：13039）。参与完成的调研报告《中央支持青海等省藏区政策机遇下青海实现又好又快发展研究》获"青海省第九次哲学社会科学优秀成果"一等奖（排名第二），参与完成的调研报告《青海应对国际金融危机的调查与对策建议》获 2009 年全省优秀调研报告一等奖（排名第二），撰写的论文《略论党的执政能力建设——基于玉树抗震救灾实践的思考》获"青海省纪念建党 90 周年理论研讨会"优秀论文奖。

张继宗，男，汉族，1976年6月生，甘肃省宁县人，硕士研究生，现任中共青海省委政研室经济处处长。1999年7月至2010年7月，先后在青海省社会科学院文史所、哲学社会学所、法学所工作，历任助理研究员、副研究员、院办公室副主任、院党组秘书；2010年8月调青海省委办公厅工作。

在省社科院工作期间，主要从事民族法学、经济法学研究。主持或参与完成国家社科基金项目4项，参与完成省级课题3项，主持或参与完成公开招标、委托研究课题10余项，合作完成专著3部，发表论文50余篇。研究成果获各种奖励30余项，其中，青海哲学社会科学优秀成果一等奖1项，三等奖4项，省部级奖10余项，有10余项成果获省级领导批示肯定。主要代表成果有：《藏族传统文化生态与法律运行的适应性研究》《柴达木循环经济立法构想》《青海省社会保障法律制度建设研究：以地方视角审视国家社会保障法律制度建设》等。

詹红岩，男，汉族，1971年10月生，江苏省阜宁县人，出生于青海省西宁市。研究员。1993年毕业于甘肃工业大学。2001年中国社会科学院经济学研究生课程进修班结业。1993～1999年在青海第一机床厂工作，1999～2000年在青海齿轮厂工作，2000～2014年为青海省社会科学院经济所科研人员，2012年评聘为研究员。2014～2016年任职柴达木循环经济试验区管委会经协科技部副部长，2016年至今任职于青海省人大财经委经济监督处。

主要从事青海工业经济研究，多次承担省社科基金课题、政府委托课题和院级课题的研究工作，先后出版专著2部，参与出版专著1部，发表论文40余篇，主持完成1项国家社科基金项目。完成科研总成果量约70万字，其中一类成果约为60万字。在社科院工作期间，撰写专著《青海工业化道路的探索与实践》，此书对全省工业化发展历程进行了比较完整和系统的研究。合著《青海工业发展路径选择》。主持完成国家社科基金项目《青藏地区矿产资源开发利益共享机制研究》、省社科规划办课题

《青海工业内生性增长因素研究》《青海破产改制企业的调查与分析》等。独立发表学术论文《青海与全国和东部地区发展差距实证分析》(青海社会科学,2010年第9期),《循环经济视角下青海节能减排的途径和政策研究》[青海师范大学学报(哲学社会科学版)],《循环经济视角下青海节能减排如何作为》(青海日报,2009年6月16日),《精深加工再难也要做》(中国经济导报,2010年1月26日)。完成研究报告《增强青海自主创新能力研究》[青海研究报告,省领导批示(合作),2006年],《推进海北州工业又好又快发展的思考与建议》[调查研究报告,省领导批示(主持),2007年],《缓解中小企业融资难问题思考与建议》[社科研究参考,省领导批示(主持),2006年]等。主持完成的省级课题《青海工业内生性增长因素研究》获全省第七届哲学社会科学评奖二等奖;国家社科基金项目《青藏地区矿产资源开发利益共享机制研究》2016年获省级三等奖;《青海地方轻工业发展形势与对策研究》评为2013年全省调研报告二等奖。在2004年和2010年度考核中被评为院先进工作者。2011年、2012年、2013年被评为青海社科院创先争优优秀共产党员。

桑杰端智,男,藏族,1968年生,青海省尖扎县人。研究员。1991年6月毕业于西北民族大学藏学院。1991年到1995年在该校藏学院任教。1995年6月调入青海社会科学院,先后在藏学研究所、民族宗教研究所从事藏学、宗教理论与宗教问题研究工作。2011年7月调至西藏大学工作。

主要从事宗教人类学、藏传佛教思想、藏族传统文化、藏文学等领域的研究。截至目前,累计完成科研成果80余万字,仅一类科研成果50余万字。其中公开发表学术论文25篇;独立发表译文8篇;独立完成专著3部,与人合作专著2部;二人合作编著2部;独立完成译著1部;参与完成工具书2部;参与完成国家社科基金多项。独立完成的《佛学基础原理》获青海省第五次哲学社会科学优秀成果三等奖;《搞好民族宗教工作必须加强民族语文法制建设》一文获全省民族语文工作理论研讨二等奖;独著《批判精神》、《文化的嬗变与价值选择》和《藏文化与藏族人》三部出版发行后引起了一定的社会反响,在藏学界和青年学生中饶有影响,对其反驳和进行学术交流的论文或论著至今层出不穷。

二　现职人员名册

序号	姓名	性别	民族	行政职务	专业技术职务	到院时间
1	李建军	男	汉	副主任		1979.7
2	马勇进	男	汉	主任	编审	1982.1
3	谢　热	男	藏	副所长	研究员	1983.7
4	刘景华	女	回	主任	研究员	1984.7
5	张玉杰	男	汉	科长		1986.1
6	徐海如	男	汉	科长		1986.8
7	庞伟国	男	汉		技师	1986.10
8	张国宁	女	汉	工会主席		1987.5
9	张建平	男	汉	主任		1989.1
10	拉毛措	女	藏	所长	研究员	1989.6
11	柴丰洪	男	汉	科长	经济师	1993.3
12	傅生平	男	汉	副科长		1993.3
13	郝灵盛	男	汉		技师	1993.10
14	马进虎	男	回		副研究员	1994.7
15	马文慧	女	回		研究员	1994.8
16	张升平	男	汉	科长	会计师	1994.9
17	鲁顺元	男	藏	副处长	研究员	1995.7
18	胡　芳	女	土		研究员	1995.7
19	张生寅	男	土	所长	研究员	1996.8
20	娄海玲	女	汉		副研究员	1996.8
21	丁　巍	男	汉		高级工	1996.10
22	毕艳君	女	土		副研究员	1998.7
23	姚建华	女	汉	科长		1998.7
24	张书卫	男	汉	副主任		1998.1
25	朱鸿典	男	汉		高级工	1999.7
26	解占录	男	汉		副研究员	1999.7
27	参看加	男	藏		副研究员	1999.7
28	鄂崇荣	男	土	所长	研究员	1999.7
29	杨军（科)	男	汉		副研究馆员	1999.9
30	闫金毅	男	汉	机关纪委副书记		1999.9

续表

序号	姓名	性别	民族	行政职务	专业技术职务	到院时间
31	王丽莉	女	汉		副研究馆员	1999.11
32	毛江晖	男	汉	主任	副研究员	2000.4
33	李晓燕	女	汉	副主任		2000.4
34	刘傲洋	女	汉		副研究员	2000.10
35	杜青华	男	汉	所长	副研究员	2000.10
36	刘堂友	男	汉	副科长		2000.11
37	马生林	男	回		研究员	2001.8
38	张贤军	男	汉		高级工	2001.8
39	赵晓	男	藏	处长		2001.11
40	肖莉	女	汉		副研究员	2002.4
41	张前	男	土	副主任	编审	2002.4
42	旦正加	男	藏		副研究员	2002.9
43	益西卓玛	女	藏		副研究员	2002.9
44	才项多杰	男	藏		副研究员	2002.9
45	任惠英	女	汉	主任		2002.10
46	张玉峰	男	汉		技师	2002.10
47	杨志成	男	汉	专职副书记		2002.10
48	崔晓江	女	汉		高级工	2003.11
49	张立群	女	满	所长	教授	2004.5
50	高永宏	男	汉		副研究员	2004.5
51	孙发平	男	汉	副院长	研究员	2006.4
52	杨军（经）	男	回		副研究员	2007.1
53	窦国林	男	汉		副研究员	2007.4
54	韩得福	男	撒拉		助理研究员	2008.10
55	朱学海	男	汉		助理研究员	2008.10
56	李卫青	男	汉	副科长	助理研究员	2011.1
57	罡拉卓玛	女	藏		助理研究员	2012.1
58	吉乎林	男	蒙		助理研究员	2012.1
59	郭斌	男	汉		助理研究员	2012.1
60	沈玉萍	女	撒拉		副研究员	2011.1
61	张筠	女	汉		助理研究员	2012.1
62	朱奕瑾	女	汉		助理研究员	2013.11
63	文斌兴	男	汉		助理研究员	2013.11

续表

序号	姓名	性别	民族	行政职务	专业技术职务	到院时间
64	崔耀鹏	男	汉		助理研究员	2013.11
65	王亚波	男	汉		助理研究员	2013.11
66	王萍	女	汉		主管护师	2013.11
67	韩涛	男	汉		中级工	2013.11
68	甘晓莹	女	藏		助理研究员	2013.11
69	李婧梅	女	汉		助理研究员	2014.10
70	赵生祥	男	汉	科员	研究实习员	2014.10
71	陈玮	男	藏	院长、党组书记	教授	2015.4
72	张明霞	女	汉		副研究员	2015.9
73	于晓陆	女	汉		助理研究员	2015.9
74	靳艳娥	女	汉		助理研究员	2015.9
75	郭婧	女	汉		助理研究员	2015.9
76	王丹	女	汉		助理会计师	2015.9
77	马起雄	男	土	副院长		2016.8
78	魏珍	女	汉		助理研究员	2016.11
79	索南努日	男	藏		助理研究员	2017.3
80	扎果	男	藏		中教一级	2017.9
81	扎西措	女	藏	办事员		2018.5
82	王礼宁	男	汉		助讲一级	2018.9
83	刘畅	女	汉		研究实习员	2018.9
84	董华朋	男	汉		研究实习员	2018.9

三 现职各类专家及人才名册（按照入选年度排序）

序号	称号	姓名	入选年度
1	享受国务院政府特殊津贴专家	陈玮	2006年
2	享受国务院政府特殊津贴专家	孙发平	2008年
3	青海省优秀专业技术人才	刘景华	2008年
4	享受国务院政府特殊津贴专家	张立群	2011年
5	全国文化名家暨"四个一批"人才	张立群	2011年
6	省级优秀专家	马生林	2011年
7	享受国务院政府特殊津贴专家	马生林	2014年

续表

序号	称号	姓名	入选年度
8	全国新闻出版行业领军人才	张前	2014年
9	省级优秀专家	刘景华、拉毛措	2014年
10	省宣传文化系统"四个一批"拔尖人才	拉毛措	2015年
11	省宣传文化系统"四个一批"优秀人才	鲁顺元、鄂崇荣、杜青华	2015年
12	青海省优秀专业技术人才	鲁顺元	2015年
13	省垣社科界专家人才库专家	鄂崇荣、张生寅、张立群、谢热、拉毛措、马生林、鲁顺元、刘景华、张前	2015年
14	享受国务院政府特殊津贴专家	拉毛措	2016年
15	青海省优秀法学家	张立群	2016年
16	青海省优秀青年法学家	娄海玲	2016年
17	青海省"五个一工程"评审专家	赵宗福、胡芳、毕艳君	2016年
18	"西部之光"访问学者	马文慧	2016年
19	新闻和文化出版产业专家库专家	苏海红、拉毛措、鄂崇荣、张生寅、解占录	2016年
20	2017年百千万人才工程国家级候选人	鄂崇荣	2017年
21	青海省优秀专业技术人才	张生寅	2017年
22	第二批青海省"高端创新人才千人计划"拔尖人才	罡拉卓玛、旦正加、韩得福、吉乎林、甘晓莹	2017年
23	省委宣传部2016年、2017年度中端人才培养对象	罡拉卓玛、甘晓莹、王亚波、崔耀鹏	2017年
24	省委宣传部2016年、2017年度初级人才培养对象	朱学海、朱奕瑾、文斌兴、旦正加、杨军、郭斌、索南努日、李卫青、赵生祥	2017年
25	西宁市人大常委会立法专家咨询组成员	张立群、高永宏、娄海玲	2017年
26	青海省环境损害司法鉴定机构登记评审专家库专家	毛江晖、杜青华	2017年
27	享受国务院政府特殊津贴专家	鄂崇荣	2018年
28	第三批青海省"高端创新人才千人计划"杰出人才	孙发平	2018年
29	第三批青海省"高端创新人才千人计划"领军人才	鄂崇荣	2018年

续表

序号	称号	姓名	入选年度
30	第三批青海省"高端创新人才千人计划"拔尖人才	李卫青	2018年
31	省委宣传部2018年度中端人才培养对象	李卫青、李婧梅	2018年
32	省委宣传部2018年度初级人才培养对象	魏珍、郭婧	2018年

四 特聘专家名册

(一) 青海宗教关系研究中心特邀顾问名单、特聘研究员

特邀顾问:

姓名	单位	行政职务	专业技术职务	所聘学科
公保扎西	中共青海省委统战部	省委常委、统战部部长		民族宗教问题研究
仁青安杰	青海省政协	副主席、省佛学院院长		宗教学
桑 杰	青海省人大常委会	原副主任		民族学
蒲文成	青海省政协	原副主席、研究员	研究员	藏学
吕 刚	中共青海省委统战部	常务副部长、省藏区办主任		民族宗教问题研究
开 哇	青海省民族宗教事务委员会	省委统战部副部长、省民族宗教事务委员会主任		民族宗教问题研究
王化平	青海省政协	民族宗教委员会主任		民族宗教问题研究
官 却	中共青海省委统战部	省委统战部巡视员、省佛学院党组书记		民族宗教问题研究
华 秀	中共青海省委统战部	副部长		民族宗教问题研究
何 峰	青海民族大学	原校长	研究员	藏学
索端智	青海民族大学	校长	教授	人类学
金 泽	中国社会科学院世界宗教研究	原副所长	研究员	宗教学

续表

姓名	单位	行政职务	专业技术职务	所聘学科
谢 佐	青海省省志办	原主任	教授	宗教学
马文彪	中共青海省委统战部	副部长		民族宗教问题研究
马连龙	青海省人大常委会	民族外事侨务委员会副主任	译审	民族宗教问题研究
圈启章	青海省民族宗教事务委员会	副主任		民族宗教问题研究
罗德拉	中共青海省委统战部	省藏区办副主任		民族宗教问题研究
马成俊	青海民族大学	副校长	教授	民族学

特聘研究员：

姓名	单位	行政职务	专业技术职务	所聘学科
梁景之	中国社会科学院民族学与人类学研究所		研究员	宗教学
陈进国	中国社会科学院世界宗教研究所		研究员	宗教学
尕藏加	中国社会科学院世界宗教研究所		研究员	宗教学
扎 洛	中国社会科学院近代史研究所		研究员	宗教学
张 星	青海省民族宗教事务委员会	副巡视员		宗教学
刘 德	西宁市人大常委会	原副主任		民族宗教问题研究
关桂霞	中共青海省委党校	民族宗教学教研部主任	教授	民族政策理论
冶青卫	中共青海省委统战部	二处处长		民族宗教问题研究
完玛冷智	青海省佛学院	副院长	译审	民族宗教问题研究

续表

姓名	单位	行政职务	专业技术职务	所聘学科
先 巴	青海民族大学	民族学与社会学学院党总支书记	教授	宗教学
罗士周	青海省归国华侨联合会	党组副书记		民族宗教问题研究
马小青	青海省民族宗教事务委员会	古籍办主任、编审		民族宗教文献研究
马 忠	青海省民族宗教事务委员会		编审	民族宗教文献研究
星全成	青海民族大学	研究员		宗教学
韩瑞华	青海省民族宗教事务委员会	宗教业务二处处长		民族宗教问题研究
范仲孝	青海省民族宗教事务委员会	宗教业务一处处长		民族宗教问题研究
李燕峰	中共青海省委统战部	政研室主任		民族宗教问题研究
忠公杭秀	青海省民族宗教事务委员会	宗教业务一处副处长		民族宗教问题研究
何启林	中共青海省委党校	政治学教研部副主任	教授	民族宗教问题研究
马明忠	中共青海省委党校	民族宗教学教研部副主任	教授	民族宗教问题研究
李臣玲	青海大学	省情研究中心常务副主任	教授	民族学
李姝睿	青海师范大学	马克思主义学院党总支副书记	教授	宗教学
公保才让	青海师范大学		教授	宗教学
才华多旦	青海省民族宗教事务委员会		译审	民族学

（二）青海藏学研究中心特邀顾问、特聘研究员名单

特邀顾问：

姓名	单位	行政职务	专业技术职务	所聘学科
旦 科	中共青海省委统战部	省委常委、统战部长		民族、宗教学
邓本太	青海省人大常委会	副主任		管理学
李选生	青海省政协	副主席		民族学
开 哇	青海省民族宗教事务委员会	主任		宗教学
吕 刚	中共青海省委统战部	巡视员、副部长		管理学
武玉嶂	中共果洛州委	果洛州委书记		宗教学
巨克中	中共黄南州委	黄南州委书记		政治学
尼玛卓玛	中共海北州委	海北州委书记		政治学
文国栋	中共海西州委	海西州委书记		管理学
吴德军	中共玉树州委	玉树州委书记		宗教学
张文魁	中共海南州委	海南州委书记		经济学
蒲文成	青海省政协	原副主席、青海文史馆馆员、研究员		藏学
谢 佐	青海省政府参事室	参事、青海文史馆馆员、教授		民族学、宗教学

特聘研究员：

姓名	单位	行政职务	专业技术职务	所聘学科
何 峰	青海民族大学	原校长	研究员	藏学
索端智	青海民族大学	校长	教授	民族学
杨虎德	青海民族大学	院长	教授	政治学
先 巴	青海民族大学	副院长	教授	民族社会学
达 哇	青海民族大学	院长	教授	藏学
扎 布	青海师范大学	副校长	教授	藏学
吉太加	青海师范大学	副院长	教授	藏学
祁正贤	青海民族出版社	社长	编审	藏学
桑才让	中共青海省委党校	处长	教授	社会学
周 炜	中国藏学研究中心	主任	研究员	宗教学

续表

姓名	单位	行政职务	专业技术职务	所聘学科
李德成	中国藏学研究中心	主任	研究员	宗教学
廉湘民	中国藏学研究中心	副总干事	研究员	民族社会学
张 云	中国藏学研究中心	所长	研究员	历史学
秦永章	中国社会科学院		研究员	历史学
扎 洛	中国藏学研究中心	所长	研究员	民族社会学
王延中	中国社会科学院	所长	研究员	民族社会学
万 果	西南民族大学	院长	教授	藏学
游翔飞	四川藏学研究所	所长	研究员	民族社会学
石 硕	四川大学	副所长	教授	历史学
杜永彬	中国藏学研究中心		研究员	历史学
宗喀·漾正冈布	兰州大学		教授	民族学
宁 梅	西北民族大学	院长	教授	文学

（三）青海生态环境研究中心特邀顾问、特聘研究员

特邀顾问：

姓名	单位	行政职务	专业技术职务	所聘学科
党晓勇	省林业厅	党组书记、厅长		林业
杨汝坤	省环保厅	党组书记、厅长		林业
武伟生	省委党校	常务副校长		
李晓南	省发改委	副主任、省三江源办主任		生态学
平志强	省发改委	副主任		生态学
李生才	省财政厅	副厅长		
蔡洪锐	省金融办	副主任		
马洪波	省委党校	副校长	教授	生态经济学
哈承科	省青海湖管理局	副局长		生态保护

特聘研究员：

姓名	单位	行政职务	专业技术职务	所聘学科
陆文正	省林业厅	原副厅长	高级工程师	林业
董得红	省林业厅	野生动植物和自然保护区管理局调研员		野生动植物保护

续表

姓名	单位	行政职务	专业技术职务	所聘学科
徐生旺	省林业厅	省林业厅科学技术处处长		林业
彭 敏	中国科学院西北高原生物研究所	研究中心主任、研究员、博士生导师		生态学
田俊量	省生态遥感监测中心	主任	高级工程师	生态学
翟永洪	省环境科学研究设计院	院长	高级工程师	生态学
葛劲松	省生态遥感监测中心	副主任、高级工程师		生态学
侯宝健	省发改委	省发改委生态处处长		生态学
郑长录	省发改委	生态处副处长	高级工程师	生态学
杜国平	省三江源办	规划监审处处长		生态学
袁卫民	省工程咨询中心	主任	研究员	生态学
张贺全	省工程咨询中心	省青咨中心生态文明研究中心首席专家	研究员	生态学
薛 楷	省财政厅	预算处副处长		生态经济学
孙燕波	省财政厅	省财政厅主任科员		生态经济学
马玉章	省金融办	研究中心主任		生态经济学
张继宗	省委政研室	经济处处长	研究员	生态经济学
邵春益	省农牧厅	畜牧处副处长	高级畜牧师	农学
王成龙	省工程咨询中心	研究室主任	工程师	生态学
邓 黎	省工程咨询中心	农业生态部博士	副研究员	生态学
冯蜀青	西宁市气象局	副局长	副研级高工	气象学
徐维新	省气象科学研究所	副所长、博士	副研级高工	气象学
王兰英	省委党校	经济学部主任、教授	教授	气象学
杨皓然	省委党校	科研处处长、博士	教授	生态经济学
王全德	海东市委党校	副校长	高级讲师	生态经济学
王佐发	海南州委	副秘书长、政研室主任		生态学
王国栋	黄南州委	副秘书长、政研室主任		生态学
者文元	海南州委	政研室科长		生态学
王岩东	果洛州三江源办	主任		生态学
明 嘉	玉树州三江源办	主任		生态学
魏加华	青海大学	水电学院副院长、清华大学水利系泥沙试验室主任、长江学者特聘教授、博士	教授	水利

续表

姓名	单位	行政职务	专业技术职务	所聘学科
张登山	青海大学	省农林科学院生态研究中心主任	研究员	生态学
童丽	青海大学	青海大学中藏药研究中心主任，博士	教授	生态学
王健	青海大学	青海大学财经学院经济学系教研室主任	教授	生态经济学
刘小平	青海大学	青海大学财经学院经济学系教研室主任	教授	生态经济学
陈文烈	青海民族大学	青海民族大学研究生部副主任、教授、博士后	教授	生态经济学
张立	青海民族大学	青海民族大学法学院	教授	法学
张剑勇	青海师范大学	经济管理学院副院长	教授	生态经济学
徐潇潇	青海源碳环境保护与气候变化咨询中心	主任		气象学
聂利彬	青海源碳环境保护与气候变化咨询中心	气候变化部主任、博士		气象学

（四）"青海丝路研究中心"特聘研究员名单

姓名	单位	职务	职称	所聘学科
马杰	海东市发改委	主任		
张一弓	海东市发改委	副主任		
李北宁	西宁市工程咨询院	院长	高级工程师	
崔青山	西宁外事侨务办公室	主任	察哈尔学会研究员西宁公共外交协会秘书长	
李勇	青海省发改委经济研究院	院长	研究员	经济学
戴鹏	青海省发改委经济研究院	副院长	副研究员	经济学
严维青	青海省委党校经济学教研部	副主任	教授	经济学

续表

姓名	单位	职务	职称	所聘学科
孙凌宇	青海省委党校经济学教研部	现代企业研究中心主任兼首席专家	教授	经济学
张宏岩	青海大学财经学院	院长	教授	经济学
李双元	青海大学财经学院	副院长	教授	经济学
马德君	青海民族大学公共管理学院		副教授	经济学
郭　华	青海民族大学经济学院	中国少数民族经济硕士点首席导师	教授	经济学
祁红芳	海西州委副秘书长	政研室主任		
陈占全	海西州委政研室	科级	办公室主任	
郝春阁	省经信委	处级调研员	高级经济师	
陈广君	省商务厅综合处	处长		
陈勇章	省商务厅外经处	处长		
阿朝东	省文化厅文保处	处长		
董志强	青海省文物管理局	副局长	副研究馆员	
王国道	青海省博物馆	副馆长	研究馆员	
贾鸿键	青海省考古研究所	副所长	副研究馆员	
乔　红	青海省考古研究所	主任	研究馆员	
蔡林海	青海省考古研究所		馆员	
孟彩红	青海省旅游发展委员会规划处	主任科员	博士	
石毓艳	青海省旅游委员会对外联络处	处长		

五　离退休人员名册

序号	姓名	性别	民族	行政职务	专业技术职务	离退休时间
1	万本全	男	汉	会计		1981.2
2	徐素兰	女	汉	干部		1985.2
3	张公仁	男	汉	（副处待遇）		1991.12

续表

序号	姓名	性别	民族	行政职务	专业技术职务	离退休时间
4	张菊凤	女	汉	干部		1992.5
5	郭天德	男	汉	主任		1993.5
6	鲁明渠	女	汉		馆员	1993.11
7	夏汉杰	男	汉		工程师	1994.1
8	于松臣	男	汉		副研究员	1994.1
9	马尚鳌	男	汉		副译审	1994.4
10	宋聚迎	男	汉	司机		1994.10
11	郭济文	女	汉		副研究员	1994.10
12	李高泉	男	汉	处长	研究员	1994.10
13	杨昭辉	男	汉		副研究员	1995.4
14	王小云	女	汉		记者	1995.8
15	童金怀	男	汉	副主任	编审	1997.2
16	拦孝元	男	汉		馆员	1997.2
17	姚丛哲	男	汉		副研究员	1997.3
18	周生文	男	藏	副院长	副研究员	1997.7
19	刘 忠	男	汉	副院长	研究员	1997.7
20	朱世奎	男	汉	党组书记、院长	研究员	1997.12
21	李嘉善	男	汉	处长	副研究员	1997.12
22	李端兰	女	汉	馆长	馆员	1997.12
23	刘广仁	男	汉	主任		1998.5
24	淡武君	女	汉	科长	会计师	1998.7
25	李文顺	男	汉	工人		1999.11
26	李 伟	男	汉	工人		2000.8
27	醋岳应	男	汉	工人		2000.10
28	刘文礼	男	汉	副主科		2000.10
29	刘光权	男	汉	副处		2001.2
30	翟松天	男	汉	副院长	研究员	2002.12
31	杨赛英	女	汉	主科		2002.12

续表

序号	姓名	性别	民族	行政职务	专业技术职务	离退休时间
32	刘得庆	男	汉	正处		2002.12
33	王恒生	男	汉	资环所所长	研究员	2002.12
34	朱玉坤	男	汉	哲学所所长	研究员	2002.12
35	秦晓英	女	汉	机关党委书记		2003.9
36	梁明芳	女	汉	图书馆馆长		2003.9
37	骆海英	女	汉		助理馆员	2005.2
38	汪发福	男	汉	副厅级纪检书记		2005.5
39	范俊英	女	汉		助理馆员	2005.7
40	王月振	男	汉	工人		2005.8
41	王昱	男	汉	正厅级调研员	研究员	2007.8
42	景晖	男	汉	党组书记、院长	研究员	2007.12
43	宋玲玲	女	汉	副主任科员		2009.11
44	崔永红	男	汉	副院长	研究员	2009.12
45	张伟	男	汉	副所长	研究员	2010.9
46	张毓卫	男	汉	图书馆馆长	副研究馆员	2011.5
47	李安林	男	汉	工会主席		2012.9
48	徐明	男	汉	编辑部主任	研究员	2013.1
49	袁慧芳	女	汉	副科长	中级工	2013.2
50	丁生虎	男	汉	副科长	高级工	2013.2
51	拉毛扎西	男	藏	主任	助理研究员	2013.12
52	邢荷萍	女	汉	科长		2014.4
53	徐晓艳	女	汉	副科长		2014.4
54	马林	男	汉	所长	研究员	2014.6
55	冀康平	男	汉		研究员	2014.6
56	朱华	女	汉		研究员	2014.6
57	拉毛曲忠	女	藏		助理研究员	2014.6
58	张海红	女	汉		副研究馆员	2014.11
59	淡小宁	男	汉	副院长		2016.4

续表

序号	姓名	性别	民族	行政职务	专业技术职务	离退休时间
60	马学贤	男	回		研究员	2016.4
61	唐萍	女	汉		副研究员	2016.4
62	顾延生	女	汉		研究员	2018.2
63	郑家强	女	汉	副主任	副研究馆员	2018.3
64	王金香	女	汉	科长		2018.4
65	赵宗福	男	汉	党组书记、院长	教授	2018.4

六　调离职工人员名册

序号	姓名	性别	民族	行政职务	专业技术职务	到院时间
1	张东森	男	汉	干部		1980.3
2	历延军	男	汉	干部		1980.12
3	马玉清	男	汉	干部		1981.1
4	王宏昌	男	汉	副处长		1981.3
5	温桂芬	女	汉	干部	助理研究员	1981.9
6	张秀珍	女	汉	干部		1981.11
7	杨俊亮	男	汉	干部		1981.12
8	党勤务	男	汉	主任		1982.7
9	于瑞厚	男	汉	处长		1982.11
10	傅淑芳	女	汉	干部	助理研究员	1983.4
11	王春岗	男	汉	干部		1983.9
12	景安宁	男	汉	干部		1984.1
13	张兰芬	女	汉	干部	助理馆员	1984.2
14	张月琴	女	汉	干部		1984.4
15	王喜珍	男	汉	干部		1984.5
16	王燕青	女	汉	干部		1984.5
17	水镜君	女	汉	干部		1984.6
18	谭幸辉	男	汉	干部		1984.8
19	卓玛措	女	藏	干部	助理馆员	1984.8
20	曹毓武	男	汉	主任		1984.9

续表

序号	姓名	性别	民族	行政职务	专业技术职务	到院时间
21	徐俊杰	男	汉	干部		1984.10
22	吴桂英	女	汉	干部	助理馆员	1984.10
23	任效民	男	汉	干部		1984.11
24	解书森	男	汉		助理研究员	1984.12
25	张丽娟	女	汉	干部		1985.1
26	敖 青	女	蒙	干部		1985.2
27	马占林	男	回		研究实习员	1985.3
28	谢次昌	男	汉		助理研究员	1985.3
29	陈运福	男	汉	干部		1985.4
30	张学乾	男	汉		助理研究员	1985.4
31	孙少敏	男	汉	工人		1985.5
32	常忠烈	男	汉		翻译	1985.6
33	姜建民	男	汉	干部		1985.6
34	林淑华	女	汉	干部	助理会计师	1985.7
35	傅青元	男	汉	院组书记、院长	副研究员	1985.11
36	孙永胜	男	汉	干部		1986.3
37	杨晋英	女	汉	干部		1986.4
38	鲁 光	男	汉	副院长	副教授	1986.6
39	苏文锐	男	汉	干部		1986.8
40	聂 琴	女	汉	干部		1986.9
41	石 砺	女	汉	干部		1986.9
42	范 宏	男	汉	干部		1986.12
43	张俊林	男	汉	干部		1986.12
44	郭京龙	男	汉	干部		1987.1
45	李鸿钧	男	汉	副处长	经济师	1987.9
46	郭欣如	男	汉	干部		1987.9
47	张志英	男	回	副处长	助研	1987.9
48	李福信	男	汉		经济师	1987.9
49	鲁继宗	男	汉		经济师	1987.9
50	张田友	男	汉	副所长		1988.6 去世
51	褚晓明	男	汉		馆员	1988.7
52	王曼蓉	女	汉		会计师	1988.8

续表

序号	姓名	性别	民族	行政职务	专业技术职务	到院时间
53	王熙元	男	汉		研究实习员	1988.9
54	张嘉选	男	汉		助理研究员	1989.4
55	宋秀芳	女	汉		助理研究员	1989.4
56	隋儒诗	男	汉	副院长	副研究员	1989.5 去世
57	王利平	男	汉		翻译	1989.5 去世
58	张维光	男	汉	干部		1989.5
59	尚向东	男	汉		翻译	1989.8
60	李日平	男	汉		助理编辑	1989.9
61	吴德翔	男	汉		研究实习员	1989.11
62	钱思伟	男	汉		研究实习员	1989.11
63	任建民	男	汉		研究实习员	1990.2
64	周怀春	男	汉	干部		1990.8
65	谭国刚	男	汉	干部		1990.11
66	刘志安	男	汉	副主任	助理会计师	1991.4
67	朱迪光	男	汉	干部		1991.5
68	李 夏	男	汉		研究实习员	1991.5
69	王文英	女	汉	干部		1991.6
70	李炳勇	男	汉		研究实习员	1991.7
71	胡先来	男	汉	副所长	副研究员	1991.10
72	严淑英	女	汉		馆员	1991.11
73	钱之翁	男	汉		研究员	1991 去世
74	杨孝符	男	汉	工人		1992.6
75	陈依元	男	汉	副所长	副研究员	1992.1
76	王 忠	男	汉	干部		1992.9
77	李 红	女	汉	干部		1993.3
78	王 剑	男	汉	干部		1993.4
79	罗 丹	女	汉	主任科员		1993.4
80	才仁巴力	男	蒙		助理研究员	1993.4
81	李 青	男	汉		馆员	1993.5
82	周新会	男	汉	干部		1993.6
83	永 红	女	蒙		馆员	1993.8 去世
84	陈庆英	男	汉	所长	研究员	1993.8

续表

序号	姓名	性别	民族	行政职务	专业技术职务	到院时间
85	丁 彪	男	汉	工人		1993.8 去世
86	刘东国	男	回		助理研究员	1993.11
87	敖 红	女	蒙		助理研究员	1994.2
88	王毅武	男	汉		研究员	1994.7
89	刘淑弘	女	汉		助理馆员	1994.7
90	杨 莲	女	汉		助理研究员	1994.9
91	杨占奎	男	汉	副主任	助理研究员	1994.11 去世
92	高清泉	男	汉	工人		1995.1
93	谢全堂	男	汉		助理研究员	1995.4
94	张建立	女	汉	副主任科员		1995.9
95	马晓静	女	土		馆员	1995.12
96	许得存	男	藏		助理研究员	1996.4
97	魏 兴	男	汉	主任	编审	1996.6
98	段金文	男	汉	主任科员		1996.7 去世
99	秦书广	男	汉	总支副书记	助理研究员	1996.9
100	达瓦洛智	男	藏		副教授	1996.11
101	祝宪民	男	汉	副所长	副研究员	1996.12
102	李寿德	男	土		助理研究员	1996.12
103	谢 佐	男	汉	副所长	教授	1996.12
104	薛兰芬	女	汉	正科		1997.4 去世
105	秦伟国	男	汉		助理编辑	1997.11
106	吴长凤	女	汉		助理研究员	1997.12
107	李存福	男	土		助理研究员	1998.8 去世
108	郝宁湘	男	汉		助理研究员	1998.9 去世
109	曲青山	男	汉	副院长	研究员	1999.11
110	吕建福	男	土	副所长	研究员	1999.12
111	徐世龙	男	汉	处长		2000.1
112	何 峰	男	土	所长	研究员	2000.3
113	魏著英	女	汉			2000.8
114	杨韦韦	女	汉			2000.9
115	李小萍	女	汉		助理研究员	2000.9
116	柳之茂	男	汉		助理研究员	2001.6

续表

序号	姓名	性别	民族	行政职务	专业技术职务	到院时间
117	王素君	女	汉	副科长		2001.7
118	张永胜	男	汉		助理研究员	2001.9
119	阎德福	男	汉	工人		2002.7 辞职
120	邓慧君	女	汉		副研究员	2002.8
121	田爱农	女	汉			2003.1
122	曹景中	男	汉	副院长		2003.3
123	蒲文成	男	汉	副所长	研究员	2003.3
124	邢海宁	女	汉	副院长	副研究员	2003.7
125	李敏	男	汉	科长		2004.12 辞职
126	夏雨霖	男	汉	工人		2004.12 辞职
127	王仲潜	男	汉	副主任		2005.6
128	徐建龙	男	汉	所长	研究员	2007.1
129	穆兴天	男	藏	所长	研究员	2008.9
130	张继宗	男	汉	副主任	副研究员	2010.6
131	桑杰端智	男	藏		副研究员	2011.7
132	马连龙	男	回	所长	译审	2011.12
133	刘成明	男	汉	副所长	副研究员	2012.10
134	詹红岩	男	汉	副所长	副研究员	2014.9
135	德青措	女	蒙古		助理研究员	2015.1
136	丁忠兵	男	汉	副所长	研究员	2015.1
137	苏海红	女	汉	副院长	研究员	2017.3

第四章　科研工作回顾与展望

青海省社会科学院与我国改革开放同龄，建院已整40年。历经40年的建设发展，青海省社会科学院不断探索实践，着力提升科研核心竞争力，健全完善科研管理体制机制，逐渐走向成熟稳健。建院40年来，我们见证了改革开放取得的伟大成就，见证了改革开放给国家和人民带来的富强与福祉，见证了青海民族团结、社会稳定、生态建设、经济建设等方方面面发生的巨变。建院40年来，在省委省政府的领导和关怀下，在省委宣传部的指导下，青海省社会科学院科研中心工作不断取得新成绩和新进步。

一　四十年科研工作回顾

（一）科研方向

1978年10月，青海省社会科学院乘改革开放的东风应运而生。在全省社会科学研究事业急需发展又亟待明确工作方向的情况下，省委省政府提出"社会科学要坚持历史问题与现实问题研究兼顾，以现实问题研究为主；基础理论研究与应用研究兼顾，以应用研究为主；全国性问题研究与青海地方问题研究兼顾，以青海地方问题研究为主"的要求，青海省社会科学院确定了"立足青海、面向全国、注重实际、突出特色"的办院方针，以注重基础研究、加强现实服务和突出青海地方特色为主攻方向，潜心治学，深入调研，谱写了哲学社会科学事业繁荣发展的新篇章。1978年至1988年十年，是中央要求将社会主义经济建设转到注重质量与效益上来的转折时期，青海省社会科学院遵循"三兼顾三为主"的根本方向，坚持确立的办院方针，精心谋划，开局起步，科研工作逐渐步入正轨。1988年至1998年十年间，青海省社会科学院固本强基，遵循"二为"方向，坚持"双百"方针，认真落实"以科学的理论武装人，以高尚的情操塑造人，以正确的舆论引导人，以优秀的作品鼓舞人"要求，结合在科研实践中遇到的问题与困难，调整学科布局，增强科研精品意识，提高研究质量，争创具有青海特色的社科品牌，收效显著，学术影响力进一步提升。

步入21世纪，哲学社会科学发展进入新的发展机遇期。随着改革开放的不断深入，哲学社会科学在经济社会发展中的作用愈加凸显。中央高度重视哲学社会科学事业的繁荣发展，2001~2002年两年间，江泽民总书记先后三次就繁荣发展哲学社会科学事业发表重要讲话，他强调指出，建设有中国特色社会主义，需要在实践和理论上不懈进行探索，不断在实践的基础上提出创新的理论，用发展的理论指导实践，在这个实践和理论的双重探索中，哲学社会科学具有不可替代的重要作用，哲学社会科学工作者是一支不可替代的重要力量，必须始终重视哲学社会科学，加快发展哲学社会科学。2004年，中央印发《关于进一步繁荣发展哲学社会科学的意见》，该意见进一步明确了哲学社会科学研究工作的指导思想和发展方向。面对时代赋予的责任与使命，根据时代发展要求，青海省社会科学院调整科研布局，提出"科研为省委省政府决策服务，为青海经济发展和社会进步服务"的工作思路，把科研工作重心调整到服务地方经济社会发展和党委政府决策上来，充分发挥社科院智囊团、思想库的地位。2015年，中共中央办公厅、国务院办公厅印发《关于加强中国特色新型智库建设的意见》，随后青海省委省政府结合省情实际，出台了《关于加强新型智库建设的实施意见》；2017年，中央印发《关于加快构建中国特色哲学社会科学的意见》，该意见指出要站在新的历史起点上，更好地进行具有许多新的历史特点的伟大斗争、推进中国特色社会主义伟大事业，需要充分发挥哲学社会科学的作用。按照中央和省委要求，青海省社会科学院确定了建设中国特色青海特点高端智库的发展方向，在科研工作中牢牢把握正确的政治方向和学术导向，不断加大开放办院力度，积极拓展学术交流渠道，同时，努力提升核心竞争力，着力构建具有青海特色专业化智库体系。

建院四十年以来，青海省社会科学院始终坚持正确的政治方向和学术导向，正确认识社会发展的规律，明确定位，服务青海改革发展，不断强化具有地方特色的基础研究，充分发挥了学术引领和智库服务的作用。

（二）队伍建设

青海省社会科学院建院初期正处于"文化大革命"后国民经济发展缓慢、主要比例关系严重失调的特殊时期，社会科学研究工作处于长期停顿、科研人员严重缺乏的状况中，在这一时期青海省社会科学院在艰难的社会环境中建立起来，针对复杂的经济社会环境，提出了广开门路、多方纳贤、老中青结合的科研队伍建设方针。通过从省内外选调、大学本科毕业生招收等主要方式，初步建设成一支科研队伍，并在此基础上通过学习培训、以老带新、定向培养等方式，进一步提升科研人员的学术素养，多措并举，解决了科研力量不足的问题，组建了一支有能力、肯钻研的科研队伍。

在省委省政府的关怀和全院职工的不懈努力下，青海社会科学院在20世纪末拥有了一定的人才储备，1990年，通过青海首批职称改革专业技术人员评审，聘任高级职称的专业技术人员11人，中级职称的专业技术人员29人，初级职称专业技术人员26人。

步入21世纪，青海省社会科学院根据新形势、新任务进一步对科研人才队伍进行了强化建设。着手选调具有较强科研能力的人才充实经济研究所、资源与环境经济研究所等具有前沿应用性的研究所，进一步加强前沿应用学科的科研力量。采取导师制的方式，由高级职称和较强研究能力的人员担任指导新进青年科研人员的制度，进一步加强青年人才的快速成长。选派青年科研人员到基层挂职锻炼或前往高校、相关科研机构进行学习培训，鼓励科研人员攻读硕士、博士学位，切实提高了整体人才队伍的科研素质，缓解了人才断层危机。经过不断的积累与发展，青海省社会科学院牢牢把握人才优先发展主线，创新人才评价机制，深化职称制度改革，着眼完善高层次人才培养体系建设，激发人才创新创造活力，科研队伍建设得到进一步加强。截至2018年9月底，青海社会科学院有各类专业技术人员58人（科研人员49人，科研辅助人员9人）；拥有专业技术职称的人员中，正高14人，副高19人，中级职称20人，初级职称5人。其中享受国务院特殊津贴专家7人、省级专家5人；全国宣传文化系统"四个一批"优秀人才1人，全省宣传文化系统"四个一批"拔尖人才1人、优秀人才3人；博士后1人，博士8人，硕士26人；二级岗研究员7人。

（三）学科建设

20世纪八九十年代，青海省社会科学院处于建院初期的探索、积累与发展阶段，根据省情实际，建立了哲学社会学研究所、经济研究室、民族宗教研究所、文献信息中心、办公室等科室。随着经济社会的发展变革，青海省社会科学院持续不懈加强民族学、宗教学、生态环境学、循环经济学等重点特色学科建设，于1982年组建了塔尔寺藏族历史文献研究所（1987年更名为藏学研究所），1983年成立了科研组织处（后更名为科研管理处）、1985年成立了院学术委员会。在此基础上，把建设有中国特色社会主义所涉及的各种重大理论与实践问题作为全院科研工作的主攻方向，努力成为省委省政府在思想理论及决策方面信得过、离不开的参谋助手。

此后，按照中央对哲学社会科学工作的指示和要求，青海省社会科学院组建了院重大课题领导小组，强化了课题的立项与检查指导，把研究重点转向青海改革开放与现代化建设过程中遇到的重大理论与实践问题上。根据社会发展需要，整合成立了文史研究所、政法研究所。随着生态文明建设重要性的日益凸显，2014年组建了生态研究所。同时，为加强对地方党委、政府决策提供对策建议和理论支持，充分发挥青海省社会科学院人才资源优势，加强对基层地区调研力度，促进民族地区经济社会又好又快发展，2008年开始与各级党委政府部门合作，先后成立了海北州分院、黄南州分院、海西州分院、海南州分院、玉树州分院、玉树市情调研基地、海东市乐都区李家乡省情调研基地。为更好地加强对青海藏学、宗教学等具有青海地方特色学科的前沿性研究，从2015年开始相继成立了"中国特色社会主义研究中心""青海藏学研究中心""青海丝路研究中心""青海生态环境研究中心""青海宗教关系研究中心""青海人才研究中心"等非社团性质的智库研究平台，这些调研基地与研究中心的建立是青海省社会科学院开门办院的新尝试，为青海省社会科学院深入进行州情、市情、县情调研提供了一个十分重要的平台，是社科研究机构实现与各级政府部门合作推出优秀科研成果，更好地服务政府、服务社会的一种有效形式，也是提高科研人员研究水平和解决实际问题的能力、锤炼科研队伍的有效途径。地方分院、省情调研基地及研究中心的陆续成立，为推动科研中心工作、繁荣哲学社会科学产生了积极影响，进一步增强了社科院作为新型高端智库的影响力和辐射力。

（四）科研管理

1983年科研处的成立，标志着社科院的科研管理工作被纳入有序的科学管理轨道。科研处的职责是：在院党组领导下，制定年度科研工作计划，通过制度建设和体制建设对各类课题进行科学有效的管理，推动各类课题按期保质完成，在科研管理方式上实现了从封闭到开放、单一到多元、理论到实践、单一向群体的转变。自1999年以来，科研处在院党组领导下，相继制定和修订了《激励约束机制试行办法》《科研管理细则》《专业技术人员业务培训管理办法》《学术著作出版资助暂行办法》《科研专项经费相关开支管理暂行办法》《专家候选人推选暂行办法》等一系列激励约束与管理措施，这些制度为青海省社会科学院的科研工作提供了有力的制度支撑。其后青海省社会科学院又制定和修订了《青海省社会科学院国家社科基金项目、省财政资助立项课题经费管理实施细则（试行）》《青海省社会科学院横向课题经费管理办法（试行）》《青海省社会科学院科研项目经费管理办法》《学术著作出版资助暂行办法》《关于加强学术规范的暂行规定》《科研人员考核办法》《科研档案管理办法》、《科研项目保密工作管理办法》《院"智库平台"编发暂行办法》《〈青海蓝皮书〉编发暂行办法》等多项激励约束制度，为进一步优化科研管理、激发科研创新活力、生产高质量研究成果提供了有力的制度保障。

二 主要研究成果

建院四十年以来，青海省社会科学院坚持稳步推进基础研究，不断强化应用对策研究，结合省情院情，科学调整学科布局，着力打造重点特色学科，全力打造具有中国特色青海特点的新型智库和社科理论研究机构，成果斐然。

1. 哲学研究

在马克思主义哲学研究方面，主要成果有：魏兴撰写的《历史发展的规律性与曲折性》《关于普遍联系的几个问题》《论马克思主义的活的灵魂》《概念的辩证法与人的问题的讨论》《评实践"客体化"及其后果》《生产力进步规律探讨》《经济建设与欧彼岸联系》；陈依元撰写的《思维方式系统论》《"整体大于部分和"是系统整体性原理的科学表述》《用层次分析法探讨系统论与哲学的关系》；朱玉坤撰写的《关于哲学发展的几点看法》《得与失的辩证思考》等；赵秉理的《论王夫之朴素的唯物辩证法思想》《必须划清马克思主义与人道主义的界限》；魏兴主编的《唯物论通俗读本》等，这些成果从各个方面对马克思主义的辩证法、唯物论、实践观、方法论等各个方面进行了深刻的研究与分析，具有一定的理论价值。

在科技哲学研究方面，主要成果有：陈依元的《走向系统·控制·信息时代》；郝宁湘的《计算复杂性理论及其哲学研究》《可计算性与不可解及其哲学意义》《丘其——图灵论与认知递归计算假说》等，这些成果对控制论、信息论、系统论的哲学表义做了探讨，对社会、管理、计算机运用等应用方面也提出了创见。

在中国哲学研究方面，主要成果有：王亚波的《从"有真人而后有真知"看庄子对能知的考察》《从语言和体系两个层面理解庄子的"吾丧我"》《老子的形上哲学及其方法论意义——从知、行角度理解》《理解何以可能——由濠梁之辩引发的思考》等，这些文章对庄子、老子的认知、语言、行为、体系等方面进行了论述与分析。

在伦理学方面，主要成果有：余中水的《对当前道德建设的几点思考》《市场经济对集体主义价值观的影响和呼唤》；陈国建的《新时期弘扬爱国主义精神的几点认识》《社会主义精神文明与思想道德建设》；陈玮等的《青海江河文化的生态价值》；鄂崇荣等的《挖掘多民族传统生态伦理 推进青海生态保护》等，这些成果对青海省道德建设、爱国主义精神的培养、社会主义精神文明建设、生态文明建设进行了客观分析，提出了有针对性的对策建议。

2. 马克思主义中国化研究

在马克思主义中国化研究方面研究成果颇丰。主要包括马列主义、毛泽东思想、邓小平理论及"三个代表"重要思想、科学发展观、习近平新时代中国特色社会主义重要思想等方面的研究。

在马列主义研究方面，主要成果有：魏兴的《马克思主义哲学是我们党的精神武器》；朱玉坤的《马克思与中国革命》《〈共产党宣言〉的发表是马克思主义民族问题理论诞生的标志》《共产主义后的民族主义》；隋儒诗的《略谈马克思对人性的理解》等，这些成果在学术界、理论界得到充分的认可与肯定。

在毛泽东思想研究方面，主要成果有：朱玉坤的《毛泽东的对外经济关系思想》；魏兴等的《要完整的准确的掌握毛泽东思想》；陈依元的《毛泽东同志的波浪式发展观及其实践意义》；朱世奎与陈依元的《毛泽东与中华民族精神》；童金怀、王毅武的《论毛泽东社会主义经济思想的目的与核心》；余中水的《毛泽东反对和防止和平演变思想探析》《毛泽东的艰辛探索和建设有中国特色社会主义理论的形成》；陈国建的《毛泽东教育思想的发展阶段和主要内容》；王毅武的《毛泽东的中国工业化理论及其发展》；曲青山的《毛泽东的民族观》等，这些文章在毛泽东思想研究方面产生了积极影响。

在邓小平理论、"三个代表"重要思想研究方面，主要成果有：朱世奎的《社会主义初级阶段理论和党的基本路线》；王毅武主编的《邓小平经济思想研究》；赵秉理的《邓小平是坚持发展毛泽东文艺思想的光辉旗帜》《邓小平对我国企业管理体制的改革》《邓小平企业管理思想初探》；余中水的《论新形势下反腐败斗争与党的建设》《学习邓小平理论必须坚持科学的学风》《社会主义市场经济与精神文明建设》；孙发平、刘傲洋合著的《论科学发展观是中国特色社会主义的重大战略思想》；拉毛措、马文慧的《邓小平及党的第三代领导集体的宗教观分析》；鲁顺元的《与时俱进的民族地区精神文明建设》；唐萍的《论邓小平与八大党章》《论邓小平的政治文明建设思想》等。

在习近平新时代中国特色社会主义思想研究方面，主要成果有：陈玮的《习近平新时代人才思想在青海的实践与成效》；陈玮、张生寅的《习近平新时代中国特色社会主义民族工作思想研究》；孙发平的《习近平"一带一路"倡议与青海的实践经验》；毛江晖的《习近平新时代生态文明建设思想在西部地区的实践与启示》；肖莉的《习近平以人民为中心的发展思想在青海的实践》；张立群的《习近平新时代中国特色社会主义法治思想在青海的实践与成效》等，这些文章是对新时代下习近平重要思想的分析与研究，特别是在青海实践中的运用的成效总结与分析，具有一定的理论宣传价值。

3. 党史党建研究

党史党建涉及党的基本理论、基本经验、民族宗教政策理论、基层组织建设等研究领域。

对党的基本理论的研究成果有：曲青山的《中共党史和党的建设学习提要》《关于改进和加强理论宣传工作的思考》；翟松天的《社会主义探索中的曲折与校正现象》；苏海红的《论中国共产党的创新精神与西部大开发》；唐萍的《论党的先进性的理论品格与现实价值》《重读毛泽东的为人民服务》等，这些成果对党的重要性、先进性等方面进行了研究分析。

对党的基本经验的研究成果有：曲青山的《论邓小平的致富思想及其实践意义》《论党的统一战线的基本实践及其实践意义》；童金怀的《论坚持抗日民族统一战线的历史经验》；唐萍的《论抗日战争时期延安廉政建设的历史经验》《论抗战时期的思想文化问题》；肖莉的《论建立和巩固抗日民族统一战线的策略》；张立群的《十八大以来青海党的建设成效、问题及对策》等。这些文章对青海党史党建研究提供了一定的学理参考。

对党的民族政策理论研究的成果有：蒲文成的《再论党的宗教信仰自由政策》《对社会主义初级阶段宗教问题的一些认识》；穆兴天的《十世班禅大师的爱国思想》《中国共产党解决民族问题途径的探索》；拉毛措的《中国共产党与藏族妇女命运的变迁》《民族地区建立党员先进性教育畅销机制的思考》；参看加的《中国共产党处理藏传佛教问题的历史经验》；唐萍的《青海藏区基层党组织建设的调查研究》；肖莉的《青海藏区党组织维稳能力研究》等。

对党的组织建设的研究成果有：王昱的《构建和谐社区稳定基层问题研究》；唐萍的《关于青海农牧区基层党组织建设的调查与思考》《青海省反腐倡廉制度建设研究》《青海新经济组织的党组织建设问题研究》；鲁顺元的《青海农村基层社会组织功能考察及其构建》《着力推进农村管理民主化进程》；张生寅的《正确处理农村"两委"关系的思考》《解放初期青海建政工作概述》等，这些文章对党的基层组织建设特别是对青海的党的基层组织建设进行深刻的剖析，对青海各时期、各方面的基层组织建设进行了全面概述。拉毛措等撰写的《加强和改进边疆民族地区基层党组织建设问题研究》一文，对边疆民族地区基层党组建设过程中遇到的问题加以分析与论述，并对加强和改进这些问题提出了科学有据、切实有效的对策建议，这一成果获得全国党建研究会优秀成果评选二等奖。

4. 经济研究

经济是发展的最基本要素，青海作为西部偏远民族地区，经济相较于其他地区较为落后，对青海经济发展的研究，是青海省社会科学院长期以来坚持的重要研究方向。

对经济发展战略研究方面，主要有：孙发平等的《三江源区生态系统服务功能价值评估研究》《循环经济理论与实践——以柴达木循环经济实验区为例》《青海转变经济发展方式的重点任务及对策建议》《关于加快建设国家循环经济发展先行区的研究报告》《光辉的历程　辉煌的成就——青海经济社会发展历程与经验启示》《青海丝绸之路经济带建设年度报告》；丁忠兵的《西部大开发与青海发展思路研究》《加快青海非公有制经济发展研究》《实施名牌战略带动青海农业发展》；詹红岩的《青海工业发展路径研究》《进一步拓宽青海工业经济转型升级空间问题研究》；刘傲洋的《青海城乡统筹发展思路》等，这些研究成果获得了省委省政府及省内外学界的肯定评价，为全省各地区的经济的持续发展提出了较为明确的发展思路和政策措施，发挥了积极作用。

在区域经济研究方面，具有代表性的是自1999年开始每年编辑出版的《青海蓝皮书》中的各年度《青海经济社会形势分析与预测》。研究成果还有：孙发平的《三江源区生态补偿机制研究》《关于加快建设国家循环经济发展先行区的研究报告》；马生林等的《青海湖区生态环境研究》；穆兴天等的《江河源区相对集中人口保护生态环境》；苏海红的《生态文明背景下青海三江源区生态经济发展形势及其路径研究》《生态保护红线划定后三江源区经济社会发展研究》；杜青华的《建设黄河中上游经济带青海段相关问题研究》等，这些成果对青海三江源区及青海湖区等青藏高原特殊区域的生态环境的变迁、保护及补偿机制等进行了探讨与研究，具有一定的借鉴和参考价值。

在政治经济学研究方面，主要研究成果有：王毅武的《中国特色社会主义经济思想史简编》《毛泽东经济思想研究》《中国社会主义经济思想史研究》《为社会主义政治经济学史奠基》；钱之翁的《政治经济学简明教材》《关于按劳分配的几个理论问题》;朱玉坤的《毛泽东对外经济关系思想》等。这些作品全面系统地论述了中国社会主义经济思想史与毛泽东等领导人对中国经济发展的贡献,在中国政治经济思想、马克思主义中国化、进一步探索建设有中国特色社会主义的途径等领域产生了一定影响。

在青海地方经济研究方面,主要研究成果有:翟松天、崔永红的《青海经济史》(当代卷);陈国建等人的《青海资源开发回顾与思考》;王恒生的《青海矿业应走综合利用的道路》;孙发平的《推进青海工业化进程的五大举措》《对青海民营企业发展定位及战略的思考》《青海新农村建设中基础设施供给问题研究》《青海转变经济发展方式的重点任务及对策建议》;苏海红的《青海农村非农产业发展对农业的影响》《青海农村科技进步与产业结构调整问题探讨》《海东农业综合开发项目的效益评估》《农民增收是西部实现小康的关键》;丁忠兵的《对当前农村劳动力短缺问题的思考》《当前农业和农村经济发展中存在几个突出问题》;马进虎的《青海"拉面经济"与劳务输出研究》等,这些成果围绕青海地方经济展开探索与研究,对民生发展等相关问题进行了分析与思考,从不同视角为促进青海地方经济快速发展提出了对策建议。由孙发平撰写的《中央支持青海等省藏区经济社会发展政策机遇下青海实现又好又快发展研究》《青海建设国家循环经济发展先行区研究》等成果对青海省经济发展趋势、国家循环经济先行区等方面进行了深入透彻的分析与研究,为青海的经济形势的发展与预测起到举足轻重的作用,两项成果分别荣获青海省第九次、第十一次哲学社会科学优秀成果评奖一等奖;杜青华撰写的《对 2017 年宏观经济形势的预判及对策建议》,对 2017 年宏观经济的走势进行了预判并提出了科学的对策建议,得到时任中央政治局常委、国务院副总理张高丽的肯定性批示。

5. 藏学研究

自青海社会科学院 1982 年成立塔尔寺文献研究室以来,藏学研究一直是青海省社会科学院的重点研究方向之一。

对藏族社会经济、制度研究的研究成果有:陈庆英、何峰的《藏族部落制度研究》;穆兴天的《藏传佛教与藏族社会》《藏族卷·玛沁县》;李高全、周生文的《青海省玉树藏族自治州东部三县农业综合开发研究》;星全成、马连龙的《藏族社会制度研究》;张继宗的《乡土社会中的传统与现代——藏区民间宗教、文化习俗背景下的生态法》；朱学海的《青海藏族人口城镇化及其就业趋向和特点研究——以同仁县撤县建市为例》，这些文章从多个角度着手对藏族特别是青海藏族的社会经济及社会制度进行了分析研究，内容涉及藏族社会制度的各个层面。

对藏族社会历史研究的主要代表作有：陈庆英等的《中国藏族部落》《藏族部落制度研究》《蒙藏民族关系史》；何峰的《〈格萨尔〉与藏族部落》；穆兴天的《藏传佛教与藏族社会》；蒲文成的《吐蕃王朝历代赞普生卒年考》；马连龙的《章嘉国师与六世班禅超清》《一代宗师　百世楷模》；马林的《雍正帝治藏思想初探》《历史的神奇与神奇的历史——五世达赖喇嘛传》《后固始汗时期五世达赖权利的集中与扩张》《噶丹颇章建立前后的五世达赖》；拉毛措的《藏族妇女历史透视》《简论青海藏族妇女婚姻历程》《藏族妇女研究》；谢热的《藏族传统生态民俗的当代传承及其运用实践价值研究》等，这些文章主要围绕青海藏区历史与社会发展进行调查研究，针对不同历史时期的青海藏区社会制度与部落状况等进行分析研究，在藏族社会历史研究领域产生了一定影响。

对藏族传统文化研究的主要代表作有：谢热的《传统与变迁——藏族传统文化的历史演进及其现代化变迁模式》《论藏族传统文化的价值结构》《藏传佛教文化与现代化》《藏传佛教文化的发展趋向》；桑杰端智的《批判精神——论科学的批判精神》《藏族传统文化的个性弊端与现代化》《以现代的视角评析藏族传统文化》《藏族传统文化与藏族人格》《藏族宗教学概论》（藏文）；这些成果对藏族传统文化进行了深入研究，具有一定的学术价值。

藏文古籍翻译研究既是藏学研究的一项基础性工作，也是推动藏学研究向前发展的一项开拓性研究工作。青海省社会科学院研究人员在藏文古籍研究领域取得了丰硕成果，在建院之初青海省社会科学院就成立了塔尔寺藏文文献研究所，旨在对塔尔寺珍藏藏文相关典籍进行分类梳理及编目，为藏族历史文化的研究及藏文古籍的抢救工作做出了积极贡献，通过专题研究还培养出了一支藏文古籍研究的专业队伍。主要代表作有：陈庆英的《西藏王统明钥》《汉藏史集》《印度佛教史》《蒙古佛教史》《章嘉国师传》《三世四世达赖喇嘛传》；蒲文成翻译的《七世达赖喇嘛传》《王佛佑宁寺志》《宗教源流简史》《如意宝树史》；马连龙等翻译的《塔尔寺志略》《夏琼寺志》《二世土观传》《青海史》；才项多杰的《蒙古王统记大论——金册》译注；益西卓玛参与整理的《宁玛文化丛书之〈宁妥宁提〉》《珠旺班玛让卓文集》《佐钦曲洋多丹多吉文集》《本尊金刚撅历史资料汇编》《藏密医术文献汇编》等，这些译文准确流畅，考释详尽，具有史料价值及应用价值，被多家出版社再版，在国内外藏学、历史学界产生了一定的学术影响。

6. 民族学研究

青海是多民族聚居，多元文化并存，有汉、藏、回、蒙古、土、撒拉六个世居民族，特殊的省情为民族学研究提供了厚植的土壤。

在少数民族文化、民俗研究方面，主要科研成果有：穆兴天的《青海少数民族》；马进虎的《两河之聚——文明聚荡的河湟回民社会交往》；鄂崇荣的《用先进文化推进少数民族文化的繁荣》《旅游与民族传统文化保护》《近二十年来国内少数民族习惯法研究综述》《百年来土族研究的反思与前瞻》《浅论土族纳顿节》《土族民间信仰中神祇与仪式——对民和土族民间文化中的多重宗教信仰》；毕艳君的《少数民族传统文化与构建和谐社会》《建设社会主义核心价值体系　促进少数民族文艺健康发展》《甘青地区"菜包身"文化内蕴阐释》；胡芳的《青藏高原多元民族文化与西部大开发》《青海省非物质文化遗产保护研究》；赵宗福的《中国民俗大系·青海民俗》《中国虹信仰研究》《论河湟皮影戏展演中的口头程式》《地方文化系统中的王母娘娘信仰》《促进青海多民族文化认同的思考与建议》；旦正加的《藏族食鱼禁忌风俗初探》《宗喀巴大师逝世纪念日与道帏地区的独特风俗》《安多道帏地区"雅尔桐"节日文化探析》；赵宗福、胡芳、参看加的《促进主流文化与青海省少数民族传统文化和谐发展问题研究》；才项多杰、益西卓玛、旦正加的《彰显民族特色打造文化品牌——以黄南州"全国一流藏文化基地"的创建为例》；鄂崇荣、吉乎林的《丝绸之路青海道各民族文化交流与多元文化格局研究》等，这些文章对青海少数民族特别是世居少数民族的风俗、习俗、文化的多个方面进行了介绍分析，具有较高的学术价值和参考价值。

40年来，青海省社会科学院在民族理论与政策问题研究方面进行了富有成效的研究，主要成果有：曲青山的《邓小平民族理论与实践》《从多视角看民族问题的重要性》；穆兴天的《马克思主义民族问题理论在中国的新发展》；拉毛措的《用中华民族意识凝聚青海各民族问题调研报告》；刘景华的《民族团结与社会稳定是实施西部大开发的首要前提》《西部大开发与民族团结和社会稳定》；赵宗福的《关于加快建设国家民族团结先行区的研究报告》；陈玮、谢热的《对青海省民族团结进步先进区建设的现状及对策研究》《青海从人口小省向民族团结进步大省转变研究》；马进虎的《"十三五"时期持续推进民族团结进步先进区创建研究》；马学贤的《城镇化背景下青海各民族交往交流交融发展中存在的问题与对策研究》；鄂崇荣的《改革开放以来青海促进各民族交往交流交融成功实践与经验启示》；谢热的《"三个离不开"重大思想的不断丰富和深化——关于青海创建民族团结大省的理论创新及实践推进》等，这些文章对民族地区特别是对青海的民族理论和政策问题提供了翔实的研究资料，富有学理性。陈玮等的《青海创建民族团结先行区成效、经验及不利因素和对策建议》，就青海创建适合青海地方特色的民族团结先行区，进一步推动各民族团结和谐共荣发展进行了研讨分析，对青海创建民族团结进步先行区取得的成效、经验及遇到的困难、不足进行了梳理与分析，提出了有针对性的对策建议，得到了时任省委常委、统战部长旦科的肯定性批示，获得了全国第十八次皮书年会优秀报告三等奖。

对青海世居少数民族的研究，主要研究成果有：在土族研究方面，有李存福的《互助县土族"戴天头"习俗初探》《解放前互助土族的赘婚和服役婚》《土族抢婚习俗的调查与研究》；鄂崇荣的《浅析土族民间文化中的多重宗教信仰》《解读民和土族村庙中的装脏仪式》；刘成明的《土族人口生育情况及影响因素分析》；胡芳的《文化重构的历史缩影——土族创世神话探析》。在回族研究方面，有马进虎的《关于回族的观念变革与发展》《河湟地区回族与汉、藏两族社会交往的特点》；马文慧的《西宁市区的居住格局与回汉族居民的社会交往》；马学贤的《解放前青海回族的经济结构》《青海回族人口变迁》；刘景华的《抗战时期西北诸马》《中国伊斯兰教经堂教育简介》《青海回族教育述略》等。在蒙古族研究方面，有吉乎林的《青海蒙古语地名研究》；胡芳的《土族社会发展现状调查研究》等。撒拉族研究方面，有鄂崇荣参与的《中国民族人口（二）》（撒拉族部分），韩德福的《撒拉族村落空间结构及撒拉族的空间观》等。

7. 社会学研究

在民族社会学研究方面，主要研究成果有：邢海宁的《果洛藏族社会》；崔永红的《青海通史》；邓慧君的《青海近代社会史》；张生寅的《近代青海乡村社会史研究》等。对青海民族社会变迁问题的研究，主要研究成果有：鲁顺元的《文化涵化与社会进步：互助县文化现象透析》《"草根力量"与乡村现代化》《论青藏高原牧区社会变迁》；桑杰端智的《藏族传统文化与藏族人格》；马进虎的《关于回族的观念变革与发展》《青海传统民族贸易中回族商贸经济的形成与发展》；马林、马学贤的《青藏铁路沿线农牧民思想观念的变迁》《青藏铁路沿线农牧民宗教信仰现状评估》；刘成明的《青海人口分布格局及变迁》《青海省人口城镇化的历史与现状之分析及未来构想》等。对民族关系的研究，主要研究成果有：刘成明的《青海家庭结构的变动情况及原因分析》《土族人口生育状况及影响因素分析》；蒲文成的《塔尔寺概况》《甘青藏传佛教寺院》；鲁顺元的《汉藏文化边界地带的民族自治实践》《农村基层社会组织运行及功能构建》；马进虎的《河湟经济结构中的民族分工与协作》《河湟地区回族与汉、藏两族社会交往的特点》；曲青山的《论青海在稳定发展西藏中的地位和作用》；穆兴天的《重视和谐民族关系的构建》《近年来青海藏语回、撒等民族关系态势研究》等。对社会结构和社会组织方面的研究，主要研究成果有：何峰的《论藏族僧尼的法律地位》《论西藏基层官吏的法律地位》；拉毛措的《浅谈泽库牧民的婚姻家庭生活》《略谈同仁藏族妇女的家庭生活》《青海和谐发展与社会主义核心价值体系建设研究》；拉毛措、朱学海、文斌兴的《青海省中青年僧侣社会心态调研分析——以佑宁寺为例》；谢热、韩德福、益西卓玛的《藏传佛教僧侣社会身份及角色问题研究》等。对社会制度的研究，主要代表作有：何峰的《论藏族经院教育》；崔永红的《吐谷浑社会经济和政治制度初探》；曲青山的《青海省社会生活多元化负面影响》；马进虎的《藏族家庭教育与寺院教育》《回族教育结构分析》《回族教育结构矛盾假说》《试论藏族教育传统形态与当代形态》《藏传佛教格鲁派经院教育》；鄂崇荣的《浅谈土族传统教育》《关于土族习惯法及其变迁的调查与分析》；娄海玲的《草场地界纠纷对地区民族团结、社会稳定的影响及调处预防机制研究》等，这些文章对民族社会学的各个方面均有涉猎，在构建青海民族社会学学科体系中发挥了重要的作用。

在宗教社会学研究方面，主要以社会学的理论与方法为基础作为对社会现象的宗教展开进行研究的。在宗教信仰及信仰者行为方面，主要研究成果有：蒲文成的《宁玛派的民间信仰》；赵宗福的《地方文化系统中的王母娘娘信仰》；鄂崇荣的《试论中国少数民族中的蛙崇拜》《村落中的信仰与仪式》《浅析土族民间文化中的多重宗教信仰》等。在宗教的社会功能方面，主要研究成果有：穆兴天的《关于信教群众宗教负担的历史与现状》；桑杰端智的《浅谈藏族招魂仪式》等。在宗教的社会功能方面，主要研究成果有：桑杰端智的《藏传佛教应成派思想及其社会价值》《谈佛教对藏区生态保护所产生的影响》《藏传佛教伦理的局限与文化更新》；蒲文成的《藏传佛教进步人士在我国民族关系史上的积极作用》等。在宗教与现代社会发展变迁之间的关系方面，主要研究成果有：蒲文成、参看加的《影响青海省藏族聚居区社会稳定的一些宗教问题及其对策建议》；马文慧的《宗教与青海地区社会稳定与发展》《宗教文化与青海地区新教群众的社会生活》；马进虎的《伊斯兰教经济学与构建和谐社会初探》等。在宗教发展趋势方面，主要研究成果有：蒲文成的《藏传佛教世俗化倾向问题研究》；马进虎的《伊斯兰法创制困难的思想渊源》《浅析青海伊斯兰教派之分野融合》等。

8. 人口学研究

主要研究成果有：张伟的《人口控制学构想》《青海人口与可持续发展》；邢海宁的《青海藏族人口分布及其特点》；孙发平的《论加强青海人口发展战略研究的必要性与紧迫性》；苏海红的《青海省人口与经济社会协调发展问题研究》；刘成明的《青藏高原可持续发展中人口因素之考察》《保护青海湖生态环境应统筹解决人口问题》《土族撒拉族人口发展与问题研究：兼及青海少数民族人口问题》；文斌兴的《甘青特有民族人口变动研究》等，这些成果在研究人口与环境、区域人口与可持续发展、青海人口发展战略、人口与经济社会发展的关联性等方面，从系统论、整体论、控制论等角度着手，对青海人口素质、人口布局等各方面进行了研究。

9. 青海省情研究

主要研究成果有：曲青山的《深化对省情的认识》；徐建龙的《用世界眼光重新认识省情》；丁忠兵的《适应青海省情的人才模式探索》；于松

臣的《青海盐湖经济问题》；王昱的《当代青海》；王恒生的《中国国情丛书——百县市经济社会调查·湟中卷》《中国国情丛书——百县市经济社会调查·格尔木卷》；由青海省社会科学院主持编写的《青海百科全书》《青海蓝皮书》等，这些成果集成对青海全省发展战略及政策的制定提供了扎实的参考依据，为青海省情教育提供了丰富的基础资料。孙发平、刘傲洋撰写的《"四个发展"：青海省科学发展模式创新》一书，就青海如何闯出一条欠发达地区实践科学发展之路进行了深入分析研究，该成果荣获青海省第十次哲学社会科学优秀成果评奖一等奖。孙发平、杜青华、王亚波撰写的《论"四个转变"新思路的理论价值与实践意义》一文，对青海省委省政府提出"四个转变"的内涵进行了深入阐释，该文获得《青海日报》首届"江源评论"大奖赛理论奖一等奖。

10. 青海生态环境与资源研究

随着人类生存环境问题的逐步凸显，青海显著的生态地位使得生态环境与资源研究成为研究热点之一，建院 40 年以来，青海省社会科学院在青海资源开发与生态环境保护方面进行了卓有成效的研究。

在资源开发方面，作为资源大省，主要围绕以矿产资源开发为重点，逐步展开对人力、旅游、农牧业、文化产业等资源的开发研究，取得了丰硕的成果。主要研究成果有：翟松天的《略论青海经济振兴与人才开发》；王恒生的《青海矿业应走综合利用的道路》《重视对矿产资源的保护和综合利用》《自然资源的可持续利用与青海经济发展》；李高泉等的《青海玉树州东三县农业综合开发研究》；陈国建的《青海柳州经济发展突破口选择》；马生林的《祁连资源志》《青海矿业资源的富集地》《青海水资源的配置及可持续利用问题研究》；杜青华的《大力开发青海燕麦资源的建议》《我们已进入水资源紧缺时代》《对青海特色牲畜种质资源保护与开发利用的思考和建议——以青海藏系绵羊和藏牦牛为例》；孙发平的《加快开发利用黄河上游梯级电站水域资源的思考及建议》；苏海红等的《海西资源型地区产业结构转型问题研究》等，这些著作根据青海资源开发的逐步发展而不断更新研究方向，为省委省政府顺利实施西部大开发战略、推进资源开发可持续利用均提供了一定的理论支撑，具有较强的可操作性。其中，马学贤等人撰写的《关于打造"西宁毛"品牌，加快申报国家农产品地理标志的调研报告》一文，对"西宁毛"这一独有的制作地毯及毛毯的优良原料在"品牌强省战略"、推进青海快速发展的新形势下如何培育、宣传、推广进行了分析论证，这一研究报告得到了时任省委主要领导的关注与批示，获得了青海省第九次哲学社会科学优秀成果评奖二等奖。

在生态环境研究方面，针对青海生态环境的多样性展开了广泛研究，主要研究成果有：翟松天的《高耗电工业西移对青海经济和环境的影响》；娄海玲的《青海省生态环境灾害及其成因分析》；杜青华的《青海生态环境问题及防治对策》；马生林的《对三江源生态环保的再思考》《西部环保任重而道远》《西部生态环境面临威胁》《黑河流域生态环境及沙尘暴问题对策研究》；王昱的《近百年来柴达木盆地开发与生态环境变迁研究》；孙发平的《三江源生态移民调研研究》；马生林的《青海生态文明先行区中的制度建设研究》《青海百年生态变迁对当前生态文明建设的启示》；毛江晖等的《以生态保护优先理念协调推进经济社会发展研究——以海北州为例》《公众参与青海生态文明建设法律制度研究》《青海生态文化建设对策研究》；张明霞的《青海生态旅游开发模式与发展对策研究》《青海东部城市群建设中生态保护评价与对策》；郭婧、李晓燕的《青海贫困区生态减贫研究——以乐都区李家乡为例》；郭婧的《青海高寒农业区生态扶贫政策研究》；李婧梅的《高原美丽乡村建设背景下的农村生态社区发展模式研究》等，这些文章对青海三江源区、青海湖区、河湟谷地等地区的重大生态问题进行了专业研究分析，凸显了青海在全国乃至全球生态环境保护中的重要意义和战略地位，在保护生态环境、促进人与自然和谐发展等方面具有积极推动作用。孙发平等著的《中国三江源区生态价值及补偿机制研究》首次系统评估了三江源区生态系统服务功能的价值，实现了三江源区生态研究从定性向定性与定量相结合研究的转变，为青海"生态立省"战略提供了坚实的理论基础和数据支撑。该书对三江源区生态补偿机制的政策及路径进行了设计，为建立三江源区生态补偿机制提供了理论依据和决策参考，在青海省第八次哲学社会科学优秀成果评奖中获一等奖。

11. **宗教学研究**

在宗教理论和宗教问题研究方面，主要研究成果有：穆兴天撰写的《关于新教群众宗教负担的调研报告》；马进虎等人的《关于积极引导宗教与社会主义社会相适应的问题研究》；参看加的《21世纪青海宗教形势预测及对策》；马文慧的《宗教与青海地区社会稳定与发展》《发挥宗教在构建和谐青海中的社会功能》《宗教文化与青海地区信教群众的社会生活》；何峰、余中水的《中国藏族宗教信仰与人权》等，这些文章在宗教学术界引起了广泛关注，为青海省委省政府在宗教方面提供了有力的决策依据和智力支持。

在藏传佛教研究方面，主要研究成果有：蒲文成的《甘青藏传佛教寺院》《青海藏传佛教寺院明鉴》《青海藏传佛教寺院概述》《藏传佛教格鲁派在青海地区的传播》《噶举派在青海的传播与现状》《藏传佛教诸派在青海的传播及其改宗》；马连龙的《历辈达赖喇嘛与中央政府关系》《章嘉国师与六世班禅朝清》《一代宗师，百世楷模》《三世章嘉的译经成就》；谢热的《也谈六世达赖仓央嘉措》《著名藏学家才旦夏茸生平事略》；拉毛措的《历辈察汗诺门汗呼图克图传略》；桑杰端智的《佛教基础原理》《藏传佛教心理学内涵与文化更新》《藏传佛教应成派思想及其社会价值》；鄂崇荣等的《藏传佛教青年僧侣思想特点》；参看加的《新形势下藏传佛教现代高僧培养问题的解决之道》；罡拉卓玛的《现阶段青海藏传佛教"游僧"治理问题研究》等，这些文章对藏传佛教的派别、传播、影响及社会价值等各方面进行详细的评述与分析，具有理论参考价值。陈玮等撰写的《青海省推行藏传佛教寺院"三种管理模式"成效及经验》一文，立足青海省情，针对省内藏传佛教寺院的"三种管理模式"进行了论述与分析，在第四届"中国藏学研究珠峰奖"汉文学术论文类评奖中获一等奖。

在伊斯兰教研究方面，主要研究成果有：马进虎的《伊斯兰法创制困难的思想渊源》《浅析青海伊斯兰教派之分野融合》《伊斯兰教与现代化关系诠释》《如何对待异己教派关系重大——伊斯兰教派问题纵横谈》；鄂崇荣的《伊斯兰教在青海的历史沿革和现状研究》；马文慧等的《当前伊斯兰教事务管理工作中需要关注的几个问题》；拉毛措的《藏传佛教和伊斯兰教文化圈女性价值观比较》；刘景华等的《伊斯兰教教派和谐共处的教育与管理研究》；韩德福的《青海伊斯兰教坚持中国化方向的建议》等。

在民间信仰研究方面，主要研究成果有：赵宗福的《地方文化系统中的王母娘娘信仰》等；谢热的《苯教藏族习俗》《古代藏族的龙信仰文化》《论古代藏族的图腾信仰》；蒲文成的《多加乡的民间宗教活动》；鄂崇荣的《土族民间信仰与习惯法的人类学分析》《河湟地区民间信仰调查》；李卫青的《对加强青海民间信仰管理工作的思考与建议》等。鄂崇荣等著的《青海民间信仰：以多民族文化为视角》，运用宗教学、人类学、历史学、解释民俗学等多学科交叉的研究方法，对青海多民族民间信仰的历史与现实进行了较为全面系统的论述，以其研究视角方面的新颖性、独特性，得到了学术界的关注与认同，该书获青海省第十二次哲学社会科学优秀成果评奖著作类二等奖。

12. 法学研究

主要研究成果有：张立群等的《柴达木循环经济的地方立法问题研究》《青海地方法制建设问题研究》《青海民族自治地方立法问题研究》《建立失地农民权益保障法律体系的建议》《青海民族团结进步先进区的法治保障研究》；张继宗的《柴达木循环经济立法构想》《青海省发展循环经济的立法问题研究》《循环经济研究：柴达木矿产资源开发的模式转换》《循环经济理论与实践：以柴达木循环经济实验区为例》；高永宏的《青海建设创新型社会与知识产权保护研究》《做大"拉面经济"要注重"两头"培训》《应当加大对特色种养业的技术培训力度》《关于发展农村牧区职业教育的几点建议》；娄海玲的《青藏高原区域环境保护立法探析》《西北民族地区环境保护的法律探析》《青海构建国家循环经济发展先行区的法治保障研究》《青海建设生态文明先行区的法治保障研究》；参看加的《法治化背景下依法管理宗教事务研究》；陈玮等的《依法治省背景下藏区习惯法治理研究》等，这些著作围绕环境保护、资源开发、地方法规、劳动权益、社会保障等方面展开具有针对性的研究，为青海依法治省提供了理论支撑。娄海玲、张继宗合撰的《藏族文化生态与法律运行的适应性研究》荣获青海省第十一次哲学社会科学优秀成果三等奖，此文对藏族生态文化如何与法律运行进行切实有效的结合适应作了科学深入的研究，具有较高的理论价值。

13. 文学研究

主要研究成果有：赵宗福的《花儿通论》《西王母的神格功能》《论"虎齿豹尾"的西王母》；毕艳君的《谈土族花儿中泪水意象的运用》《理性挣扎中的情感认同——简论察森敖拉的小说〈天敌〉》《民族文化心理的诗意传达——论蒙古族作家察森敖拉的小说创作》《固守精神高地的个性叙述——简析祁建青的散文创作》；胡芳的《不是传奇的传奇——浅析张爱玲的小说》《豪意旷远　淡薄清新——土族女诗人李宜晴词艺探析》《简

析土族诗人师延智的诗歌创作》《灵魂的舞蹈——论土族女诗人阿霞的诗歌创作》。研究人员对青海本土的民族民间文学及作家文学评论作了详尽的搜集、整理，助推了青海文学的发展。旦正加、益西卓玛合撰的《论〈格萨尔王传〉中的梅萨其人》，获得第二届青海省《格萨尔》研究成果奖论文类一等奖。

14. 编辑学、图书馆学研究

编辑学方面，主要研究成果有：童金怀的《〈青海社会科学〉民族学宗教学编辑工作的总体评估》；余中水的《关于坚持社科学术期刊办刊原则的思考》《关于地方社科学术期刊突出刊物特色的认识》；马勇进的《以创新的姿态当好学术期刊编辑》；张前的《对学术期刊若干问题的分析与思考》《对办好青海省社科期刊的几点浅见》《市场语境中学术期刊的命运与路径》等。图书馆学方面，主要研究成果有：王昱主编的《青海省社会科学文献资源调查述评》；张毓卫的《把握机遇　走出困境——论地方社科院文献信息机构的发展》《青海文献信息数字化建设环境分析与原则建议》《西部开发中的社科文献信息需求分析》；郑家强的《对青海地区民族文献开发的思考》《知识经济：图书馆发展的新契机》等。

三　四十年科研工作的做法与经验

（一）始终坚持党的领导，坚定政治立场，把握正确的政治方向和学术导向

哲学社会科学是以追求真理为宗旨、与自然科学一样严谨求实的学问。就其总体而言，哲学社会科学具有鲜明的政治和意识形态属性，既是社会主义文化的重要领域，又是党在意识形态领域的重要战线。因此，社会科学院既是专门的学术研究机构，又是党的意识形态部门。即使一些学科不具有直接的意识形态属性，也还是存在为谁服务的问题。科研人员必须坚定政治立场，无论从事何类学科和何种学术研究，都要固守社会主义核心价值观，明事理、辨方向，运用马克思主义立场、观点、方法指导科学研究。在涉及党的基本理论、基本纲领、基本路线和重大原则、重要方针政策问题上，要立场坚定、观点鲜明、态度坚决，始终坚持把正确的政

治方向和学术导向放在首位，坚持把马克思主义立场观点方法贯穿于具体的研究工作中，用发展着的马克思主义指导哲学社会科学研究。

当前，意识形态领域的较量日趋活跃和复杂，新的全方位的综合国力竞争正在展开，西方敌对势力对我国实施西化、分化的战略图谋没有改变，在民族复兴和国家富强的进程中，我们不仅将面临紧迫的经济安全、军事安全、周边安全问题，也将面临严峻的政治安全、文化安全和意识形态安全问题。在错综复杂的新形势下，坚定正确的政治方向和学术导向是社会科学院的首要任务，加强马克思主义坚强阵地建设则是社会科学院义不容辞的职责所在。要严格讲求政治纪律和学术规范，着眼全局，始终坚持把正确的政治方向和学术导向放在首位，坚持把马克思主义立场观点方法贯穿于具体的研究工作中，用发展着的马克思主义指导哲学社会科学，求事实之实，求理论之真，经得起推敲，经得起考验，不盲目崇洋，不哗众取宠，不见风使舵，不迷信教条，表达鲜明的政治立场，阐发正确的理论观点。

（二）立足国情省情实际，围绕中心工作开展科研活动，谏实言，施实策，谋实效

中央《关于加强中国特色新型智库建设的意见》明确指出，加强中国特色新型智库建设，要"以服务党和政府决策为宗旨，以政策研究咨询为主攻方向"。同时要求"社科院和党校行政学院要深化科研体制改革，调整优化学科布局，加强资源统筹整合，重点围绕提高国家治理能力和经济社会发展中的重大现实问题开展国情调研和决策咨询研究"。可以说，这两个要求既是社科院今后科研工作的行动指南，也是社科院持续发展的关键所在。

中央《关于加强中国特色新型智库建设的意见》为社科院今后的科研工作确立了方向，标注了位置，社科院要以深入扎实的学术研究为基础，发挥人才密集的优势，把科研工作的重心调整到为省委省政府决策服务上来，调整到为全省改革发展提供理论支撑上来，锐意进取，有所作为，以"有为"促"有位"，在打造中国特色青海特点新型智库方面做出积极探索，取得新的进步。

（三）凸显学科优势与特色，努力构建青海特色专业化新型智库体系

第一，围绕全省经济社会发展重大理论和现实问题，确定了每年度院级重点、一般课题，这些课题成果被报送至省委省政府相关部门领导案头，为全省的经济社会发展和党委政府决策提供了理论依据和智力支撑。

第二，联合成立了"中国特色社会主义研究中心""青海藏学研究中心""青海丝路研究中心""青海生态环境研究中心""青海宗教关系研究中心""青海人才研究中心"等多个专业化高端智库，不断完善专业化智库体系。2017年，青海省社会科学院入选"中国智库索引"首批来源智库，并被国家推进"一带一路"建设工作领导小组办公室和国家信息中心评选为全国最具影响力的十大地方智库，智库建设效应逐步凸显。

第三，打造具有青海特色的专业化、系列化智库研究报告，先后创办了《青海研究报告》《青海藏区要情》《丝路建设智库要报》《青海生态环境研究要报》《青海民族宗教内参》《舆情信息》等高端智库报告，呈送的163项智库报告获得中央领导同志和省委省政府领导的批示肯定。

第四，努力提升《青海蓝皮书》的社会影响力和学术影响力成效明显。在2015年全国310种系列皮书综合评价中，《青海蓝皮书》在220种地方皮书中位居前列。2016年，《青海蓝皮书》被纳入"中国社会科学院创新工程学术出版项目"标识书目。2017年，《青海蓝皮书》获得全国优秀皮书奖二等奖，一篇研究报告获得"全国皮书优秀报告三等奖"；2018年，《青海蓝皮书》获得全国优秀皮书奖三等奖，这些奖项的获得，充分体现了《青海蓝皮书》在青海经济社会形势评估预测方面的研究水平。在此基础上，青海省社会科学院不断增加皮书家族成员，先后编撰了《西北蓝皮书》《青海生态文明建设蓝皮书》《青海人才发展蓝皮书》，皮书稿件及编撰质量和水平有了新飞跃，研究领域得到了进一步拓展。

第五，科研成果在省内外各类评选中荣获多项奖项。自建院以来，在历年全省哲学社会科学优秀成果评选、全省优秀调研报告评选等各类学术奖项评选中，青海省社会科学院获得各类奖项350项，其中，青海省历届哲学社会科学优秀成果评奖各类奖项256项，中国农业部科技进步奖二等奖1项，全国"五个一"工程入选作品入选奖7项，全国皮书优秀皮书奖

二等奖 1 项、三等奖各 1 项,《青海日报》首届"江源评论"大奖赛理论奖一等奖 1 项,第四届中国藏学研究珠峰奖汉文学术论文类一等奖、三等奖各 1 项,各类学会、研究会等奖项 80 项。

第六,青海省社会科学院主办的《青海社会科学》自创刊以来,坚持理论联系实际,坚持基础研究与应用研究并重,坚持刊发高质量的基础研究和应用研究成果,凸显地域特色和民族特色,刊发文章多次被《新华文摘》《中国社会科学文摘》《中国人民大学学报》等权威学刊转载,是青海屈指可数的中文社会科学引文索引(CSSCI)来源期刊之一。为彰显民族文字撰写的原创性理论研究成果的学术影响力,2017 年,青海省社会科学院创办了《青海社会科学(藏文版)》,得到业内的广泛赞誉和好评。

(四)加强重点特色学科建设,筑牢基础研究根基

建院以来,青海省社会科学院党组着眼青海省情特点,着力加强藏学、民族学、宗教学、生态环境学、循环经济学等重点特色学科建设。积极争取特色学科建设资金为学科建设提供基础保障,并根据时代发展与现代化建设需求进一步调整研究所设置,加强了藏学、民族、宗教、生态等具有青海地方特色学科的研究力量。青海省社会科学院引导和鼓励科研人员积极申报国家社科基金项目和省社科基金项目,围绕重点特色学科建设需要,加强选题引导和立项论证,收到良好效果。截至 2018 年 9 月底,全院科研人员累计承担国家社科基金 86 项、省社科基金项目 110 项,人均立项率在全国地方社科院名列前茅。

(五)深化交流加强合作,不断提升学术影响力

青海省社会科学院坚持开放办院,不断加强与国内高端智库机构的合作交流,进一步拓展和提高了青海省社会科学院的学术影响力。一是加强对外交流合作。先后多次前往中国社会科学院、中国藏学研究中心等国家级智库机构进行走访调研,学习借鉴他们在智库建设、制度建设、人才培养、学科体系等方面的成功做法和先进经验为我所用。二是成功举办"第十八次全国皮书年会""唐蕃古道联合申遗第二次协调工作会议""藏区价值共识与'五个认同'学术研讨会""第十四届西部 12 省(区市)院长联席会议暨习近平生态文明思想与西部绿色发展论坛"等多个高端学术会

议，立足前沿，正面发声，进一步提升了青海省社科院的学术影响力和话语权。三是举办了多场高端学术讲座。先后邀请中国社会科学院等国内知名学府和研究机构的多名专家学者，前来青海省社会科学院作专题系列学术报告，拓展了科研人员的学术视野和研究思路。

四 未来科研工作的设想与展望

（一）着力加强思想建设，深入学习贯彻习近平新时代中国特色社会主义思想

全院上下要进一步深入学习党的十九大和省委十三次党代会精神，在科研工作中切实把握好正确的政治方向和学术导向。要努力在落实意识形态责任制上作表率，在学以致用、与党中央保持高度一致上作表率。要深刻地认识到，新时代中国特色社会主义理论是指导科研工作的准则。要紧密结合实际，紧紧围绕中央的施政方针和省委省政府的治青理政新思路，教育引导科研人员为改革发展贡献才智，为经济社会发展提供高质量的研究成果，为科研工作的顺利开展奠定坚实的思想基础。

（二）构建青海特色专业化智库体系，进一步提升科研核心竞争力

充分发挥"青海丝路研究中心""青海藏学研究中心""青海生态环境研究中心""青海宗教关系研究中心""青海人才研究中心"等专业智库作用，健全和完善专业化智库体系建设。着力打造具有青海特色的专业化系列化智库研究报告，着力提升《青海研究报告》《青海藏区要情》《舆情信息》《青海蓝皮书》等智库系列品牌影响力，充分发挥《青海社会科学》的核心期刊作用，全力打造《青海社会科学（藏文版）》，刊发高质量的原创性学术研究和应用研究成果。

（三）创新科研工作体制机制，坚持激励与约束并重，充分激发科研创新活力

1. 推动科研管理方式转变

紧紧围绕省委省政府的中心工作，探索建立新型智库运行机制，对全

省重大现实问题进行专项调查研究，定期召开应用对策联席会或科研动态分析会，追踪理论最新动态和全省经济社会发展中的重大问题，交流重大调研课题的进展情况和信息，分析和梳理应用对策研究中的热点和难点问题。统筹科研布局，整合科研项目和科研力量，强化课题跟踪研究和横向比较研究，注重选题的连续性和关联性，力求把课题研究透彻，确保课题研究真正见实效、出精品。完善各类课题管理，加强与学术活动、基层调研、学科建设、科研考核等环节的衔接，以科研工作量考核为抓手，激发科研人员工作的主动性、积极性。加强信息化与服务平台建设，提高科研管理与服务的效率。

2. 强化科研成果转化平台建设

积极完善成果转化机制，提高成果转化效率是衡量智库建设成效的评判依据。我们要建立健全与党委政府的联络沟通机制，完善成果报送反馈制度，在继续通过智库报告为党委政府决策提供理论咨询服务的同时，努力打造多渠道的成果转化机制，根据研究成果的不同性质，通过成果发布、理论研讨、专题论证、学术报告、科普活动、媒介宣传等不同形式对外传播，拓宽转化渠道，确保研究成果能够应用于经济社会发展实践，不断扩大智库品牌效应。

3. 完善科研成果评价机制

建立和完善科学、有效、合理的科研成果评价机制，为推进新型智库建设提供正能量导向。进一步探索统筹基础研究和应用对策研究的成果评价办法，积极营造人尽其才、物尽其用的评价机制。在认真总结经验的基础上，把在多年科研工作中积累起来的一些比较成熟的措施和办法，以文件、规定、管理办法等形式加以规范，进一步完善科研激励政策，为推动理论创新和实践创新提供坚实的制度保障。

4. 优化学科布局和建设

努力瞄准学术发展前沿，紧密结合青海实际，在总结重点学科建设经验的基础上，进一步整合学科资源，优化学科布局，培育新的增长点，发展特色学科和优长学科，加大新兴、交叉学科扶持力度。进一步规范学科管理，增强规划性，使之形成重点突出、特色鲜明、结构合理的学科体系，形成智库建设的强劲合力；进一步建设学术梯队，加大学术领军人物和学科带头人扶持力度，加大青年科研人员培养力度，以学科建设带动研究方向，彰显学术特色和优势。

5. 注重人才队伍建设

首先，大力加强中青年人才能力培养，不断创新培养方式，丰富培养载体，为中青年人才创造尽可能多的便利条件和发展空间，鼓励他们攻读学位、更新知识结构，在出国境培训交流、开展合作研究、到高端研究机构和一流高校做访问学者、到地方党委政府挂职锻炼等方面予以适当倾斜，给他们交任务、压担子，为中青年人才脱颖而出营造良好的成长环境。

其次，依托重点学科、重点项目加强人才队伍建设，积极引进拔尖人才、紧缺人才和后备人才，以提高创新能力和研究水平为核心，加快培养和选拔学术领军人物和学科带头人，以人才强院为指导，提升青海省社会科学院的科研实力和核心竞争力。

最后，着力培育优秀的管理人才，社科院不仅要培养优秀的科研人才还要培养优秀的管理人才；社科院不仅要出一流的专家学者，还要出优秀的管理干部。要结合新型智库建设，注重管理人才的培养，建立后备人才培养机制，加大优秀年轻干部选拔和后备干部队伍建设力度，把管理贯穿于全院各项工作中，以科学高效的管理推动各项工作。

（四）持续加大开放办院力度，不断开辟学术交流渠道

开放办院是青海省社会科学院一直坚持的办院方针，面对社会的发展与时代的要求，青海省社会科学院将积极开辟学术交流渠道，拓展学术交流平台，进一步加强与国内高端智库和知名高校的交流合作，进一步加强与国外智库、高校、研究机构的联系协作，努力提升青海省社会科学院智库研究水平，拓展科研人员的学术视野，提升学术话语权。

第五章 历年科研成果及奖项统计

一 建院以来科研成果汇总统计表

第一类

单位：种，篇，万字

专著		论文		调研报告		合计
种数	字数	篇数	字数	篇数	字数	
223	3691.99	3366	2086.3	940	1604.01	7382.3

第三类

单位：种，万字

资料性汇编		合计
种数	字数	
87	1851.86	1851.86

第二类

单位：种，篇，万字

普及读物		教材		古籍整理		译著		工具书	
种数	字数	种数	字数	种数	字数	种数	字数	种数	字数
7	35.82	26	231.1	21	301.8	23	297.08	12	652.4

综述		辞条		译文		其他		合计
篇数	字数	条数	字数	篇数	字数	种数	字数	
64	40.82	0	59.07	111	206.61	309	214.24	2038.94

二 历年出版的著作（丛书）类成果一览表

序号	成果名称	出版单位	出版时间	作者
1	塔尔寺概览	青海民族出版社	1987年7月	陈庆英 马林 马连龙 谢热
2	藏族部落制度研究	中国藏学出版社	1991年6月	陈庆英 马林 谢热

续表

序号	成果名称	出版单位	出版时间	作者
3	中国藏族部落	中国藏学出版社	1991年12月	陈庆英 马林 谢热
4	藏族古代教育史略	青海人民出版社	1995年1月	谢佐
5	《格萨尔》与藏部落	青海民族出版社	1995年12月	何峰
6	南凉国志	黄山出版社	1996年6月	姚从哲
7	中国计划生育工作全书	中国人口出版社	1996年8月	马连龙
8	中国国情丛书——湟中卷	中国大百科全书出版社	1996年10月	王恒生
9	格学散论	甘肃民族出版社	1996年12月	赵秉理
10	藏传佛教与藏族社会	青海人民出版社	1997年9月	穆兴天
11	青海财源建设研究	青海人民出版社	1997年12月	刘忠
12	佛学基础原理	甘肃民族出版社	1997年12月	桑杰端智
13	青海经济史·古代卷	青海人民出版社	1997年12月	崔永红
14	加速少数民族地区经济社会发展研究	青海人民出版社	1998年4月	刘忠
15	宁玛派概论	青海人民出版社	1998年5月	蒲文成
16	青海藏传佛教史	青海人民出版社	1998年8月	蒲文成
17	青海百科全书	大百科全书出版社	1998年8月	青海省社会科学院课题组
18	中国改革开放二十年的理论与实践·青海卷	中国大百科全书出版社	1998年10月	陈国建 翟松天 余中水
19	土族史	青海人民出版社	1998年10月	吕建福
20	青海经济史·近代卷	青海人民出版社	1998年10月	翟松天
21	《格萨尔学集成》第五卷	甘肃人民出版社	1998年11月	赵秉理（主编）
22	走进毒品王国	陕西人民出版社	1998年12月	朱玉坤
23	青海通史	青海人民出版社	1999年9月	崔永红 张生寅 刘景华 邓慧君
24	青海社会科学志	青海人民出版社	1999年11月	王昱（主编） 李嘉善（主编）
25	果洛地区藏族婚姻家庭研究	青海人民出版社	2000年8月	邢海宁
26	藏族社会制度研究	青海民族出版社	2000年11月	马连龙
27	青海省志建置沿革志	青海人民出版社	2000年12月	王昱（主编）
28	2000年青海经济蓝皮书	青海人民出版社	2000年12月	翟松天（主编） 王恒生（主编）
29	青海省志·大事记	青海人民出版社	2001年9月	崔永红

续表

序号	成果名称	出版单位	出版时间	作者
30	青海近代社会史	青海人民出版社	2001 年 10 月	邓慧君
31	2001 年青海社会蓝皮书	青海人民出版社	2001 年 12 月	景晖（主编）
32	2001 年青海经济蓝皮书	青海人民出版社	2001 年 12 月	翟松天（主编）王恒生（主编）
33	藏族宗教学概论（藏文）	甘肃民族出版社	2002 年 4 月	桑杰端智
34	西部大开发与民族地区可持续发展	青海人民出版社	2002 年 7 月	刘忠
35	2002 年青海社会蓝皮书	青海人民出版社	2002 年 12 月	景晖（主编）
36	2002 年青海经济蓝皮书	青海人民出版社	2002 年 12 月	翟松天（主编）王恒生（主编）
37	2003 年青海社会蓝皮书	青海人民出版社	2003 年 12 月	景晖（主编）
38	2003 年青海经济蓝皮书	青海人民出版社	2003 年 12 月	翟松天（主编）王恒生（主编）
39	青海研究报告·第一辑	青海省社会科学院	2003 年 12 月	景晖（主编）王昱（副主编）
40	情系三川	云南人民出版社	2003 年 12 月	刘成明
41	青海经济史·当代卷	青海人民出版社	2004 年 1 月	翟松天
42	藏族妇女文论	青海人民出版社	2004 年 6 月	拉毛措
43	关注民族"生态家园"的安全	青海人民出版社	2004 年 6 月	朱玉坤　鲁顺元
44	南凉故事	青海人民出版社	2004 年 7 月	崔永红
45	土官与土司	青海人民出版社	2004 年 7 月	崔永红
46	草原王国吐谷浑	青海人民出版社	2004 年 7 月	胡芳　崔永红
47	唐蕃青海之争	青海人民出版社	2004 年 7 月	解占录
48	西羌觅踪	青海人民出版社	2004 年 7 月	张生寅
49	省外民青海固定资产投资研究	青海人民出版社	2004 年 8 月	徐建龙
50	锂资源的开发利用	青海人民出版社	2004 年 10 月	冀康平
51	2004 年青海社会蓝皮书	青海人民出版社	2004 年 12 月	景晖（主编）
52	2004 年青海经济蓝皮书	青海人民出版社	2004 年 12 月	翟松天（主编）王恒生（主编）
53	青海研究报告·第二辑	青海省社会科学院	2005 年 3 月	景晖（主编）王昱（副主编）
54	传统与变迁——藏族传统文化的历史演进及其现代化变迁模式	甘肃民族出版社	2005 年 7 月	谢热

续表

序号	成果名称	出版单位	出版时间	作者
55	青海工业发展路径选择	青海人民出版社	2005年8月	詹红岩
56	历史的神奇与神奇的历史	青海人民出版社	2005年11月	马林
57	古战场巡礼	青海人民出版社	2005年12月	崔永红
58	商贸互市	青海人民出版社	2005年12月	崔永红　张生寅
59	西海蒙古	青海人民出版社	2005年12月	刘景华
60	历辈达赖喇嘛生平形象历史	中国藏学出版社	2005年12月	马林
61	2005～2006年青海蓝皮书	青海人民出版社	2005年12月	景晖　王昱　崔永红
62	青海研究报告·第三辑	青海省社会科学院	2006年3月	景晖（主编）王昱（副主编）
63	藏密溯源——藏传佛教宁玛派	青海民族出版社	2006年8月	参看加（合作）
64	青藏高原生态替叠与趋导	青海人民出版社	2006年9月	景晖　丁忠兵
65	进言·第一辑	青海省社会科学院	2006年9月	景晖（主编）
66	2006～2007年青海蓝皮书	青海人民出版社	2007年1月	景晖（主编）崔永红（主编）孙发平（主编）
67	青海研究报告·第四辑	青海省社会科学院	2007年3月	景晖（主编）崔永红（副主编）孙发平（副主编）
68	两河之聚——文明激荡的河湟回民社会交往	甘肃民族出版社	2007年4月	马进虎
69	青海物流发展研究	青海人民出版社	2007年8月	刘傲洋
70	进言·第二辑	青海省社会科学院	2007年12月	景晖（主编）崔永红（主编）
71	古道驿传	青海人民出版社	2007年12月	毕艳君　崔永红
72	生态战略思考	青海人民出版社	2007年12月	景晖　崔永红　孙发平
73	2007～2008年青海蓝皮书	青海人民出版社	2008年1月	景晖（主编）崔永红（主编）孙发平（主编）
74	青海研究报告·第五辑	青海省社会科学院	2008年4月	孙发平（主编）崔永红（副主编）

续表

序号	成果名称	出版单位	出版时间	作者
75	"聚宝盆"中崛起的工业	社会科学文献出版社	2008年5月	马生林 刘景华
76	循环经济的理论与实践——以柴达木循环经济试验区为例	青海人民出版社	2008年6月	孙发平 冀康平 张继宗
77	中国藏区反贫困战略研究	甘肃民族出版社	2008年6月	苏海红 杜青华
78	青海民间文化新探	民族出版社	2008年7月	鄂崇荣（合作）
79	文化的嬗变与价值选择	甘肃民族出版社	2008年8月	桑杰端智
80	探索规律 科学发展——青海社科院纪念改革开放30年论文集	青海人民出版社	2008年9月	赵宗福 淡小宁 崔永红 孙发平
81	青海省社会科学院建院30年纪念文集	青海人民出版社	2008年10月	张伟（主编） 徐明（主编）
82	青海省志索引	青海人民出版社	2008年10月	王昱（主编）
83	青海生态经济建设研究	青海人民出版社	2008年11月	顾延生
84	明代以来黄河上游地区生态环境与社会变迁史研究	青海人民出版社	2008年11月	崔永红 张生寅
85	角厮部落发展志	甘肃民族出版社	2008年11月	才项多杰
86	土族民间信仰解读	甘肃民族出版社	2008年12月	鄂崇荣
87	青海历史文化与旅游开发	青海人民出版社	2008年12月	王昱 解占录 胡芳 毕艳君 刘景华
88	中国三江源区生态价值及补偿机制研究	中国环境科学出版社	2008年12月	孙发平 曾宪刚 苏海红 穆兴天 刘亚州
89	青海转变经济发展方式研究	青海人民出版社	2008年12月	孙发平（主编） 张伟（主编）
90	2008~2009年青海蓝皮书	青海人民出版社	2009年1月	赵宗福（主编） 崔永红（副主编） 孙发平（副主编）
91	青海回族史	民族出版社	2009年2月	马文慧（合作）
92	青海研究报告·第六辑	青海省社会科学院	2009年3月	孙发平（主编） 崔永红（主编）

续表

序号	成果名称	出版单位	出版时间	作者
93	2009~2010年青海蓝皮书	青海人民出版社	2009年4月	赵宗福（主编）崔永红（副主编）孙发平（副主编）
94	青海伊斯兰教	宗教文化出版社	2009年6月	马文慧（合作）
95	青海民营经济研究	甘肃人民出版社	2009年9月	丁忠兵
96	青海研究报告·第七辑	青海省社会科学院	2010年1月	赵宗福（主编）孙发平（主编）
97	青海非物质文化遗产丛书（共10册）	青海人民出版社	2010年1月	赵宗福（主编）
98	2010~2011年青海蓝皮书	青海人民出版社	2010年5月	赵宗福（主编）孙发平（副主编）苏海红（副主编）
99	村落·信仰·仪式——河湟流域藏族民间信仰文化研究	社会科学文献出版社	2010年8月	谢热
100	科学发展与西部和谐社会建设	青海人民出版社	2010年10月	孙发平（主编）拉毛措（副主编）马勇进（副主编）张前（副主编）
101	河湟回族历史与文化	青海人民出版社	2010年12月	马文慧（合作）
102	青海工业化道路的探索与实践	青海人民出版社	2010年12月	詹红岩
103	三川土族纳顿节	青海人民出版社	2010年12月	胡芳
104	青海世居少数民族公民法律素质调查与研究	青海人民出版社	2010年12月	张立群　高永宏　娄海玲　张继宗
105	阿旺·班玛诺布活佛传	甘肃民族出版社	2011年2月	才项多杰（合作）
106	青藏高原生态变迁	社会科学文献出版社	2011年5月	马生林
107	青海研究报告·第八辑	青海省社会科学院	2011年6月	赵宗福（主编）孙发平（主编）
108	决策视野·2010	青海省社会科学院	2011年6月	赵宗福（主编）
109	国家与社会关系视野下的明清河湟土司与区域社会	宁夏人民出版社	2011年9月	张生寅
110	土族撒拉族人口发展与问题研究	甘肃人民出版社	2011年9月	刘成明

续表

序号	成果名称	出版单位	出版时间	作者
111	2011~2012年青海蓝皮书	青海人民出版社	2012年4月	赵宗福（主编） 孙发平（副主编） 苏海红（副主编）
112	青海研究报告·第九辑	青海省社会科学院	2012年4月	赵宗福（主编） 孙发平（副主编） 苏海红（副主编）
113	人口新论	社科文献出版社	2012年4月	张伟
114	2012年青海蓝皮书	社科文献出版社	2012年4月	赵宗福（主编） 孙发平（副主编） 苏海红（副主编）
115	中华民族全书·中国土族	黄河出版集团宁夏人民出版社	2012年6月	张生寅　胡芳 杨军　解占录 毕艳君
116	青海多元民俗文化圈研究	中国社会科学出版社	2012年12月	赵宗福
117	"四个发展"：青海省科学发展模式创新——基于科学发展评估的实证研究	社科文献出版社	2012年12月	孙发平　刘傲洋
118	2013年青海蓝皮书	社科文献出版社	2013年2月	赵宗福（主编） 孙发平（副主编） 苏海红（副主编）
119	中国藏传佛教寺院大事·青海藏传佛教寺院	甘肃民族出版社	2013年10月	蒲文成　张生寅 刘成明　马学贤 解占录
120	中国节日志·春节（青海卷）	光明日报出版社	2014年1月	赵宗福　胡芳 旦正加　张筠 鄂崇荣等
121	青海研究报告·第十辑	青海省社会科学院	2014年2月	赵宗福（主编） 孙发平（副主编） 苏海红（副主编）
122	青海历史	民族出版社	2014年2月	张生寅（合作）
123	决策视野·2011~2013	青海省社会科学院	2014年3月	赵宗福（主编）
124	2014年青海蓝皮书	社科文献出版社	2014年4月	赵宗福（主编） 孙发平（副主编） 苏海红（副主编）

续表

序号	成果名称	出版单位	出版时间	作者
125	2015年青海蓝皮书	社科文献出版社	2014年12月	赵宗福（主编） 孙发平（副主编） 苏海红（副主编）
126	青海研究报告·第十一辑	青海省社会科学院	2015年2月	赵宗福（主编） 孙发平（副主编） 苏海红（副主编）
127	青海研究报告·第十二辑	青海省社会科学院	2015年6月	赵宗福（主编） 孙发平（副主编） 苏海红（副主编）
128	藏密医术（藏文）	民族出版社	2015年12月	益西卓玛（合作）
129	2016年青海蓝皮书	社科文献出版社	2015年12月	陈玮（主编） 孙发平（副主编） 苏海红（副主编）
130	青海民间信仰——以多民族文化为视角	中国社会科学出版社	2016年3月	鄂崇荣 毕艳君 杨军 韩得福 吉乎林
131	中国节日志·土族青苗会	光明日报出版社	2016年7月	赵宗福 胡芳 鄂崇荣等
132	青海建设国家循环经济发展先行区读本	青海人民出版社出版	2016年9月	孙发平 苏海红 冀康平 杜青华 张继宗等
133	青海建设国家生态文明先行区读本	青海人民出版社出版	2016年9月	苏海红 毛江晖 李婧梅 甘晓莹
134	青海建设民族团结进步先行区读本	青海人民出版社出版	2016年9月	赵宗福 鄂崇荣 解占录 李卫青 毕艳君等
135	青海研究报告·第十三辑	青海省社会科学院	2016年10月	陈玮（主编） 孙发平（副主编） 苏海红（副主编）
136	青海生态文明建设蓝皮书	社科文献出版社	2016年12月	陈玮（副主编）
137	2017年青海蓝皮书	社科文献出版社	2016年12月	陈玮（主编） 孙发平（副主编） 苏海红（副主编）

续表

序号	成果名称	出版单位	出版时间	作者
138	青海省社会科学院智库报告·2016年合辑	青海省社会科学院	2017年1月	陈玮（主编）孙发平（副主编）苏海红（副主编）
139	元代以来藏传佛教寺院管理研究	青海人民出版社	2017年2月	张生寅
140	吐谷浑史话（柴达木认知读本）	中国文史出版社	2017年3月	胡芳　崔永红
141	柴达木民族史简稿（柴达木文史丛书）	中国文史出版社	2017年3月	崔永红
142	土族社会发展现状调查研究	中国社会科学出版社	2017年9月	胡芳
143	2017年青海人才发展报告	社科文献出版社	2017年9月	陈玮（执行主编）
144	西藏通史·宋代卷	中国藏学出版社	2017年11月	马学贤　桑杰端智等
145	2018年青海蓝皮书	社科文献出版社	2018年1月	陈玮（主编）孙发平（副主编）马起雄（副主编）
146	青海省社会科学院智库报告·2017年合辑	青海省社会科学院	2018年3月	陈玮（主编）孙发平（副主编）
147	丝绸之路青海道志	青海民族出版社	2018年8月	崔永红　毕艳君　张生寅
148	民族团结进步示范州创建路径探索	社科文献出版社	2018年10月	陈玮　鄂崇荣　张生寅　高永宏　参看加　张筠

三　历年承担的国家社会科学基金项目

序号	课题名称	成果形式	立项时间	完成时间	课题负责人及成员
1	藏族部落制度研究	专著	1987	1989	陈庆英　谢热　马林
2	中国藏族部落	专著	1987	1989	陈庆英　马林　谢热
3	藏族地区社会历史及佛教寺院调查研究	专著	1987	1990	陈庆英　蒲文成

续表

序号	课题名称	成果形式	立项时间	完成时间	课题负责人及成员
4	中国国情丛书——百县市经济社会调查·格尔木卷	专著	1989	1992	王恒生
5	青海少数民族	专著	1989	1995	穆兴天
6	中国国情丛书——百县市经济社会调查·湟中卷	专著	1991	1996	王恒生
7	藏传佛教与藏族社会	专著	1991	1997	穆兴天
8	五世达赖传	专著	1991	1996	马林
9	藏传佛教宁玛派概论	专著	1992	1996	蒲文成
10	三世达赖传	专著	1992	1996	马连龙
11	加速少数民族和民族地区经济环境的研究	专著	1996	1998	刘忠
12	高耗电工业西移对青海经济环境的影响	专著	1997	1999	翟松天
13	藏族生态文化	专著	1999	2005	何峰 谢热
14	青藏高原地区环境破坏性生存的替代战略研究	研究报告	2000	2002	朱玉坤
15	江河源区相对集中人口保护生态环境	研究报告	2000	2001	穆兴天
16	青藏高原经济可持续发展战略研究	专著	2000	2003	蒲文成
17	青藏铁路沿线藏区人文环境评估	研究报告	2001	2002	马林
18	西部大开发与青海少数民族优势产业研究	研究报告	2001	2002	王恒生
19	西部大开发与民族地区可持续发展研究	研究报告	2001	2002	刘忠
20	青藏高原生态史（青藏高原生态替叠及其趋导）	专著	2002	2004	景晖
21	青海湖区生态环境综合治理对策研究	专著	2002	2002	马生林 刘景华
22	历代达赖喇嘛与中央政府关系研究	专著	2002	2007	马连龙
23	藏族妇女问题研究	专著	2002	2007	拉毛措
24	近百年来柴达木盆地的开发与生态环境变迁研究	研究报告	2003	2005	王昱
25	对中国藏区国家级贫困县的调查研究及对策建议	专著	2004	2008	翟松天
26	明代以来黄河上游地区生态环境与社会变迁史研究	专著	2004	2008	崔永红

续表

序号	课题名称	成果形式	立项时间	完成时间	课题负责人及成员
27	青海省国债项目建设、运营和偿债研究	研究报告	2004	2007	徐建龙
28	青藏地区藏族和回族经济发展问题研究	研究报告	2004	2005	马生林 刘景华
29	循环经济研究：柴达木矿产资源开发的模式转换	研究报告	2005	2007	冀康平 张继宗
30	民族自治地区改善政府公共服务体系研究——以青海民族自治地区为例	专著	2005	2007	张伟
31	西部少数民族地区和谐社会法制构建研究	专著	2005	2009	张立群
32	青藏地区"汉藏走廊"的形成及经济社会发展问题研究	研究报告	2005	2007	刘景华
33	中国西部城镇化发展模式研究	研究报告	2005	2009	苏海红
34	青海历史文化的内涵及其在现代旅游中的开发利用研究	研究报告	2006	2008	王昱
35	民族自治地方经济增长方式转变研究	研究报告	2006	2008	王恒生
36	元明清时期藏传佛教与国家政治及各级政权政教关系的历史与特点研究	专著	2007	2008	马林
37	青藏高原藏文化圈当代演化与和谐民族关系构建	研究报告	2007	2011	鲁顺元
38	元代以来藏传佛教寺院管理研究	专著	2009	2015	张生寅
39	藏族文化生态与法律运行的适应性研究	研究报告	2009	2013	张继宗
40	青海、西藏牧区改革发展研究	研究报告	2009	2013	丁忠兵
41	多元文化背景下多民族民间信仰互动共享与变迁研究——以青海地区为例	专著	2009	2015	鄂崇荣 吉乎林 韩得福 杨军 毕艳君
42	青藏地区经济一体化发展研究	专著	2009	2010	马生林 马桂花
43	青海多民族族群的历史记忆与重构——以民间文学为例	研究报告	2009	2015	毕艳君
44	土族社会发展现状调查研究	研究报告	2009	2015	胡芳
45	青藏地区矿产资源开发利益共享机制研究	研究报告	2010	2014	詹红岩

续表

序号	课题名称	成果形式	立项时间	完成时间	课题负责人及成员
46	青藏地区基层宗教组织与社会稳定的社会学研究	研究报告	2010	2017	马文慧
47	我国藏传佛教信教群众的宗教认同与公民身份问题研究	研究报告	2010	2012	谢热 靳艳娥
48	基于生态环境约束的青藏地区转变发展方式实证研究	研究报告	2010	2017	苏海红
49	历辈班禅额尔德尼与中央政府关系研究	专著	2010	2014	马连龙 参看加
50	青藏高原多民族共聚区宗教现状与社会稳定对策研究	研究报告	2010	2014	马学贤
51	《蒙古王统记大论——金册》译注	译著	2010	2017	才项多杰 华青加 马林 益西卓玛 旦正加
52	中国节日志——春节青海卷	专著	2010	2016	赵宗福
53	藏族习惯法与国家法的冲突与调试	研究报告	2011	2018	娄海玲
54	近代撒拉族社会文化变迁研究	专著	2011	终止	韩得福
55	三江源区生态移民生产生活安置效益评估研究	研究报告	2011	2017	孙发平 鲁顺元 杜青华 才项多杰 马震
56	青藏地区加强和创新社会管理研究	研究报告	2011	2018	肖莉
57	"十二五"时期藏区农牧民收入倍增预期研究	研究报告	2011	2014	朱华
58	藏区多元宗教共存历史与现状研究	研究报告	2011	2018	参看加 马文慧
59	青海藏族聚居区基层党组织建设研究	研究报告	2011	2017	唐萍
60	藏传佛教和伊斯兰教文化圈女性价值观比较	研究报告	2012	2018	拉毛措 马文慧 文斌兴 索南努日
61	民族地区农（牧）家书屋管理与发展问题研究	研究报告	2012	2018	王丽莉
62	少数民族地区灾后民生改善研究——以青海玉树州为例	研究报告	2012	2017	顾延生
63	河湟方言文化与民俗学特质研究	专著	2012	2018	张筠
64	青藏地区多元宗教和谐相处关系研究	研究报告	2012	2018	刘景华

续表

序号	课题名称	成果形式	立项时间	完成时间	课题负责人及成员
65	藏传佛教造型艺术的民俗文化学考察	专著	2012	2016	霍福
66	青海蒙古语地名研究	专著	2012	2017	吉乎林
67	藏传佛教宁玛派密咒师历史与现状研究	专著	2012	2018	益西卓玛
68	藏区维护社会稳定的长效法律机制研究	研究报告	2013	在研	高永宏
69	青海藏区生态移民后续产业发展研究	专著	2013	2017	马生林
70	热贡移民社区与传统村落的文化开发保护研究	研究报告	2013	在研	鲁顺元
71	藏区城镇化进程中青年就业问题的调查报告	研究报告	2013	在研	朱学海
72	藏传佛教生死观的历史演进与生命教育的现实意义	专著	2013	2018	罡拉卓玛
73	藏传佛教嘛呢文化的传承与发展研究	专著	2013	2017	旦正加
74	文化认同视角下青海藏区公共文化服务体系建设研究	研究报告	2014	在研	甘晓莹
75	青海历史上的民族文化认同研究	专著	2014	在研	沈玉萍
76	庄子认识论思想与默会认识研究	论文集	2014	在研	王亚波
77	河湟地区伊斯兰教教派发展现状及社会和谐问题研究	专著	2015	在研	马学贤
78	藏传佛教文化在港澳台地区的传播与发展态势研究	研究报告	2015	2018	鄂崇荣 毕艳君 朱奕瑾 于晓陆 益西卓玛 参看加
79	青海抗日战争史研究	专著	2015	在研	崔耀鹏
80	甘青特有民族人口变动研究	研究报告	2015	在研	文斌兴
81	青藏高原城市化发展与生态环境耦合协调发展研究	研究报告	2016	在研	张明霞
82	青海道教与民俗文化研究	专著	2016	在研	李卫青
83	青藏高寒农业山区贫困与生态安全问题研究	研究报告	2016	在研	郭婧
84	青海藏区"河湟文明"的形成与民族和谐研究	专著	2017	2018	马生林 詹红岩

续表

序号	课题名称	成果形式	立项时间	完成时间	课题负责人及成员
85	青海特色民族饮食文化的传承与发展研究	研究报告	2017	在研	于晓陆
86	甘青汉藏边界的"汉式藏传佛教寺院"与"藏式汉传佛教寺院"现状调查及治理	研究报告	2017	在研	靳艳娥

四 历年承担的青海省社科规划项目

序号	课题名称	成果形式	立项时间	完成时间	课题负责人及成员
1	青海经济史（古代卷）	专著	1992	1997	崔永红
2	青海经济史（近代卷）	专著	1992	1997	翟松天
3	回族在青海市场发育中的作用	论文	1992	1994	王恒生
4	格萨尔学集成（第四卷）	编著	1992	1996	赵秉理
5	青海社会科学志	志书	1992	1998	朱世奎
6	社会主义制度下宗教与社会进步	系列论文	1993	1995	拉毛扎西
7	《格萨尔》与藏族部落	专著	1993	1995	何峰
8	建立现代企业制度的基本思路与对策	调研报告	1993	1995	翟松天
9	青海藏传佛教史	专著	1995	1998	蒲文成
10	青海省六州经济发展突破口的选择	调研报告	1995	1996	陈国建
11	西宁市集体企业发展研究	调查报告	1995	1996	王恒生
12	少数民族地区个体私营经济发展研究	研究报告	1995	1996	刘忠
13	玉树藏族社会研究	专著	1995	1998	何峰
14	社会舆情调查	调查报告	1995	1996	朱玉坤
15	东欧与青海省经济体制转轨对比研究	研究报告	1995	1995	翟松天
16	青海第三产业的现状及发展研究	研究报告	1996	1997	李寿德
17	毒品与社会	研究报告	1996	1997	朱玉坤
18	青海通史	专著	1996	1999	崔永红
19	果洛地区藏族婚姻家庭调查研究	专著	1996	1998	邢海宁
20	纪念红军长征胜利60周年文集	编著	1996	1998	王昱
21	青海经济发展与资源持续利用	调查报告	1997	1998	王恒生
22	青海资源开发的回顾与思考	研究报告	1997	1997	陈国建

续表

序号	课题名称	成果形式	立项时间	完成时间	课题负责人及成员
23	青海农牧区民间信仰与两个文明建设	调研报告	1997	1998	李存福　柴丰洪
24	中国藏族宗教信仰与人权	论文	1997	1997	何峰　余中水
25	邓小平民族理论与实践	专著	1998	1999	曲青山
26	青海经济史（当代卷）	专著	1998	1999	翟松天
27	青海近代社会发展研究	专著	1998	2001	邓慧君
28	青海藏族妇女问题研究	专著	1999	2003	拉毛措
29	西宁社区服务发展与下岗再就业研究	调研报告	1999	2000	朱玉坤
30	国家向中西部倾斜政策与青海经济动作状况分析	调研报告	1999	2000	景晖
31	青海草原畜牧业产业化研究	调研报告	1999	2000	陈国建
32	关于源头经济问题研究	调研报告	1999	2000	王恒生
33	青海特色农业发展研究	调研报告	1999	1999	徐建龙
34	青海个体私营经济持续健康发展的研究报告	调研报告	1999	2001	余中水
35	青海开发绿色食品的现状与前景分析	调研报告	2000	2001	余中水　苏海红
36	青海省东部农区退耕还林（草）个案研究	调研报告	2000	2001	王恒生　鄂崇荣
37	影响藏区社会稳定的有关宗教问题调查	研究报告	2000	2000	蒲文成　参看加
38	玛多县生态保护与社会发展对策	研究报告	2000	2001	徐明
39	青海历史文化资源的开发与利用	研究报告	2000	2001	王昱　解占录
40	西部大开发研究资料汇编	资料汇编	2000	2002	梁明芳　张毓卫
41	明清以来人类活动对三江源生态环境的影响	调研报告	2001	2002	景晖
42	农村牧区小城镇建设与农牧民增收问题研究	调研报告	2001	2002	苏海红
43	黑河流域生态环境及沙尘暴问题对策研究	调研报告	2001	2002	马生林　马文慧
44	青藏铁路二期工程对青海省相关产业影响及跟进措施	研究报告	2001	2002	徐建龙
45	中藏药产业的科技开发与管理研究	研究报告	2001	2002	詹红岩
46	青海"法轮功"活动调查及对策研究	调研报告	2001	2002	崔永红
47	青海产业结构调整升级的难点及对策研究	研究报告	2001	2001	张伟

续表

序号	课题名称	成果形式	立项时间	完成时间	课题负责人及成员
48	镜鉴——青海民族工作若干重大历史事件回顾	专著	2001	2007	马万里　景晖　穆兴天
49	藏族传统文化与现代化	专著	2001	2003	谢热
50	构建青海企业信用制度研究	调研报告	2003	2004	余中水
51	青海加快城镇化进程研究	调研报告	2003	2004	张伟
52	青海民族历史文化主要特色研究	研究报告	2003	2004	王昱
53	青海文化产业发展思路研究	调研报告	2003	2004	崔永红
54	青海工业内生性增长因素研究	研究报告	2003	2004	詹红岩
55	青海省资源开发后续项目研究	研究报告	2003	2004	冀康平
56	青海水资源的配置及可持续利用问题研究	研究报告	2004	2004	马生林
57	对青海破产改制企业的调查与分析	研究报告	2005	2006	詹红岩
58	抢救、保护青海目连戏研究	调研报告	2005	2006	徐明
59	青海文献信息资源数字化建设研究	研究报告	2005	2008	张毓卫
60	关于如何构建和谐社区、稳定基层问题研究	研究报告	2005	2006	王昱
61	格尔木盐湖化工产业集群与发展循环经济提升城市竞争力研究	调研报告	2006	2007	孙发平等
62	青海省人口老龄化趋势与发展老龄服务产业问题研究	调研报告	2006	2007	唐萍
63	青海农村劳动力素质与转移研究	调研报告	2006	2008	张生寅
64	藏传佛教在信仰民族未来文化发展中的地位与作用研究	系列论文	2006	2009	谢热
65	三江源区生态补偿机制研究	研究报告	2007	2008	孙发平　穆兴天　苏海红
66	未来五年青海加快转变经济增长方式研究	研究报告	2007	2008	余中水
67	青海生态经济建设研究	专著	2007	2009	顾延生
68	循环经济视角下青海节能降耗的途径和政策研究	研究报告	2007	2009	詹红岩
69	青海少数民族人口与发展问题研究	专著	2007	2010	刘成明
70	树立青海意识　打造青海品牌	研究报告	2007	2007	崔永红　高永宏　刘傲洋　李军海

续表

序号	课题名称	成果形式	立项时间	完成时间	课题负责人及成员
71	青海转变经济发展方式研究	专著	2008	2009	孙发平等
72	文化青海战略研究	研究报告	2008	2010	马进虎
73	青海省新能源开发利用研究	研究报告	2008	2009	朱华
74	青海少数民族非物质文化遗产保护与开发研究	研究报告	2008	2010	鄂崇荣 毕艳君
75	青海省农村劳动力素质与转移研究	研究报告	2008	2008	张生寅
76	文化青海战略研究	研究报告	2008	2010	马进虎
77	青海省新能源开发利用研究	研究报告	2008	2009	朱华
78	青海少数民族非物质文化遗产保护与开发研究	研究报告	2008	2010	鄂崇荣 王文旭 旦正加 毕艳君 韩得福
79	中央支持青海等省藏区经济社会发展政策机遇下青海实现又好又快发展研究（重大招标课题）	研究报告	2009	2010	孙发平 丁忠兵 苏海红 朱华 杜青华 刘傲洋 鄂崇荣 窦国林 张继宗
80	金融危机形势下青海扩大居民消费促增长问题研究	研究报告	2009	2010	杜青华
81	金融危机背景下青海解决就业压力的路径研究	研究报告	2009	2010	高永宏
82	青海省世居少数民族妇女问题研究	专著	2009	2011	拉毛措 马文慧 鲁顺元 索南努日
83	青海省科学发展评估研究（重点项目）	专著	2009	2012	孙发平 刘傲洋
84	青海发展低碳经济研究	研究报告	2010	2011	冀康平
85	政策利好下推动青海物流跨越发展研究	研究报告	2010	2012	刘傲洋
86	青海藏区基层党组织建设与发挥战斗堡垒作用研究	研究报告	2010	2011	唐萍
87	促进青海区域基本公共服务均衡研究	研究报告	2010	2011	肖莉
88	青海加强和创新社会建设与社会管理研究	专著	2011	2012	苏海红
89	青海建设国家循环经济先行区研究	专著	2012	2013	孙发平

续表

序号	课题名称	成果形式	立项时间	完成时间	课题负责人及成员
90	青海建设国家循环经济发展先行区研究（重大招标课题）	研究报告 专著	2012	2014	孙发平　苏海红 杜青华　曲波 丁忠兵　娄海玲 德青措
91	青海省农牧区公共文化服务体系建设研究	专著	2012	2017	毛江晖
92	青海休闲观光农业发展研究	研究报告	2013	2014	丁忠兵
93	民族地区加强"三基"建设研究——以青海省"三基"建设为例	研究报告	2016	2016	张生寅
94	生态文明背景下青海藏区绿色发展水平评价及其路径研究	研究报告	2016	在研	李婧梅
95	"一带一路"视域下青海特色民族饮食文化品牌研究	研究报告	2016	在研	于晓陆
96	19~20世纪初西方人在"丹噶尔"的文本研究	系列论文	2016	在研	靳艳娥
97	"四个扎扎实实"是对党中央治国理政新理念新思想新战略的新发展和新部署（智库重点项目）	研究报告	2017	2018	孙发平　王亚波
98	三江源国家公园体制试点中社区共建问题研究（智库重点项目）	研究报告	2017	2018	苏海红
99	青海三江源地区生态文明建设法治构建研究（智库重点项目）	研究报告	2017	2018	张立群
100	社会流动下的青海藏区婚姻变化情况（智库重点项目）	研究报告	2017	2018	拉毛措　文斌兴 索南努日　旦正加
101	挖掘青海多民族生态伦理研究——推进民族地区生态保护（智库重点项目）	研究报告	2017	2018	鄂崇荣
102	青海实现从人口小省向民族团结进步大省转变问题研究（智库重点项目）	研究报告	2017	2018	陈玮　谢热
103	推进青海农牧区生产生活方式转变研究（智库重点项目）	研究报告	2017	2018	马起雄
104	藏传佛教四大教派在青海的基本情况和影响力研究（特别委托项目）	研究报告	2017	2018	陈玮　谢热

续表

序号	课题名称	成果形式	立项时间	完成时间	课题负责人及成员
105	伊斯兰教在青海的历史沿革和现状研究（特别委托项目）	研究报告	2017	2018	鄂崇荣 陈玮 韩得福 马文慧 马明忠 马学贤
106	青海融入"一带一路"国家战略研究	研究报告	2017	在研	杨军（经）
107	藏族传统生态文化与青海藏区生态文明建设研究	研究报告	2017	在研	朱奕瑾
108	"营改增"税制改革对青海省地方财税收入的影响及对策分析	研究报告	2017	在研	魏珍
109	青海藏区共建共治共享社会治理格局创新研究（智库重点项目）	研究报告	2018	在研	陈玮
110	柴达木蒙古八旗历史变迁与社会现状研究	研究报告	2018	在研	吉乎林

五 历年承担的院级项目

序号	课题名称	成果形式	完成时间	课题负责人及成员
1	塔尔寺概况	专著	1986	陈庆英 谢热
2	塔尔寺碑刻	专著	1986	陈庆英 马林
3	青海藏学研究（一）	论著	1986	陈庆英 蒲文成
4	塔尔寺藏书目录·宗喀巴全集	专著	1986	蒲文成
5	敦煌藏文写卷研究（一）	论著	1986	陈庆英 马林
6	夏琼寺志	译著	1986	马连龙 谢热
7	青海经济发展战略问题研究	论著	1986	王恒生
8	魏晋南北朝青海建置	论文	1986	姚丛哲
9	青海民族宗教问题研究	文集	1986	余中水
10	青海地方史研究	文集	1986	童金怀
11	民族社会学	译著	1986	马尚鳌
12	青海地方志资料类编	专著	1986	王昱 姚丛哲 崔永红 宋秀芳 刘景华 任斌 周新会 谢全堂

第五章　历年科研成果及奖项统计

续表

序号	课题名称	成果形式	完成时间	课题负责人及成员
13	青海经济地理	专著	1986	李高泉
14	青海人论	专著	1987	陈依元
15	格萨尔研究文集（三卷）	编著	1987	赵秉理
16	市场论	专著	1987	钱之翁
17	中国社会主义经济思想史论	专著	1987	王毅武
18	青海回族、撒拉族与商品经济发展	研究报告	1987	卢贺英
19	社会主义工业企业民主管理	专著	1987	于松臣
20	藏族部落制度研究	专著	1987	陈庆英
21	觉囊派通论	专著	1987	蒲文成　拉毛扎西
22	章嘉国师若必多吉传	译著	1987	陈庆英　马林
23	七世达赖喇嘛传	译著	1987	蒲文成
24	历代《格萨尔》研究资料目录索引	资料汇编	1987	赵秉理
25	藏族历代文学作品选	编著	1988	何峰等
26	王佛《佑宁寺》译注	译著	1988	蒲文成
27	教派源流	译著	1988	蒲文成
28	青海扶贫研究	研究报告	1988	李高泉
29	青海简史	专著	1988	王昱等
30	青海猪禽产销趋势及对策	专著	1989	刘康俊
31	青海省矿产资源开发研究	研究报告	1989	翟松天
32	青海经济体制改革中期规划研究	研究报告	1989	翟松天　刘忠
33	青海灾情研究	研究报告	1990	杨昭辉
34	果洛史话	专著	1990	邢海宁
35	青海高原老人	研究报告	1990	卢贺英　胡先来
36	当代中国宗教研究	专著	1990	吕建福
37	青海辞典	工具书	1990	王毅武
38	马步芳在青海1931~1949	译著	1990	崔永红
39	南凉国志	专著	1990	姚丛哲
40	省志人物传（古代部分）	志书	1991	姚丛哲
41	藏族法制史	专著	1991	何峰
42	青海玉树州东三县农业开发研究	调查报告	1991	周生文
43	藏族原始宗教研究	专著	1991	谢热
44	合理调整经济布局加大西部政策开发步伐	调查报告	1992	刘忠

续表

序号	课题名称	成果形式	完成时间	课题负责人及成员
45	经济方法学异论	专著	1992	魏兴
46	科学哲学研究	系列论文	1992	郝宁湘
47	西宁地区防火减害研究	系列论文	1992	朱玉坤
48	新时期毛泽东思想发展研究	专著	1992	王毅武
49	青海生态经济研究	专著	1992	朱世奎
50	玉树东三县农民家庭经济调查	调研报告	1992	周生文
51	青海水产资源开发利用的调查	调研报告	1992	刘康俊
52	青海地区文化变迁问题的研究	系列论文	1992	谢全堂
53	青海省志·大事记	志书	1995	姚丛哲
54	青海省乡镇企业发展研究	调查报告	1995	祝宪民
55	青少年犯罪研究	研究报告	1995	朱玉坤
56	西藏，我可爱的家园	译著	1995	吴长凤
57	青海未来产业结构转换目标	系列论文	1995	李寿德
58	市场经济与道德建设	论文	1995	梁明芳
59	关于伊斯兰教派纠纷问题及对策	论文	1995	马进虎
60	青海建置沿革志	志书	1995	王昱
61	原始信仰对藏区两个文明建设的影响	专著	1995	谢热
62	青海藏族社会制度史	系列论文	1995	拉毛措
63	青海资源开发研究的阶段总结与尚需深入研究的重大问题	调研报告	1996	陈国建
64	当代社会科学的发展趋势和社会科学价值观问题的探讨	系列论文	1996	李嘉善
65	青海农村科技进步与经济结构调整问题	调研报告	1996	苏海红
66	平安县发展个体私营经济的调查	调研报告	1996	秦伟国　杨辫辫
67	回族教育面临的若干问题的调查思考	调研报告	1996	马进虎
68	佛学基础原理	专著	1996	桑杰端智
69	西部贫困地区人力资源开发研究	调研报告	1996	杨辫辫
70	青海非农产业发展对农业的影响	调研报告	1996	苏海红
71	蹒跚而行的山区教育	调研报告	1996	鲁顺元
72	土族文学初探	论文	1996	胡芳
73	土族史	专著	1996	吕建福
74	青海个体经济发展之路	调研报告	1996	张永胜

续表

序号	课题名称	成果形式	完成时间	课题负责人及成员
75	青海私营企业大户发展经验调查	调研报告	1997	张永胜　马文慧　娄海玲
76	青海城乡、牧区少数民族家庭教育调查	调研报告	1997	刘光权　刘成明
77	青海近代各民族物质生活的演变	系列论文	1997	邓慧君
78	社会环境与青少年犯罪	调研报告	1997	郝宁湘　刘成明
79	从抗洪抢险看中华民族精神	论文	1998	曲青山
80	西宁市早市的兴起与发展	调研报告	1998	徐建龙
81	青海牦牛产业链研究	调研报告	1998	王恒生
82	西宁市社区服务调查	调研报告	1998	朱玉坤
83	青海农村基层社会组织问题研究	调研报告	1998	鲁顺元
84	论邓小平理论与民族地区的改革	论文	1999	穆兴天
85	青海省50年民族工作的回顾	论文	1999	鲁顺元
86	全省民族文化遗产挖掘、保护成就显著	论文	1999	鲁顺元
87	五四以来青海青年的爱国情怀	论文	1999	张生寅
88	努力创造无愧时代的业绩	论文	1999	张永胜
89	五四运动的历史启迪	论文	1999	曲青山
90	玉树藏族自治州民族工作调研报告	调研报告	1999	穆兴天
91	邓小平新时期统一战线理论的时代特征	论文	1999	蒲文成
92	藏传佛教信教群众经济负担状况及对策	调研报告	1999	穆兴天
93	加强对宗教界人士的培养教育问题	调研报告	1999	刘景华
94	境外宗教渗透的源流堵截	调研报告	1999	马进虎
95	培养高素质的少数民族干部队伍	论文	1999	谢热
96	青海省社会生活多元化负责影响的调研报告	调研报告	1999	朱玉坤
97	西宁地区部分企业职工对贯彻四中全会决定的反映和建议	调研报告	1999	翟松天　王恒生　徐建龙
98	关于青海利益主体多样化情况调查	调研报告	1999	翟松天　王恒生　徐建龙
99	重视培养宗教界新一代代表人物	调研报告	1999	谢热
100	加快西宁地区开发的几点建议	论文	1999	翟松天
101	下岗职工为何不愿进"再就业服务中心"	调查报告	1999	朱玉坤　柳之茂
102	西部大开发战略中的青海旅游业	研究报告	1999	曲青山　鲁顺元
103	关于我省产业结构调整中几个问题的建议	研究报告	2002	张伟

续表

序号	课题名称	成果形式	完成时间	课题负责人及成员
104	当前青海省非公有制经济发展中亟须解决的几个问题	研究报告	2002	翟松天 苏海红
105	如何将青海畜牧业培养成大产业	研究报告	2002	王恒生
106	关于建设"水产业链"的几点建议	研究报告	2002	马生林
107	江河源区相对集中人口与生态环境保护治理	研究报告	2002	穆兴天
108	关于加快发展牧区义务教育的几点建议	研究报告	2002	马连龙
109	青海民族宗教管理工作的现状分析	研究报告	2002	蒲文成
110	做好新时期民族区域自治工作的思考	研究报告	2002	谢热
111	《青海经济史·当代卷》（1949~2000年）	专著	2002	翟松天 崔永红
112	大力培育和促进青海文化产业的发展	研究报告	2003	崔永红
113	关于青海省水资源利用问题的思考	研究报告	2003	马生林 马文慧
114	关于进一步优化西宁地区产业结构的思考	研究报告	2003	张伟
115	中清以来人类活动对三江源区生态环境的影响	研究报告	2003	景晖 徐建龙
116	青海农畜地产品市场占有状况调查报告	研究报告	2003	苏海红 李军海
117	省外在青投资分析	研究报告	2004	徐建龙
118	新型工业化与青海省矿产资源开发的技术选择	研究报告	2004	冀康平
119	对青海工业园区后续发展的思考与建议	研究报告	2004	丁忠兵 杜青华
120	青南牧区走联合经营之路的思考	研究报告	2004	景晖 穆兴天
121	青海省退牧还草工作中存在的问题	研究报告	2004	任内
122	青海省宗教方面的突出问题及对策建议	研究报告	2004	景晖 王昱 穆兴天 刘景华
123	关于建立民族团结进步创建活动长效机制的建议	研究报告	2004	拉毛措 马文慧
124	近十年来青海藏与回、撒拉等民族关系态势研究	研究报告	2004	穆兴天
125	应关注新一代宗教界代表人士的培养	研究报告	2004	参看加 景晖
126	进一步完善青海省新型农村合作医疗制度的几点建议	研究报告	2004	张继宗
127	建议把郁金香花定为青海省"省花"	研究报告	2004	王昱
128	西宁的历史文化特色与旅游亮点	研究报告	2004	王昱

续表

序号	课题名称	成果形式	完成时间	课题负责人及成员
129	对近百年开发柴达木的历史回顾反思	研究报告	2004	王昱　鲁顺元　解占录
130	三江源生态移民后续生产生活问题研究	研究报告	2005	景晖　苏海红
131	加快农牧产业化发展的路径研究	研究报告	2005	苏海红
132	青海省"十一五"时期经济社会发展阶段和发展战略研究	研究报告	2005	院课题组
133	解决青海"三农"问题有待于产业化龙头企业的发展	研究报告	2005	王恒生　詹红岩
134	青海城乡统筹发展思路	研究报告	2005	刘傲洋　景晖
135	青海省物流现代化路径模式与对策研究	研究报告	2005	刘傲洋
136	大力开发青海燕麦资源的建议	研究报告	2005	翟松天　杜青华
137	目前青海信用市场研究	研究报告	2005	苏海红
138	求解青海乡镇财政困境	研究报告	2005	李军海
139	青海省个体私营企业社会保险体系建设的现状、问题与对策	研究报告	2005	高永宏
140	对妥善解决青海省群体性事件的思考	研究报告	2005	张立群
141	关于青海城镇弱势群体问题研究	研究报告	2005	拉毛措
142	农牧区基层党组织建设的调查与思考	研究报告	2005	唐萍
143	重视和谐民族关系的构建	研究报告	2005	穆兴天
144	民族旅游开发中存在的问题及对策性个案研究	研究报告	2005	鄂崇荣
145	青海苯教文化资源及其开发建议	研究报告	2005	参看加
146	两河之聚——文明激荡的河湟回民社会交往	专著	2005	马进虎
147	关于扩大消费需求拉动青海经济增长的建议	研究报告	2006	徐建龙　杜青华
148	青海劳务经济现状分析与对策研究	研究报告	2006	崔永红　张生寅　解占录
149	黄河上游梯级电站水域资源综合开发利用构想	研究报告	2006	谢热
150	加强和改进青海省未成年人思想道德建设的若干思考及建议	研究报告	2006	肖莉　拉毛措
151	青海农民工进城问题研究	研究报告	2006	张立群　高永宏　娄海玲　张继宗

续表

序号	课题名称	成果形式	完成时间	课题负责人及成员
152	青海农民工进城问题研究	研究报告	2006	张伟
153	青海省职业技术教育的现状分析及几点建议	研究报告	2006	肖莉 景晖
154	增强青海经济活力问题研究	研究报告	2006	孙发平等
155	关于重视贫困村新农村建设的几点思考	研究报告	2006	翟松天 杜青华
156	提高资源利用效率的对策研究	研究报告	2006	王恒生
157	增强全省自主创新能力的问题研究	研究报告	2006	徐建龙
158	三江源生态补偿机制研究	研究报告	2006	景晖 翟松天 穆兴天 苏海红 杜青华
159	青海民族民间文化资源开发之思考	研究报告	2006	王昱 毕艳君 刘景华 马生林
160	"后达赖时期"青海省反分裂反渗透斗争的特点及策略研究	研究报告	2006	马林
161	柴达木试验区发展循环经济解读	研究报告	2006	冀康平
162	青海省非物质文化遗产保护研究	研究报告	2007	胡芳 霍福
163	柴达木循环经济的地方立法问题研究	研究报告	2007	张立群 张继宗 娄ική玲 高永宏
164	青海省藏区公民非法出入境问题研究	研究报告	2007	穆兴天 拉毛措 参看加 桑杰端智
165	近年来境外非政府组织在青海藏区活动情况调查	研究报告	2007	马林
166	对青海未来五年青海经济社会又好又快发展的思考和建议	研究报告	2007	景晖 孙发平等
167	青海省节能降耗对策研究	研究报告	2007	冀康平
168	冬虫夏草资源开发管理的理性思考与对策	研究报告	2007	孙发平 鲁顺元 杜青华
169	做大做强青海藏毯产业的思考与建议	研究报告	2007	詹红岩 丁忠兵 刘傲洋
170	青海文化产业构建研究	研究报告	2007	马进虎 胡芳 毕艳君 杨军
171	构建和谐青海的历史借鉴与启示	研究报告	2007	崔永红 张生寅 杨军

续表

序号	课题名称	成果形式	完成时间	课题负责人及成员
172	破解三江源区生态移民群体社会适应问题的建议	研究报告	2007	鲁顺元
173	关于青海社会工作人才队伍建设的对策建议	研究报告	2007	肖莉
174	青海各阶层社会分析	研究报告	2007	孙发平　拉毛措
175	解决青海民族矛盾、冲突的经验教训与对策建议	研究报告	2007	穆兴天
176	三江源地区发展生态旅游的路径选择与保障措施研究	研究报告	2007	鄂崇荣　孙发平　毕艳君　桑杰端智
177	青海非物质文化遗产保护与开发研究——以土族、撒拉族为例	研究报告	2007	鄂崇荣　刘景华　毕艳君
178	打造青海节庆文化品牌的思考与建议	研究报告	2007	王昱　毕艳君等
179	加快发展以西宁为中心的东部综合经济区的思考与建议	研究报告	2007	马生林
180	青海吸收和利用国际直接投资问题研究	研究报告	2007	杜青华
181	自然力的开发利用与三江源区经济发展方式转变	研究报告	2007	王恒生
182	青海地方国有资本经营收益管理问题研究	研究报告	2007	李军海　穆兴天
183	扭转青海第三产业增加值比重下降的对策建议	研究报告	2007	苏海红　刘傲洋
184	关于解决城市流浪乞讨人员问题的建议	研究报告	2007	张伟
185	青海省开展建设"平安寺院"活动的成功经验与启示	研究报告	2007	谢热　才项多杰
186	就统筹解决青海省出生婴儿性别比失衡问题的思考	短论	2007	刘成明
187	多民族文化与"文化青海"建设研究	研究报告	2008	马进虎
188	青海省转变经济发展方式研究	研究报告	2008	孙发平　张伟
189	做大做强马铃薯产业的思考	研究报告	2008	马生林　丁忠兵　杜青华
190	中央政府与历辈班禅关系研究	专著	2008	马连龙　桑杰端智
191	青海省农村可再生能源发展战略研究	研究报告	2008	朱华
192	进一步扩大社会主义核心价值体系在我国藏区的覆盖面和影响力思考	研究报告	2008	拉毛措

续表

序号	课题名称	成果形式	完成时间	课题负责人及成员
193	青海公民法律素质调查与研究	研究报告	2008	法学所
194	拉萨"3·14"事件发生的深层次原因研究	研究报告	2008	马连龙
195	后达赖时期对策研究	研究报告	2008	马林
196	藏青会等激进组织政治走向研究	研究报告	2008	谢热
197	三江源区生态系统服务功能价值评估及补偿机制研究	专著	2008	孙发平等
198	影响和制约青海和谐民族关系的社会因素研究	研究报告	2008	鲁顺元
199	青海人才培养选拔的体制创新研究	研究报告	2008	张生寅
200	藏传佛教寺院民主管理问题研究	研究报告	2008	参看加
201	元明清中央政府在青宗教政策之得失	研究报告	2008	鄂崇荣
202	回族对中华民族共有精神家园的认同与贡献研究	研究报告	2008	马学贤
203	推进青海农民合作社健康发展的法制保障研究	研究报告	2008	张继宗 马连龙
204	青海新农村建设的成效评估及对策建议	研究报告	2008	苏海红 孙发平
205	依托地域文化优势,着力打造"花儿"品牌	研究报告	2008	马生林
206	近年来境外非政府组织在青海藏区活动情况调查	研究报告	2008	马林
207	破解青海藏区贫困问题的思路及建议	研究报告	2008	苏海红 杜青华
208	历史上青海地区的地震灾害与未来应对地震灾害的措施	研究报告	2008	崔永红 解占录 杨军
209	青海实施生态立省战略研究	研究报告	2008	马生林 张伟
210	"藏青会"的反动本质及其未来走向	研究报告	2008	谢热
211	藏传佛教僧侣社会身份及角色问题研究	研究报告	2008	谢热
212	柴达木循环经济试验区的主要成效与启示	研究报告	2006	孙发平 詹红岩
213	加快开发利用黄河上游梯级电站水域资源的思考与建议	研究报告	2006	孙发平 谢热
214	青海新农村建设中基础设施供给问题研究	研究报告	2006	孙发平 吴红卫
215	保护青海湖生态环境应统筹解决人口问题	研究报告	2007	孙发平 刘成明 马生林

续表

序号	课题名称	成果形式	完成时间	课题负责人及成员
216	青海文化产业构建研究	研究报告	2007	孙发平 马进虎 胡芳 毕艳君 杨军
217	加快发展格尔木盐湖化工产业集群的几点思考	研究报告	2007	孙发平 杨春英
218	历史上青海地区的地震灾害与未来应对地震灾害的措施	研究报告	2008	崔永红 解占录 杨军
219	破解青海藏区贫困问题的思路及建议	研究报告	2008	苏海红 杜青华
220	关于建立应对民族宗教问题引发的群体性事件预警预案机制的思考与建议	研究报告	2008	穆兴天
221	青海实施生态立省战略研究	研究报告	2008	马生林 张伟
222	推进青海农民合作社健康发展的法制保障研究	研究报告	2008	张继宗 马连龙
223	青海省农村可再生能源发展战略研究	研究报告	2008	朱华
224	青海公民法律素质调查与研究	研究报告	2008	法学所
225	影响和制约青海和谐民族关系的社会因素研究	研究报告	2008	鲁顺元
226	多民族文化与"文化青海"建设研究	研究报告	2008	马进虎
227	青海新农村建设的成效评估及对策建议	研究报告	2008	苏海红 孙发平
228	2007~2008年青海各州（地、市）社会形势分析与发展预测	研究报告	2008	孙发平 张立群 丁忠兵
229	青海省转变经济发展方式研究	研究报告	2008	孙发平 张伟
230	中央政府与历辈班禅关系研究	专著	2008	马连龙
231	三江源区生态系统服务功能价值评估研究	评估报告	2008	孙发平 曾贤刚 穆兴天 苏海红 刘亚洲
232	回族对中华民族共有精神家园的认同与贡献研究	研究报告	2008	马学贤
233	藏传佛教文化与藏族人格	专著	2008	桑杰端智
234	青海省城镇各社会阶层状况调研报告	调研报告	2008	孙发平 拉毛措 刘成明 鲁顺元 肖莉 马文慧
235	河湟地区民间信仰调查研究	专著	2009	鄂崇荣

续表

序号	课题名称	成果形式	完成时间	课题负责人及成员
236	关于建立柴达木循环经济实验区技术支撑体系的研究	研究报告	2009	冀康平
237	青海下一步应对全球金融危机的难点及对策建议	研究报告	2009	孙发平　丁忠兵　詹红岩
238	青海三年来新农村建设成效评估报告	研究报告	2009	孙发平　苏海红　陈宇祺　丁忠兵
239	青海应对全球金融危机对策研究	研究报告	2009	孙发平
240	青海新农村建设的成效评估及对策建议	研究报告	2009	孙发平
241	青海扩大对外开放的战略思考	研究报告	2009	张伟
242	青海农垦企业投资俄罗斯农业研究	研究报告	2009	王恒生
243	湟源县历史文化研究	专著	2009	赵宗福
244	对"四个发展"的认识与思考	研究报告	2009	孙发平　刘傲洋　苏海红
245	青海省藏传佛教寺院社会化管理研究	研究报告	2009	马连龙
246	充分利用格萨尔文化资源打造青海省民族文化品牌	研究报告	2009	旦正加　桑杰端
247	湟水流域山区农民持续增收问题研究——以乐都县李家乡为例	研究报告	2009	窦国林
248	建议政府当农民工的"红娘"——关于脑山地区娶妻难的调查报告	研究报告	2009	张伟
249	打造青海昆仑文化品牌的思考	研究报告	2009	赵宗福
250	加快青海生态（有机）畜牧业现代化进程研究	研究报告	2009	马生林
251	推进青海省自主创新的战略思考	研究报告	2009	冀康平
252	青藏铁路沿线生态环境保护及对策研究	研究报告	2009	顾延生
253	海北州打造高原旅游名州研究	研究报告	2009	鄂崇荣
254	对青海省无党派人士政治引导问题的思考与对策建议	研究报告	2009	马学贤
255	青海藏区实现长治久安的对策建议	研究报告	2009	拉毛措
256	黄南州文化旅游产业发展研究	研究报告	2009	刘景华　胡芳
257	河湟地区基督教信仰现状调查与加强管理的对策建议	研究报告	2009	解占录
258	提高青海农村基本公共服务能力研究	研究报告	2009	肖莉
259	青海藏区基层党组织建设的调查研究	研究报告	2009	唐萍

续表

序号	课题名称	成果形式	完成时间	课题负责人及成员
260	青海建设高原旅游名省需解决的突出问题	研究报告	2009	马生林
261	青海农村扩大内需方略研究	研究报告	2009	窦国林
262	黄南州农牧民增收问题研究	研究报告	2009	朱华
263	东部干旱山区农牧民人均收入翻一番的路径与模式研究	研究报告	2009	朱华
264	青海物流发展政策实施效果评价	研究报告	2009	刘傲洋
265	海北州区域经济发展研究	研究报告	2009	苏海红
266	青海特色牲畜种质资源保护与开发利用的思考与建议	研究报告	2009	杜青华
267	利益协调与民族和谐研究	研究报告	2009	马进虎
268	藏区"平安寺院"建设的法律问题研究	研究报告	2009	张立群
269	藏区部落势力与宗教势力对基层组织工作的影响	研究报告	2009	马连龙
270	意义理论的语法基础——后期维特根斯坦意义理论研究	系列论文	2009	朱学海
271	青海藏区环境保护与科学发展关系研究	调研报告	2009	刘忠
272	青海农牧区土地流转制度研究	研究报告	2009	丁忠兵
273	南凉王室家族史研究	专著	2009	赵宗福
274	肩负使命、携手并进——青海等省藏区联动发展之思考	研究报告	2009	赵宗福
275	促进青海多民族文化认同的思考与建议	研究报告	2009	赵宗福
276	关于青海是否进入加速起飞的重要转折点或加快产业结构升级的重要时期的实证分析	研究报告	2009	孙发平 苏海红等
277	西宁市义务教育均衡发展问题研究	研究报告	2009	马连龙
278	打造"西宁毛"资源品牌的社会经济价值及可行性调研	研究报告	2009	马学贤 马文慧
279	对青海省牧区发展特色有机畜牧业的分析与建议	研究报告	2009	王恒生
280	解析省委提出的"四个发展"的内在联系及需要处理好的重大关系	研究报告	2009	孙发平 刘傲洋
281	藏传佛教僧侣社会身份及角色问题研究	研究报告	2009	谢热
282	青海省贯彻落实科学发展观,推动青海经济全面发展的主要经验与建议	研究报告	2009	孙发平 张继宗
283	解放60年来的青海文化建设	论文	2009	马进虎

续表

序号	课题名称	成果形式	完成时间	课题负责人及成员
284	青海文化软实力建设研究	论文	2009	马进虎
285	加强宣传文化队伍建设 建立健全优秀人才选拔的机制体制研究	论文	2009	张生寅
286	多民族多宗教地区加强公民道德建设的着力点	论文	2009	肖莉
287	青海藏区经济社会发展若干问题解析	论文	2009	马林等
288	青海省社会科学院实践科学发展观的经验与启示	论文	2009	赵晓
289	如何建设学习型党组织，马克思主义中国化，核心价值体系学习教育	论文	2009	唐萍 朱学海
290	撒拉族村落空间结构及撒拉族的空间观	系列论文	2009	韩得福
291	青海农牧区基层党建研究	专著	2009	淡小宁
292	土族撒拉族人口发展与问题研究：兼及青海少数民族人口问题	专著	2009	刘成明
293	近代青海乡村社会史研究	专著	2009	张生寅
294	青海科学发展评价体系研究	专著	2009	孙发平 刘傲洋
295	民族自治地方法治政府建设研究	专著	2009	张立群
296	藏族民间信仰中的价值观研究	系列论文	2009	旦正加
297	青海穆斯林经商文化研究	专著	2009	马进虎
298	人口新论	专著	2009	张伟
299	青海藏区生态经济发展与制度构建	专著	2009	苏海红
300	草原畜牧农业集约化经营研究	专著	2009	包正清 朱华
301	青海世居少数民族妇女问题研究	专著	2009	拉毛措
302	《十三世达赖喇嘛传》译注	专著	2009	参看加
303	青海军事史	专著	2009	崔永红
304	乡土流脉与文化选择——多元文化与青海当代作家创作	专著	2009	毕艳君
305	全球化背景下藏传佛教世俗化研究	专著	2009	桑杰端智
306	安多地区地方神（山神）信仰调查	专著	2009	参看加
307	青海农业区回族妇女宗教心理调研	调研报告	2009	马文慧
308	青海转变经济发展方式的重点任务及对策建议	研究报告	2010	孙发平 丁忠兵
309	青海藏区实现跨越发展问题研究	研究报告	2010	马生林

续表

序号	课题名称	成果形式	完成时间	课题负责人及成员
310	新时期青海东部干旱山区扶贫对策研究——以乐都县李家乡为例	研究报告	2010	杜青华　窦国林
311	加快青海物流业发展的思路与对策研究	研究报告	2010	刘傲洋
312	寻求新的突破——对河南县发展有机畜牧业的探索	研究报告	2010	王恒生　黄南所
313	基层文化建设与文化惠民问题研究	研究报告	2010	马进虎
314	藏区维稳工作从应急状态向常态建设转变研究	研究报告	2010	张立群
315	对"十二五"时期青海经济发展规律的认识与建议	研究报告	2010	孙发平　苏海红　杜青华　詹红岩
316	发展民俗文化，打造文化品牌——以湟源县为例	研究报告	2010	赵宗福
317	青海省涉藏侨情调研	研究报告	2010	马林　马学贤
318	推进青海绿色发展的路径与对策研究——以绿色能源体系建设为例	研究报告	2010	冀康平
319	"十二五"青海农牧区改革难点与突破口研究	研究报告	2010	丁忠兵
320	青海大学生村官问题调查研究	研究报告	2010	马学贤等
321	青海藏区新型社区建设问题研究	研究报告	2010	朱学海
322	培育地方文化产业，促进旅游繁荣发展问题研究	研究报告	2010	张生寅
323	青海省基层干部作风建设调查研究——以海南州为例	研究报告	2010	毛江晖　海南所
324	青海基层党组织维稳能力研究	研究报告	2010	肖莉
325	青海城镇化问题研究——以东部城市群建设为重点	研究报告	2010	苏海红
326	青海扩大内需思路、途径与对策研究	研究报告	2010	窦国林　杜青华
327	构建青海向西、向南开放发展的新格局研究	研究报告	2010	张伟
328	青海和谐发展与社会主义核心价值体系建设研究	研究报告	2010	拉毛措
329	新农村建设示范村后续发展问题研究——以乐都县为例	研究报告	2010	朱华
330	农牧区基层组织党风廉政建设问题研究	研究报告	2010	顾延生
331	青海平安寺院建设评价及政策建议	研究报告	2010	参看加　才项多杰
332	青海反腐倡廉专项督查制度研究	研究报告	2010	淡小宁　马海瑛　唐萍

续表

序号	课题名称	成果形式	完成时间	课题负责人及成员
333	新形势下如何加强党外代表人士队伍培养和思想政治引导	研究报告	2010	马连龙
334	关于涉及民族宗教的突发事件研究	研究报告	2010	拉毛措
335	对达赖集团长期斗争的战略研究	研究报告	2010	马林
336	青海藏区历史沿革及发展成就研究	研究报告	2010	刘景华
337	藏传佛教僧侣社会身份及角色问题研究	研究报告	2010	谢热 韩得福 益西卓玛
338	脑山地区移民脱贫问题研究——以尖扎县为例	研究报告	2010	马林 黄南所
339	青海牧区义务教育均衡化发展问题研究——以海南州为例	研究报告	2010	马连龙 海南所
340	青海新经济组织的党组织建设问题研究	研究报告	2010	唐萍
341	城市化进程中的民族问题研究——以西宁市回族、藏族为例	研究报告	2010	旦正加 韩得福 谢热
342	基层文化建设与文化惠民问题研究	研究报告	2010	马进虎
343	文化对促进经济发展方式转变作用的认识	研究报告	2010	马进虎
344	当前青海省社科理论研究工作中须关注的几个问题	研究报告	2010	刘景华
345	健全党对事业单位领导的体制机制问题研究	研究报告	2010	淡小宁 任惠英 赵晓
346	青海农业区回族妇女宗教心理调研	调研报告	2010	马文慧
347	百年青海学术	著作	2011	赵宗福
348	贫困地区今后十年易地搬迁安置研究——乐都县李家乡个案	研究报告	2011	李家乡下乡课题组
349	中国共产党处理藏传佛教的历史经验与启示	研究报告	2011	马连龙等
350	关于创建先进党组织的长效机制研究	研究报告	2011	唐萍
351	在创先争优中增强党员意识，加强党性锻炼，提高党员素质	研究报告	2011	张建平
352	创先争优与发挥"两个作用"关系研究	研究报告	2011	朱学海
353	创先争优：新时代加强党的基层组织建设的有效载体和生动实践	研究报告	2011	毛江晖
354	青海省创建民族团结进步示范区的理论、实践基础	研究报告	2011	马林 谢热

续表

序号	课题名称	成果形式	完成时间	课题负责人及成员
355	青海培育市场主体问题研究	研究报告	2011	詹红岩
356	青海生态保护区后续产业发展研究	研究报告	2011	马生林
357	培育和扩大青海消费热点的路径与建议	研究报告	2011	杜青华
358	青海抑制物价走高，稳定物价问题研究	研究报告	2011	窦国林
359	提高财产性、工资性收入，实现GDP与人民收入的同步增长	研究报告	2011	丁忠兵等
360	当前青海领导干部违纪违法案件特点、原因及对策研究	研究报告	2011	高永宏
361	完善政府审批活佛转世制度的若干建议	研究报告	2011	参看加
362	完善伊斯兰教寺院聚礼管理的措施与建议	研究报告	2011	马连龙　韩得福
363	青海大力发展文化产业问题研究	研究报告	2011	马进虎　解占录　沈玉萍
364	青南地区加快发展新兴能源问题研究	研究报告	2011	冀康平
365	青海牧区"双语教育"法制建设问题研究	研究报告	2011	张立群
366	伊斯兰教教派和谐相处的教育与管理研究	研究报告	2011	刘景华　马文慧　马学贤
367	关于滞留国内藏胞若干问题的思考与建议	研究报告	2011	马林　马学贤
368	青海省机关扶贫问题研究	研究报告	2011	淡小宁　毛江晖　张建平
369	青海社会管理面临的主要问题及对策研究	研究报告	2011	肖莉
370	全力推进青海"飞地经济区"建设的若干思考——以黄南州为例	研究报告	2011	苏海红等
371	海南州实施生态畜牧业的集约化、专业化、产业化问题研究	研究报告	2011	朱华
372	海北州发展高原生态经济区研究	研究报告	2011	王恒生　顾延生
373	关于推进青海特殊教育事业发展的对策建议	研究报告	2011	杨军
374	青海"十二五"时期"六个走在西部前列"系列研究报告	研究报告（系列）	2011	孙发平　詹红岩　杜青华　丁忠兵　刘傲洋　冀康平　马生林
375	海西州打造地域特色文化品牌研究	研究报告	2011	胡芳　沈玉萍　解占录

续表

序号	课题名称	成果形式	完成时间	课题负责人及成员
376	运用财政手段撬动青海市场资金问题研究	研究报告	2011	苏海红　丁忠兵
377	青海省农牧区基层党组织充分发挥作用的规律性问题研究	研究报告	2011	拉毛措　唐萍
378	贵德旅游文化开发利用研究	研究报告	2011	毕艳君　沈玉萍 解占录
379	发展民俗旅游　打造特色文化品牌	研究报告	2011	赵宗福
380	藏传佛教寺院青年僧侣思想状况研究	研究报告	2012	鄂崇荣　马连龙
381	提高青海城乡居民幸福感和幸福指数研究	研究报告	2012	丁忠兵
382	东部城市群建设中的清真食品产业发展研究	研究报告	2012	马学贤　马文慧
383	新青海精神研究	研究报告	2012	沈玉萍　张筠
384	青海文化产业与其他产业融合发展研究	研究报告	2012	马进虎　毕艳君
385	青海省应对"藏独"非暴力不合作运动策略研究	研究报告	2012	马林
386	青海农牧区传统手艺产业化发展研究——以海南州为例	研究报告	2012	马生林
387	青海保障和改善民生与加强和创新社会管理研究	研究报告	2012	苏海红　肖莉
388	青海光伏产业发展研究	研究报告	2012	冀康平
389	青海宣传文化人才队伍建设研究	研究报告	2012	张生寅　解占录 胡芳
390	青海半农半牧村落发展带动问题实证研究	研究报告	2012	鲁顺元
391	社会科学研究对全省发展的影响及理论指导	研究报告	2012	赵晓　杨军 罡拉卓玛
392	对西宁市川浅村庄发展"城郊都市型"农业的调查与思考——以湟中县拦隆口镇泥龙台村为例	研究报告	2012	朱华　杨军
393	青海城市化进程中的城镇民族关系研究	研究报告	2012	杨军　张筠
394	建立和完善"创先争优"长效机制的思考	研究报告	2012	拉毛措　朱学海 郭斌
395	文化名省建设视角下的青海廉政文化研究	研究报告	2012	吴世慧　毛江晖 党升元　钱华桑
396	青海非公经济党组织建设研究	研究报告	2012	淡小宁　唐萍

续表

序号	课题名称	成果形式	完成时间	课题负责人及成员
397	基于要素保障视角下的青海实体经济发展研究	研究报告	2012	詹红岩
398	青海保障性安居工程调研报告	研究报告	2012	孙发平 鲁顺元 杜青华
399	青海高原现代生态畜牧业示范区建设跟踪研究——以海北州为例	研究报告	2012	朱华
400	加快发展青海生产性服务业的对策建议	研究报告	2012	刘傲洋
401	破解青海"双二元结构"的难点与对策	研究报告	2012	高永宏
402	青海藏族人口城镇化及其就业趋向和特点研究——以同仁县撤县建市为例	研究报告	2012	朱学海
403	彰显民族特色打造文化品牌——以黄南州"全国一流藏文化基地"的创建为例	研究报告	2012	才项多杰 益西卓玛 旦正加
404	白土庄村发展规划	研究报告	2012	赵宗福 苏海红 丁忠兵
405	加快建设青海"两型社会"的总体思路与对策研究	研究报告	2012	孙发平 马生林 詹红岩
406	依托三大园区构建青海特色城市化发展研究	研究报告	2012	苏海红 德青措 郭斌
407	文化名省建设评估体系研究	研究报告	2012	赵宗福 马进虎
408	"幸福青海"内涵及特征研究	研究报告	2012	苏海红 丁忠兵
409	青海对外贸易现状及转变发展方式研究	研究报告	2012	杜青华 德青措
410	青海藏区农家书屋建设与管理研究	研究报告	2012	刘景华 王丽莉 郑家强 窦国林
411	加强廉政风险防控管理机制研究	研究报告	2012	张立群 娄海玲
412	青海政治生态建设的几点思考	研究报告	2012	孙发平 张生寅 郭斌
413	中华小记者调研	研究报告	2012	张季明
414	三江源生态保护条例研究	研究报告	2012	法学所
415	青海绿色发展研究	研究报告	2012	孙发平 冀康平
416	工矿区城镇化建设研究	研究报告	2012	苏海红
417	海北州培育农牧民经营主体调查研究	研究报告	2013	马生林 海北所

续表

序号	课题名称	成果形式	完成时间	课题负责人及成员
418	促进主流文化与少数民族传统文化和谐关系研究	研究报告	2013	赵宗福　胡芳　参看加
419	以公共外交推动青海对外开放研究——以西宁市为例	研究报告	2013	王恒生
420	关于加快建设国家生态文明先行区的研究报告	研究报告	2013	苏海红
421	青海与全国同步建成全面小康社会的难点及对策建议	研究报告	2013	孙发平　丁忠兵
422	实现青海城乡居民收入倍增目标的形势分析与对策建议	研究报告	2013	苏海红
423	以社会主义核心价值观引领青海牧区社会思潮问题研究	研究报告	2013	赵宗福
424	玉树重建后民族文化与旅游产业融合发展研究	研究报告	2013	马进虎
425	玉树重建中的"精神家园"建设研究	研究报告	2013	解占录
426	省十一次党代会以来全省查处的党员干部违纪问题分析研究	研究报告	2013	吴世慧
427	加强和改进机关党建工作调查研究	研究报告	2013	淡小宁
428	青海"拉面经济"与劳务输出研究	研究报告	2013	马进虎
429	重大自然灾害条件下藏区基层党建工作的新探索——玉树州"两基一强"党建模式的调查与启示	研究报告	2013	孙发平　张生寅　唐萍
430	青海在实现"中国梦"中的重要价值研究	研究报告	2013	赵宗福
431	关于三江源生态移民的调研报告	调查报告	2013	孙发平　杜青华　鲁顺元　才项多杰
432	现阶段青海的发展矛盾与实现"改革红利"问题研究	研究报告	2013	苏海红
433	青海实现"新四化"的路径研究	研究报告	2013	孙发平等
434	关于加快建设国家循环经济发展先行区的研究报告	研究报告	2013	孙发平　冀康平　曲波
435	关于加快建设国家民族团结先行区的研究报告	研究报告	2013	赵宗福

续表

序号	课题名称	成果形式	完成时间	课题负责人及成员
436	青海地方轻工业发展形势与对策研究	研究报告	2013	詹红岩
437	藏区维稳工作进程中基层党组织建设调查研究	研究报告	2013	唐萍
438	海西州建设国家光伏发电基地研究	研究报告	2013	冀康平　海西所
439	海南州打造东连西接绿色产业集聚发展带动桥头堡研究报告	研究报告	2013	苏海红　海南所
440	西宁现代都市休闲观光农业发展研究	研究报告	2013	丁忠兵
441	省属科技型企业改革与发展问题研究	研究报告	2013	赵宗福　高永宏　马文慧　窦国林
442	法治青海建设中的突出问题及对策措施	研究报告	2013	苏海红
443	丝绸之路经济带与西北穆斯林的城镇化问题	研究报告	2014	马进虎
444	丝绸之路经济带建设中西北五省区与中西亚清真食品产业合作发展研究	研究报告	2014	马学贤　马文慧
445	新形势下青海生产力布局与区域协调发展研究	研究报告	2014	苏海红
446	青海生态文明先行区中的制度建设研究	研究报告	2014	马生林
447	法制青海建设研究	研究报告	2014	张立群
448	山区偏远村落以人文资源开发带动经济发展研究——以乐都区李家乡为例	研究报告	2014	淡小宁　毕艳君
449	青海共建丝绸之路经济带的比较优势、战略取向及对策建议	研究报告	2014	孙发平　杨军（文）
450	丝绸之路经济带建设中西北与中亚各国的民族关系与人文合作研究	研究报告	2014	胡芳　张生寅
451	以公共外交推进青海共建丝绸之路经济带研究	研究报告	2014	孙发平　王恒生
452	融入丝绸之路经济带构建青海开放型经济研究	研究报告	2014	苏海红　丁忠兵
453	丝绸之路经济带建设中青海与中西亚清真产业合作发展探讨	研究报告	2014	孙发平　马文慧　马学贤
454	丝绸之路经济带建设中青海历史文化资源开发与合作研究	研究报告	2014	杨军（经）

续表

序号	课题名称	成果形式	完成时间	课题负责人及成员
455	2015年西北地区经济社会发展形势分析	研究报告	2014	苏海红　丁忠兵　拉毛措
456	丝绸之路经济带建设中青海"拉面经济"开拓中西亚市场研究	研究报告	2014	沈玉萍
457	农村牧区基层党风廉政建设问题研究	研究报告	2014	唐萍
458	青海构建国家循环经济发展先行区的法治保障研究	研究报告	2014	娄海玲
459	进一步拓宽青海工业经济转型升级空间问题研究	研究报告	2014	詹红岩
460	青海农村"留守妇女"问题研究——以大通县为例	研究报告	2014	拉毛措　文斌兴
461	青海政府购买公共服务的问题与对策研究	研究报告	2014	肖莉
462	动员社会力量参与养老服务的机制和对策	研究报告	2014	王恒生
463	加强青海省民族宗教领域舆情引导和管理问题研究	研究报告	2014	马林
464	"三基"建设是对治青理政规律的创新性探索与科学实践	研究报告	2014	孙发平　张生寅　高永宏　王亚波　崔耀鹏
465	青海全面深化改革发挥市场决定性作用研究	研究报告	2014	孙发平　丁忠兵　詹红岩
466	2015年西北地区文化发展研究	研究报告	2014	赵宗福　鄂崇荣等
467	创新和改进财政资金投入方式研究	研究报告	2014	毛江晖
468	青海牧区生态畜牧业合作社发展状况调查研究	调研报告	2014	孙发平　丁忠兵
469	海西资源型地区产业结构转型问题研究	研究报告	2014	苏海红　詹红岩　海西所
470	对西宁城市交通发展的思考与建议	研究报告	2014	王昱
471	加快青海非公有制经济发展研究	研究报告	2014	丁忠兵
472	支持新型服务业发展的思路和对策	研究报告	2014	顾延生
473	海南州生态畜牧业国家可持续发展实验区建设效益中期评估	研究报告	2014	杜青华　海南所
474	从青海中华小记者实践活动探索加强青少年素质教育的路径	研究报告	2014	张季明

续表

序号	课题名称	成果形式	完成时间	课题负责人及成员
475	深化民族团结进步先进区创建工作研究——以黄南州为例	研究报告	2014	赵宗福　鄂崇荣　参看加　赵晓　蒋静
476	2015年青海经济社会发展形势分析	研究报告	2014	拉毛措　丁忠兵
477	深化青海农村牧区产权制度改革的思路和举措	研究报告	2014	朱华
478	青海农牧业转移人口市民化进程中的就业问题研究	研究报告	2014	高永宏
479	"教风年"活动中藏传佛教寺院持戒守法调研	研究报告	2014	谢热
480	2013~2014年青海社会发展形势分析与预测	研究报告	2014	孙发平　拉毛措　鄂崇荣　马文慧
481	2013~2014年青海经济发展形势分析与预测	研究报告	2014	苏海红　丁忠兵
482	青海在与甘川交界地区实施振兴和平安工程研究	研究报告	2014	赵宗福　鄂崇荣　詹红岩
483	青南地区与全省同步建成全面小康社会研究	研究报告	2014	赵宗福　鲁顺元等
484	新型城镇化过程中创新社会治理研究	研究报告	2014	苏海红　参看加　朱学海
485	青海海北州农牧业经营体制改革研究	研究报告	2014	丁忠兵　海北所
486	坚持"五湖四海"各民族干部团结共事机制研究报告	研究报告	2014	拉毛措　王跃荣等
487	青海省知识分子对十四世达赖喇嘛的态度调研（涉密）	研究报告	2015	赵宗福
488	新常态下制约青海企业发展的主要问题及政策建议	研究报告	2015	苏海红
489	发挥党员在意识形态领域的先锋模范作用研究	研究报告	2015	张立群　崔耀鹏
490	经济发展新常态下青海实施创新驱动战略研究	研究报告	2015	冀康平
491	2020年青海实现基本公共服务均等化的标准与路径研究	研究报告	2015	毛江晖
492	以生态保护优先理念协调推进经济社会发展研究——以海北州为例	研究报告	2015	毛江晖　海北所

续表

序号	课题名称	成果形式	完成时间	课题负责人及成员
493	青海科研院所党外知识分子现状调查	研究报告	2015	陈玮 拉毛措 高永宏 肖莉 王亚波
494	新形势下青海提升第三产业消费问题研究	研究报告	2015	马生林
495	"三区"建设背景下领导干部专业化能力建设研究	研究报告	2015	高永宏
496	青海藏区青年就业的影响因素分析	研究报告	2015	朱学海
497	对青海省民族团结进步先进区建设的现状及对策研究	研究报告	2015	陈玮 谢热
498	青海"非遗"保护与外宣研究	研究报告	2015	孙发平
499	生态文明背景下青海三江源区生态经济发展形势及其路径研究	研究报告	2015	苏海红
500	党的十八大以来青海省社会科学院意识形态工作情况报告	研究报告	2015	赵晓
501	青海文化公共服务均等化现状与对策研究	研究报告	2015	苏海红
502	青海各民族共有精神家园建设研究	研究报告	2015	马进虎
503	法治化背景下依法管理宗教事务研究	研究报告	2015	参看加
504	青海生态文明先行区建设综合评价和比较研究	研究报告	2015	毛江晖
505	生态文明视角下青海生态文化建构研究	研究报告	2015	毛江晖
506	海南州推进文化创意和设计服务与相关产业融合发展问题研究	研究报告	2015	鄂崇荣 海南所
507	深入推进"两个共同"主题宣传教育的对策建议	研究报告	2015	陈玮
508	2020年青海农牧区消除贫困问题研究	研究报告	2015	杜青华
509	青海各县2020年同步实现全国水平"两个翻番"测算及评价	研究报告	2015	孙发平 甘晓莹
510	经济发展新常态下财政金融支持青海经济发展问题研究	研究报告	2015	甘晓莹
511	经济发展新常态下青海旅游业与相关产业深度融合发展研究	研究报告	2015	解占录
512	经济发展新常态下青海新经济增长点的培育问题研究	研究报告	2015	苏海红

续表

序号	课题名称	成果形式	完成时间	课题负责人及成员
513	藏区依法治理问题研究——以黄南州为例	研究报告	2015	肖莉 黄南所
514	海西州"十三五"时期经济社会发展基本思路研究	研究报告	2015	孙发平 张继宗
515	"十三五"时期持续推进民族团结进步先进区创建研究	研究报告	2015	马进虎
516	城镇化背景下青海各民族交往交流交融发展中存在的问题与对策研究	研究报告	2015	马学贤
517	2015~2016年青海经济形势分析与预测	研究报告	2015	苏海红 杜青华
518	2015~2016年青海社会形势分析与预测	研究报告	2015	陈玮 拉毛措 朱学海 文斌兴
519	青海"十二五"发展经验及对"十三五"发展启示研究	研究报告	2015	杜青华
520	光辉的历程 辉煌的成就——青海经济社会发展历程与经验启示	研究报告	2015	孙发平 杜青华
521	青海农村人口老龄化问题研究——以大通县为例	研究报告	2015	马文慧
522	青海县域文化发展比较研究	研究报告	2015	毕艳君
523	青海农村低保户评定问题的调研报告	研究报告	2015	郑家强 李婧梅 李家乡调研基地
524	借鉴历史经验推进平安青海建设研究	研究报告	2015	沈玉萍
525	藏族传统生态民俗的当代传承及其运用实践价值研究	研究报告	2015	谢热
526	青海民族团结进步先进区的法治保障研究	研究报告	2015	张立群
527	青海建设生态文明先行区的法治保障研究	研究报告	2015	娄海玲
528	少数民族党外知识分子工作研究	研究报告	2015	鄂崇荣
529	依法治省背景下藏区习惯法治理研究	研究报告	2015	陈玮 张立群 谢热 才项多杰
530	传统媒体与新型媒体融合发展研究	研究报告	2015	杨军
531	经济发展新常态下青海非公有制经济发展问题研究	研究报告	2015	顾延生
532	青海基层党组织政治服务功能的建构与发挥研究	研究报告	2015	唐萍

续表

序号	课题名称	成果形式	完成时间	课题负责人及成员
533	民族区域自治法在青海省藏区贯彻落实成效、存在问题及对策调研	研究报告	2015	陈玮
534	青海省藏区反贫困成效、存在问题及对策调研	研究报告	2015	苏海红
535	青海丝绸之路经济带建设发展报告（2015年）	研究报告	2015	孙发平 戴鹏 杨军
536	五年来中央对口援青工作成效、问题及政策建议	研究报告	2016	孙发平 崔耀鹏
537	青海民族地区的基层组织建设与行政改革	研究报告	2016	鲁顺元
538	丝绸之路青海道的变迁概况及重要地位研究	研究报告	2016	崔永红
539	学习两个《条例》案例解读	研究报告	2016	唐萍
540	如何深化干部群众对四个意识的理解	研究报告	2016	高永宏
541	深化青海藏区寺院"三种管理模式"研究	研究报告	2016	陈玮 谢热 才项多杰 益西卓玛 旦正加 罡拉卓玛 靳艳娥
542	青海省构建积极健康宗教关系的调研报告	研究报告	2016	陈玮 鄂崇荣 马明忠 参看加 韩得福
543	社会流动下的青海农村婚姻变化情况研究	研究报告	2016	拉毛措 马文慧 肖莉 文斌兴
544	2017年西北蓝皮书——西北文化发展报告	研究报告	2016	鄂崇荣
545	2017年西北蓝皮书——青海经济社会发展报告	研究报告	2016	拉毛措 杜青华
546	2017年西北蓝皮书——西北地区对外开放与国际合作研究报告	研究报告	2016	毛江晖等
547	新常态背景下优化青海投资结构研究	研究报告	2016	马生林
548	生态文明先行区建设年度报告	研究报告	2016	李婧梅
549	挖掘民间歌舞资源 打造文化名州品牌——创新海南州"鲁协"特色文化品牌效应的思考	研究报告	2016	才项多杰 益西卓玛
550	依托环湖游牧民俗产业 提升地域文化旅游内涵	研究报告	2016	靳艳娥
551	青海贫困区生态减贫研究——以乐都区李家乡为例	研究报告	2016	郭婧 李晓燕

续表

序号	课题名称	成果形式	完成时间	课题负责人及成员
552	习总书记"五大发展理念"辅导读本	研究报告	2016	鲁顺元
553	古丝绸之路青海道与东西方文化交流研究	研究报告	2016	马进虎
554	高原美丽乡村建设背景下的农村生态社区发展模式研究	研究报告	2016	李婧梅
555	青海生态旅游业发展研究报告	研究报告	2016	苏海红
556	现阶段青海藏传佛教寺院"游僧"治理问题研究	研究报告	2016	罡拉卓玛
557	玉树寺院管理"村寺并联"治理研究	研究报告	2016	谢热 才项多杰 旦正加
558	青海文化产业与旅游业深度融合研究	研究报告	2016	毕艳君
559	"海西旅游+"与各产业融合发展研究	研究报告	2016	杨军（经）
560	热贡文化保护与黄南文化旅游发展研究	研究报告	2016	刘景华
561	全国社科院年鉴（2016年）——青海社科院	研究报告	2016	杨军（科）
562	夯实基础 锐意创新 深入推进新型智库建设	研究报告	2016	赵晓
563	丝绸之路经济带与青海旅游业的新发展	研究报告	2016	解占录
564	青海百年生态变迁对当前生态文明建设的启示	研究报告	2016	马生林
565	丝绸之路经济带与青海清真产业发展研究	研究报告	2016	于晓陆 韩得福
566	丝绸之路经济带与青海企业走出去研究	研究报告	2016	杨军（经）
567	新形势下藏传佛教现代高僧培育问题研究	研究报告	2016	参看加
568	青海多民族县域治理突出问题及对策研究——以化隆县为例	研究报告	2016	高永宏
569	青海伊斯兰教传统经堂教育的规范化问题调查研究	研究报告	2016	马文慧
570	新常态视角下推动青海现代服务业集聚区建设研究	研究报告	2016	甘晓莹
571	提高脱贫效果可持续性问题研究	研究报告	2016	杜青华等
572	公众参与青海生态文明建设法律制度研究	研究报告	2016	毛江晖
573	落实全面从严治党主体责任问题研究	研究报告	2016	张立群 崔耀鹏
574	2015~2016年青海经济形势分析与预测	研究报告	2016	苏海红 杜青华
575	2015~2016年青海社会形势分析与预测	研究报告	2016	陈玮 拉毛措 朱学海

续表

序号	课题名称	成果形式	完成时间	课题负责人及成员
576	以"三基"建设全面提升基层党建工作水平	研究报告	2016	肖莉
577	以"三严三实"为遵循大力加强机关文化建设	研究报告	2016	朱奕瑾
578	黄南州封建部落意识与习惯法研究	研究报告	2016	张立群
579	依托"互联网+党建"推动"三基"建设研究	研究报告	2016	唐萍
580	刚察县现代畜牧业研究	研究报告	2016	顾延生
581	浅议新形势下党员干部如何筑牢党性基石坚定理想信念	研究报告	2016	杨志成　闫金毅
582	青海藏区寺院"六大工程"实施效果及监管问题研究	研究报告	2016	拉毛措　高永宏
583	完善立体化社会治安防控体系研究	研究报告	2016	张立群
584	青海省创建民族团结进步先进区成效、经验及需要进一步做好工作的思考	研究报告	2016	陈玮　谢热等
585	青海散杂居村社民族团结与宗教和睦问题研究	研究报告	2016	沈玉萍
586	三江源国家公园生态保护管理体制机制创新研究	研究报告	2016	苏海红
587	草场地界纠纷对地区民族团结、社会稳定的影响及调处预防机制研究	研究报告	2016	娄海玲
588	对加强青海民间信仰管理工作的思考与建议	研究报告	2016	李卫青
589	古丝绸之路青海道与东西方贸易研究	研究报告	2016	杨军（经）
590	古丝绸之路青海道原真性与普遍性价值研究	研究报告	2016	崔永红
591	丝绸之路青海道各民族文化交流与多元文化格局研究	研究报告	2016	鄂崇荣　吉乎林
592	丝绸之路经济带与青海文化产业发展研究	研究报告	2016	朱奕瑾
593	打造丝绸之路经济带"绿色走廊"研究	研究报告	2016	李婧梅　郭婧
594	古丝路青海道重点文化遗迹的历史地位与保护利用研究	研究报告	2016	刘景华
595	唐蕃古道与古丝绸之路青海道关联性及开发利用研究	研究报告	2016	胡芳
596	茶马古道与古丝绸之路青海道关联性及开发利用研究	研究报告	2016	沈玉萍

续表

序号	课题名称	成果形式	完成时间	课题负责人及成员
597	三江源国家公园生态保护与体制创新调研报告	研究报告	2016	苏海红
598	青海生态保护与建设的人文基础研究	研究报告	2016	鲁顺元
599	青海生态旅游开发模式与发展对策研究	研究报告	2016	张明霞
600	生态保护红线划定后三江源区经济社会发展研究	研究报告	2016	苏海红
601	青海贫困山区生态安全问题与可持续发展研究——以乐都县李家乡为例	研究报告	2016	郭婧
602	三江源国家公园体制试点的法律问题研究	研究报告	2016	苏海红
603	建立青海省流域上下游横向生态补偿机制的研究	研究报告	2016	孙燕波
604	青海省基于生态调度与评价的水资源配置研究	研究报告	2016	王成龙
605	青海草地生态畜牧业合作社发展问题研究	研究报告	2016	邵春益
606	三江源国家公园生态文明评价指标体系的构建与评价	研究报告	2016	刘晓平
607	生态环境视野中的青海疾疫与社会变迁	研究报告	2016	童丽
608	青海湖环湖东路风沙危害调查及综合防沙治沙对策	研究报告	2016	张登山
609	如何深化干部群众对"四个意识"的理解	研究报告	2016	高永宏　张立群　王亚波　崔耀鹏
610	青海省中青年僧侣社会心态调研分析——以佑宁寺为例	调研报告	2016	拉毛措　朱学海　文斌兴
611	当前思想理论界思想状况梳理及分析报告——以青海省思想理论界为例	研究报告	2017	孙发平　李卫青　赵生祥
612	青海从人口小省向民族团结进步大省转变研究	研究报告	2017	陈玮　谢热
613	青海省融入"一带一路"国家战略对策研究	研究报告	2017	孙发平　杨军（经）
614	青海省农牧区生产生活方式转变研究	研究报告	2017	马起雄
615	推进青海绿色崛起走向生态大省生态强省的路径与建议	研究报告	2017	苏海红

续表

序号	课题名称	成果形式	完成时间	课题负责人及成员
616	"四个转变"的内涵及相互关系	研究报告	2017	孙发平　杜青华 王亚波
617	当前青海返乡创业群体创业中存在的困难、问题和对策	研究报告	2017	高永宏
618	丝路经济带与青海开放型经济发展通道建设研究	研究报告	2017	杨军
619	青海对蒙古、俄罗斯涉藏工作对策研究	研究报告	2017	陈玮
620	青海藏区矛盾纠纷化解的法律机制研究	研究报告	2017	陈玮
621	青海社科院哲学社会科学工作调研报告	研究报告	2017	赵晓
622	2016年青海省社会科学院中国民族年鉴	研究报告	2017	杨军
623	新形势下青海城市民族工作中的难点重点问题研究	研究报告	2017	鄂崇荣
624	青海省青南藏区青少年入寺问题研究	研究报告	2017	陈玮　谢热 靳艳娥　罡拉卓玛
625	中资企业"走出去"参与"一带一路"建设面临的主要困难	研究报告	2017	杨军
626	严肃机关党内政治生活调查与研究	研究报告	2017	高永宏
627	茶卡镇特色小城镇建设研究	研究报告	2017	拉毛措　朱学海 文斌兴　索南努日
628	青海生态文化建设对策研究	研究报告	2017	毛江晖
629	推进青海农牧业供给侧改革问题调查研究	研究报告	2017	杜青华
630	以社会主义核心价值观引领青海各民族家庭家教家风建设	研究报告	2017	马进虎
631	青海"两反一防"存在的问题及对策研究	研究报告	2017	张立群
632	青海多元宗教和睦共处研究	研究报告	2017	参看加
633	新形势下青海伊斯兰教事务管理问题研究	研究报告	2017	马学贤　马文慧
634	青海藏传佛教尼姑现状研究——以青南地区为例	研究报告	2017	罡拉卓玛　益西卓玛
635	四川色达喇荣五明佛学院清理整顿中青海籍僧尼安置问题研究	研究报告	2017	才项多杰　旦正加 靳艳娥　谢热　益西卓玛　罡拉卓玛
636	社会流动下青海藏族婚姻存在的问题及对策研究	研究报告	2017	拉毛措　文斌兴 索南努日　旦正加

续表

序号	课题名称	成果形式	完成时间	课题负责人及成员
637	青海高寒农业区生态扶贫政策研究	研究报告	2017	郭婧
638	青海东部城市群建设中生态保护评价与对策	研究报告	2017	张明霞
639	兰西城市群建设中若干重大问题研究	研究报告	2017	马生林 甘晓莹
640	青海全域旅游发展研究——以贵德县为例	研究报告	2017	胡芳 张琦 张筠 张生寅
641	青海养老服务事业发展瓶颈及对策	研究报告	2017	解占录
642	青海民族地区干部群众对十八大以来全面从严治党的评价与认知研究	研究报告	2017	崔耀鹏
643	青海藏区矛盾纠纷化解的法律机制研究	研究报告	2017	陈玮 张立群 高永宏 娄玉玲 郭斌
644	党内失责必问常态化机制建设研究	研究报告	2017	马起雄
645	影响青海藏传佛教寺院治理的因素分析及对策思路	研究报告	2017	陈玮
646	西藏年度投资乘数问题研究（1993～2015）	研究报告	2017	魏珍 郭婧
647	2017～2018年青海经济形势分析与预测	研究报告	2017	苏海红 杜青华
648	2017～2018年青海社会形势分析与预测	研究报告	2017	陈玮 拉毛措 朱学海 文斌兴
649	西部民族地区文化产业跨越发展的路径研究	研究报告	2017	杨军（科）
650	财政进一步支持青海转变经济发展方式实证分析	研究报告	2017	杜青华
651	青海青南藏区产业扶贫问题研究（西北蓝皮书）	研究报告	2017	苏海红
652	建设黄河中上游经济带青海段相关问题研究（西北蓝皮书）	研究报告	2017	杜青华
653	青海"一带一路"道路建设存在的问题及对策建议	研究报告	2017	杨军 魏珍
654	关于全省哲学社会科学专项资金调研报告	研究报告	2017	赵晓
655	青海"一带一路"建设年度报告（2016）	研究报告	2017	孙发平 杨军（经）
656	青海丝绸之路经济带建设年度报告	研究报告	2017	孙发平
657	阐释青海江河文化专题研究报告	研究报告	2017	陈玮 张生寅 鄂崇荣 朱奕瑾
658	对哲学社会科学经费管理的比较分析	研究报告	2017	马起雄

续表

序号	课题名称	成果形式	完成时间	课题负责人及成员
659	对青海省社会科学院专项经费绩效目标考核的思考与建议	研究报告	2017	马起雄
660	挖掘和开发青海丝路沿线的历史文化资源	研究报告	2017	王昱
661	青海省科协基层组织建设调研报告	调研报告	2017	拉毛措　朱学海　文斌兴
662	青海省社会科学院推动落实意识形态工作责任制的汇报材料	研究报告	2018	李卫青
663	十八大以来青海党的建设成效、问题及对策	研究报告	2018	张立群
664	坚守思想高地，顺应时代要求，建设地方特色新型智库探析	研究报告	2018	孙发平
665	增强全省机关领导干部"四种本领"的对策建议	研究报告	2018	马起雄
666	2017年青海省"一带一路"建设年度报告	研究报告	2018	孙发平　戴鹏　杨军（经）
667	构建青海特色现代化工业产业体系研究	研究报告	2018	马生林　杨军（经）甘晓莹　魏珍
668	习近平新时代中国特色社会主义民族工作思想研究	研究报告	2018	陈玮　张生寅
669	习近平"一带一路"倡议与青海的实践经验	研究报告	2018	孙发平　杨军（经）
670	改革开放以来青海促进各民族交往交流交融成功实践与经验启示	研究报告	2018	鄂崇荣
671	伟大的时代铸就辉煌的业绩——青海改革开放40周年经济发展成效	研究报告	2018	马生林　魏珍
672	习近平新时代人才思想在青海的实践与成效	研究报告	2018	陈玮　张生寅
673	"三个离不开"重大思想的不断丰富和深化——关于青海创建民族团结大省的理论创新及实践推进	研究报告	2018	谢热
674	习近平新时代生态文明建设思想在西部地区的实践与启示	研究报告	2018	毛江晖
675	习近平以人民为中心的发展思想在青海的实践	研究报告	2018	肖莉
676	习近平新时代中国特色社会主义法治思想在青海的实践与成效	研究报告	2018	张立群

续表

序号	课题名称	成果形式	完成时间	课题负责人及成员
677	解决藏传佛教杰钦修丹信仰分歧矛盾对策研究	研究报告	2018	吉乎林
678	对祁连山生态环境综合治理的再思考	研究报告	2018	马生林　魏珍
679	青海东部山区大龄青年婚姻问题大调研	研究报告	2018	孙发平　拉毛措　朱学海　索南努日
680	青海民族地区信教群众宗教负担情况调研	研究报告	2018	鄂崇荣　参看加
681	全面从严治党视角下破解藏区基层党建工作难题调研报告	研究报告	2018	马起雄
682	青海藏区文化生态保护区建设研究	研究报告	2018	张生寅　胡芳　华旦嘉措　杨军　马进虎　解占录　毕艳君　张筠　沈玉萍
683	青海藏区"五个认同"调研报告	研究报告	2018	陈玮　谢热
684	三江源区野生动物保护中存在的困境与对策建议	研究报告	2018	毛江晖
685	青海藏区双语教育教学问题研究	研究报告	2018	陈玮　谢热
686	青海藏区深度贫困区域精准脱贫问题研究	研究报告	2018	才项多杰　旦正加　靳艳娥
687	青海伊斯兰教坚持中国化方向的建议	研究报告	2018	韩得福
688	"一带一路"建设中青海对外贸易存在的问题及对策	研究报告	2018	杨军（经）
689	加快推进三江源国家公园特许经营工作的对策建议	研究报告	2018	毛江晖
690	进一步提升青海农村综合治理水平的对策与建议	研究报告	2018	张立群
691	青海监察体制改革取得的成效与存在问题调研	研究报告	2018	高永宏
692	进一步提升青海藏区基层"三基"建设水平的对策建议	研究报告	2018	张生寅　胡芳　沈玉萍
693	青海藏区文化遗产的发展现状与传承策略——以达日县为例	研究报告	2018	张筠　毕艳君　东强
694	青海回族女性经学学习教育现状及对策建议	研究报告	2018	马文慧

续表

序号	课题名称	成果形式	完成时间	课题负责人及成员
695	青海省实施乡村振兴战略须关注的几个难点问题	研究报告	2018	肖莉
696	2018~2019年青海社会形势分析与预测	研究报告	2018	陈玮　拉毛措 朱学海　文斌兴
697	2018~2019年青海经济形势分析与预测	研究报告	2018	孙发平　甘晓莹 魏珍　杜青华
698	青海东部山区异地搬迁后续脱贫对策研究	研究报告	2018	杨军（经）

六　历年承担的委托及横向项目

序号	课题名称	项目来源	成果形式	立项时间	完成时间	课题负责人及成员
1	青海经济发展规划研究		调研报告	1987	1987	王恒生
2	青海风俗简志		专著	1989	1994	朱世奎
3	县域经济社会发展战略研究		研究报告	1990	1991	朱世奎
4	公伯峡水电站对库区经济社会的影响		调研报告	1991	1991	翟松天
5	青海人口和人口城市化及劳动力资源开发研究		研究报告	1991	1991	翟松天
6	两寺两校调查		调研报告	1992	1993	马连龙
7	交通事故透析		专著	1992	1995	朱玉坤
8	青海百科全书		工具书	1993	1998	朱世奎
9	青海藏区经济发展问题研究		调研报告	1993	1994	李高泉
10	青海压力表厂"八五"技术改造可行性研究		研究报告	1993	1993	刘忠
11	德令哈经济社会发展战略研究		专著	1993	1994	李高泉
12	青海"九五"及2010年经济发展战略研究		研究报告	1994	1995	陈国建
13	生物工程展望		科普读物	1994	1995	朱世奎
14	青海跨世纪经济社会发展研究		专著	1994	1995	刘忠

续表

序号	课题名称	项目来源	成果形式	立项时间	完成时间	课题负责人及成员
15	青海预算内工业亏损企业减亏扭亏对策研究		研究报告	1994	1994	刘忠
16	青海经济社会发展问题研究		研究报告	1994	1994	刘忠
17	青海湟中500户调查		资料	1994	1994	王恒生
18	民族经济问题研究		专著	1995	1997	穆兴天
19	十世班禅大师的爱国思想		论文	1995	1995	蒲文成 何峰 穆兴天
20	培植财源的思路与对策研究		专著	1995	1997	刘忠
21	青海劳动力资源与劳动就业		调研报告	1995	1995	祝宪民
22	青海食品企业总体投资环境研究报告		调研报告	1996	1996	翟松天
23	关于青海农村牧区剩余劳动力流动情况的调查与思考		调研报告	1996	1996	王恒生
24	历辈达赖、班禅年谱——三世达赖喇嘛索南嘉措年谱		古籍整理	1996	1996	拉毛措
25	青海年鉴——社会科学		工具书	1997	1997	王昱
26	辉煌五十年·青海		光盘	1998	1999	马林
27	青海经济蓝皮书		专著	1999	1999	翟松天
28	希望之星——锡铁山二次创业纪实		调查报告	1999	1999	曲青山
29	青海年鉴——社会科学		工具书	1999	1999	王昱
30	青海经济蓝皮书		专著	2000	2000	翟松天
31	青海年鉴——社会科学		工具书	2000	2000	王昱
32	青海社会蓝皮书		专著	2001	2001	景晖
33	青海经济蓝皮书		专著	2001	2001	翟松天
34	青海省农牧民增收问题研究		研究报告	2001	2002	翟松天
35	青海年鉴——社会科学		工具书	2001	2001	王昱
36	青海办事指南		工具书	2001	2001	翟松天
37	青海社会蓝皮书		专著	2002	2002	景晖
38	青海经济蓝皮书		专著	2002	2002	翟松天
39	"入世"后对青海经济发展的影响及对策研究		研究报告	2002	2002	翟松天

续表

序号	课题名称	项目来源	成果形式	立项时间	完成时间	课题负责人及成员
40	如何将青海畜牧业培养成大产业		研究报告	2002	2003	王恒生
41	青海社会蓝皮书		专著	2003	2003	景晖
42	青海经济蓝皮书		专著	2003	2003	翟松天
43	青海省2020年全面建设小康社会进程预测报告		研究报告	2003	2003	景晖
44	青海蓝皮书·2005年经济社会形势分析与预测		专著	2004	2004	景晖 王昱
45	促进青海省社会稳定与就业法律问题研究		研究报告	2004	2004	张继宗
46	青海蓝皮书·2006年经济社会形势分析与预测		专著	2005	2005	景晖 王昱
47	青海降低行政成本研究		研究报告	2005	2005	徐建龙
48	青海省生态脆弱区经济社会发展思路		研究报告	2005	2005	徐建龙
49	创建"平安青海"的社会治安防控体系研究		研究报告	2005	2005	娄海玲 高永宏
50	论未成年人保护的刑事司法体制创新		研究报告	2005	2005	肖莉
51	落实科学发展观 推进青海法制建设		研究报告	2005	2005	张立群
52	提高青海民族地区基层党政干部执政能力问题研究报告		研究报告	2005	2005	王昱
53	同仁县"十一五"经济社会总体规划		研究报告	2005	2005	李军海
54	三江源区生态危机与人口发展战略研究		研究报告	2005	2005	景晖
55	青海蓝皮书·2007年经济社会形势分析与预测		专著	2006	2006	景晖 崔永红 孙发平
56	青海发展循环经济中的法律问题研究		研究报告	2006	2006	张继宗 娄海玲

续表

序号	课题名称	项目来源	成果形式	立项时间	完成时间	课题负责人及成员
57	青海蓝皮书·2007年经济社会形势分析与预测		专著	2007	2007	景晖 崔永红 孙发平
58	青海省城市社区管理的法制环境研究		研究报告	2007	2007	张继宗 娄海玲
59	构建和谐青海的法律保障问题研究		研究报告	2007	2007	张立群
60	青海蓝皮书·2008~2009年经济社会形势分析与预测		专著	2008	2008	赵宗福 崔永红 孙发平
61	西藏通史·宋代卷		专著	2008	2009	马连龙 马学贤 桑杰端智
62	三江源生态补偿机制综合试验区实施方案		研究报告	2008	2008	苏海红
63	青海湖区人口与生态环境协调发展研究	省人口与计生委合作	研究报告	2006	2006	孙发平 刘成明
64	茫崖资源综合利用与发展循环经济研究	茫崖工委合作	研究报告	2007	2007	孙发平 冀康平 张继宗
65	青海省"十一五"规划纲要中期评估报告	省发改委委托	评估报告	2008	2008	孙发平 张伟 朱华
66	三江源区生态系统服务功能价值评估研究	省政府委托	委托项目	2008	2008	孙发平 曾贤刚 穆兴天 苏海红 刘亚州
67	青海蓝皮书·2009~2010年经济社会形势分析与预测	省政府委托	专著	2009	2009	赵宗福 崔永红 孙发平
68	青海省新时期扶贫目标及对策建议	省发改委委托	研究报告	2009	2009	孙发平 苏海红 杜青华
69	加快转变经济发展方式的思路与对策研究	省发改委委托	研究报告	2009	2009	孙发平 张伟 詹红岩 杜青华
70	加快青海城镇化发展研究	省发改委委托	研究报告	2009	2009	苏海红
71	青海矿产资源利用与保护法律问题研究	省法学会委托	研究报告	2009	2009	张继宗

续表

序号	课题名称	项目来源	成果形式	立项时间	完成时间	课题负责人及成员
72	青海劳动争议仲裁实践中的相关问题研究	省法学会	研究报告	2009	2009	高永宏
73	对依法管理青海省宗教场所的思考	省法学会	研究报告	2009	2009	张立群
74	青海农村能源综合利用发展规划	省发改委委托	研究报告	2009	2010	朱华
75	黄南州国民经济和社会发展"十二五"规划纲要	黄南州政府委托	研究报告	2010	2010	孙发平 朱华 丁忠兵
76	海晏县"十二五"发展规划	海晏县发改委委托	研究报告	2010	2010	苏海红等
77	城东区国民经济和社会发展"十二五"规划纲要	西宁市城东区发改局委托	研究报告	2010	2010	毛江晖
78	中国56个民族文化丛书（土族卷）	黄河出版传媒集团有限公司委托	丛书	2010	2010	张生寅等
79	上海市对口帮扶果洛州发展规划	省扶贫办委托	研究报告	2010	2010	苏海红
80	青海蓝皮书·2010~2011年经济社会形势分析与预测	省政府委托	专著	2010	2010	赵宗福 崔永红 孙发平
81	三江源水源保护与涵养生态补偿机制研究	水利部黄委会黄河水资源保护研究所委托	研究报告	2011	2011	孙发平 苏海红 丁忠兵
82	人口转变背景下青海省人口红利研究	省人口与计生委委托	研究报告	2011	2011	孙发平 刘成明
83	青海省"十二五"经济体制改革规划	省发改委委托课题	研究报告	2011	2011	苏海红
84	海北州社会管理创新做法与经验的调研报告	海北州委托	调研报告	2011	2011	苏海红

续表

序号	课题名称	项目来源	成果形式	立项时间	完成时间	课题负责人及成员
85	社会管理创新的法治化问题研究	省法学会	调研报告	2011	2011	高永宏
86	青海非物质遗产的法律保护	省法学会	调研报告	2011	2011	娄海玲
87	青海蓝皮书·2011~2012年经济社会形势分析与预测	省政府委托	专著	2011	2011	赵宗福 崔永红 孙发平
88	青海蓝皮书·2012~2013年经济社会形势分析与预测	省政府委托	专著	2012	2012	赵宗福 孙发平 苏海红
89	"四个海西"建设内涵及实现路径研究	海西州委合作	调研报告	2012	2012	辛国斌 赵宗福
90	海西特色文化及文化产业发展研究	海西州委合作	调研报告	2012	2012	赵宗福 牛军
91	海西州民生创先的总体思路与对策措施	海西州委合作	研究报告	2012	2012	孙发平 马杰 拉毛措 詹红岩 刘傲洋 马晓峰
92	海西发展"飞地经济"及模式研究	海西州委合作	调研报告	2012	2012	苏海红 诺卫星
93	青海"两型社会"建设研究	省委省政府重点调研课题	研究报告	2012	2012	孙发平 冀康平 马生林
94	青海城镇人口家庭结构与住房需求研究	省第六次人口普查办	调研报告	2012	2012	鲁顺元
95	推进城乡公共服务一体化问题研究	省发改委委托	研究报告	2012	2012	苏海红
96	增强青海省科技创新能力建设研究	省科技厅委托	研究报告	2012	2012	冀康平
97	青海蓝皮书·2013~2014年经济社会形势分析与预测	省政府委托	专著	2013	2013	赵宗福 孙发平 苏海红
98	三江源地区生态保护与建设中经济社会发展评估报告	省三江源办委托	研究报告	2013	2013	苏海红
99	青海省生产力布局规划	省发改委委托	研究报告	2013	2013	苏海红

续表

序号	课题名称	项目来源	成果形式	立项时间	完成时间	课题负责人及成员
100	青海蓝皮书·2014~2015年经济社会形势分析与预测	省政府委托	专著	2014	2014	赵宗福 孙发平 苏海红
101	完善创新主体功能区战略背景下区域协调发展的政策体系研究	省发改委委托	研究报告	2014	2014	苏海红
102	海西州"十三五"时期创新社会治理体制研究	海西州委委托	调研报告	2014	2014	肖莉
103	青海蓝皮书·2015~2016年经济社会形势分析与预测	省政府委托	专著	2015	2015	陈玮 孙发平 苏海红
104	历代中央政府治理青海藏区研究	中国藏学研究中心	调研报告	2015	2016	陈玮
105	青海农牧区政治建设研究	中国藏学研究中心	调研报告	2015	2016	陈玮
106	青海藏区民族关系研究	中国藏学研究中心	调研报告	2015	2015	鄂崇荣
107	藏传佛教各教派传统学经系统研究	中国藏学研究中心	调研报告	2015	2015	谢热
108	现阶段藏族青年知识分子思想动态调查研究	中国藏学研究中心	调研报告	2015	2015	鲁顺元
109	青海藏传佛教寺院民生建设的做法及经验启示	中国藏学研究中心	调研报告	2015	2015	拉毛措
110	依法治国背景下青海藏区习惯法及治理研究	中国藏学研究中心	调研报告	2015	2015	陈玮
111	丝绸之路南道交通环境变化与青海藏区维稳面临的新问题和对策	中国藏学研究中心	调研报告	2015	2015	马林
112	青海大学生政治思想动态研究	中国藏学研究中心	调研报告	2015	2015	鲁顺元
113	青海藏传佛教寺院堪布、经师的产生、作用和管理问题研究	中国藏学研究中心	调研报告	2015	2015	参看加
114	乐都区全面建成小康社会重点难点和对策研究	乐都区发改局委托	研究报告	2015	2015	孙发平 丁忠兵

续表

序号	课题名称	项目来源	成果形式	立项时间	完成时间	课题负责人及成员
115	海西州"十三五"规划基本思路研究	海西州政研室委托	研究报告	2015	2015	孙发平 张继宗
116	青海籍海外藏胞现状研究	中华全国侨联	研究报告	2015	2016	陈玮 谢热
117	青海省少数民族发展资金使用效益评估报告	省民委委托	调研报告	2015	2015	苏海红
118	青海省"十二五"规划《纲要》实施情况总体评估报告	省发改委委托	研究报告	2015	2015	苏海红
119	海东市"十三五"时期城乡统筹发展的总体思路、目标任务及对策研究	海东市发改委委托	研究报告	2015	2015	苏海红
120	藏传佛教寺院三种管理模式运行成效研究	省委统战部	调研报告	2016	2016	谢热
121	《海东市"十三五"规划基本思路研究》及《海东市"十三五"规划纲要》编制	海东市发改委委托	规划	2016	2016	孙发平 朱华
122	《互助县"十三五"规划基本思路研究》及《互助县"十三五"规划纲要》编制	互助县发改局委托	规划	2016	2016	孙发平 朱华 王亚波
123	《乐都区"十三五"规划基本思路研究》及《乐都区"十三五"规划纲要》编制	乐都区发改局委托	规划	2016	2016	孙发平 朱华 崔耀鹏
124	西宁市经济社会发展阶段及其特征研究	西宁市发改委委托	研究报告	2016	2016	孙发平 曲波 丁忠兵
125	丝绸之路经济带建设中西北五省区广告业"走出去"战略研究	青海省工商局委托	研究报告	2016	2016	孙发平 杨军（经） 杨军（科）
126	青海省藏传佛教尼姑现状分析研究	省委统战部	调研报告	2016	2016	益西卓玛
127	青海省藏传佛教游散僧尼现状分析研究	省委统战部	调研报告	2016	2016	罡拉卓玛

续表

序号	课题名称	项目来源	成果形式	立项时间	完成时间	课题负责人及成员
128	玉树"村寺并联治理"模式研究	省委统战部	调研报告	2016	2016	才项多杰
129	草场地界纠纷的类型、处置及预防机制研究	省委统战部	调研报告	2016	2016	靳艳娥
130	青海省民间信仰现状及管理研究	省民宗委	调研报告	2016	2016	李卫青
131	青海民族地区精准扶贫路径研究及对策建议	省民宗委	调研报告	2016	2016	罡拉卓玛
132	昆仑神话活态传承与昆仑文化重构研究	省文化和新闻出版厅	研究报告	2016	2016	鄂崇荣
133	青海蓝皮书·2016~2017年经济社会形势分析与预测	省政府委托	专著	2016	2016	陈玮 孙发平 苏海红
134	三江源生态保护红线（一期）划定社会稳定风险评估	省生态文明制度建设办公室委托	研究报告	2016	2016	苏海红
135	海西州率先提前两年实现整体脱贫的成效与经验	海西州委政研室委托	调研报告	2016	2016	苏海红
136	海北州城乡建设"十三五"规划	海北州住建局委托	调研报告	2016	2016	冀康平 肖莉
137	海晏县"十三五"城乡统筹发展规划	海晏县住建局委托	调研报告	2016	2016	冀康平 肖莉
138	青海蓝皮书·2017~2018年经济社会形势分析与预测	省政府委托	专著	2017	2017	陈玮 孙发平 苏海红
139	2017年青海人才发展蓝皮书	省委组织部省人才办委托	专著	2017	2017	陈玮 孙发平 马起雄
140	青海藏区当前双语教育问题研究	中国藏学研究中心	调研报告	2017	2017	陈玮 谢热 罡拉卓玛
141	青海藏传佛教尼姑现状研究	中国藏学研究中心	调研报告	2017	2017	罡拉卓玛 益西卓玛

续表

序号	课题名称	项目来源	成果形式	立项时间	完成时间	课题负责人及成员
142	五明佛学院清理整顿中青海籍僧尼安置问题研究	中国藏学研究中心	调研报告	2017	2017	才项多杰 旦正加 靳艳娥
143	三江源国家公园体制试点评估	三江源国家公园管理局招标课题	评估报告	2017	2018	陈玮 孙发平 马起雄
144	青海省大众创业万众创新改革评估报告	省委改革办委托	评估报告	2017	2017	孙发平 张立群 高永宏 崔耀鹏 郭斌
145	"一带一路"青藏国际陆港建设研究报告	省商务厅委托	研究报告	2017	2017	孙发平 朱小青 郭华 曲波 杨军（经）孙凌宇 马德君 张丽芳 李颖
146	海西州党风廉政建设和反腐败工作评估报告	海西州纪委委托	评估报告	2017	2017	孙发平 张立群 高永宏 崔耀鹏 郭斌
147	青海蓝皮书·2018~2019年经济社会形势分析与预测	省政府委托	专著	2018	2018	陈玮 孙发平 马起雄
148	黄南州创建藏区社会治理示范区工作方案	黄南州委政法委员会	规划评估报告	2018	2018	陈玮
149	鼓励引导人才向艰苦边远地区和基层一线流动研究	省委组织部下达（中组部课题）	调研报告	2018	2018	陈玮
150	习近平新时代中国特色社会主义思想研究	省委组织部下达（全国党建研究会课题）	调研报告	2018	2018	孙发平 王亚波
151	全面从严治党视角下破解青海藏区基层党建工作难题研究	省委组织部下达	调研报告	2018	2018	马起雄

续表

序号	课题名称	项目来源	成果形式	立项时间	完成时间	课题负责人及成员
152	鼓励引导人才向艰苦边远地区和基层一线流动研究	省委组织部委托	调研报告	2018	2018	陈玮　张生寅
153	以习近平人才工作思想为指导，推动青海人才工作进一步解放思想创新发展研究	省委组织部委托	调研报告	2018	2018	孙发平　王亚波
154	玉树州创建全国民族团结进步先进示范州的主要做法、成效及对策建议	玉树州委委托	调研报告	2018	2018	陈玮
155	民族团结进步海西经验——海西蒙古族藏族自治州创建全国民族团结进步示范州的实践与经验	海西州委委托	调研报告	2018	2018	陈玮
156	青海繁荣发展哲学社会科学和建设新型智库调研报告	省委宣传部下达	研究报告	2018	2018	孙发平　赵晓　朱奕瑾
157	青海文化名省建设及考核评价指标体系构建研究	省文化与新闻出版厅委托	研究报告	2018	2018	孙发平　鄂崇荣　毛江晖　甘晓莹　毕艳君　杨军（经）
158	习近平关于全面深化改革论述摘编	省委改革办委托	资料汇编	2018	2018	孙发平　王亚波

七　历年科研成果统计表

经济研究所

年度	著作（部）	字数（万字）	论文、调研报告（篇）	字数（万字）	其他类成果（篇）	字数（万字）
1979	2	565	3	1.04	3	11.55
1980			3	1.04	1	2.30
1981			7	7.45	1	0.7
1982	1	20.00	14	7.74	3	25.70
1983			11	6.75	4	65.84

续表

年度	著作（部）	字数（万字）	论文、调研报告（篇）	字数（万字）	其他类成果（篇）	字数（万字）
1984	1	42.30	21	15.00	2	16.49
1985	1	16.00	30	22.17	2	0.8
1986	2	36.00	19	11.58	2	21.00
1987	5	48.90	37	18.26	3	1.97
1988	5	21.50	78	52.18	6	3.40
1989	1	56.00	48	37.36	2	16.70
1990	3	28.10	43	32.20	1	29.00
1991	8	112.50	33	24.70	3	1.13
1992	5	29.20	45	27.46		
1993	1	10.80	9	5.75		
1994	1	5.00	14	15.25	4	342.60
1995	1	3.00	21	11.30	1	1.70
1996	1	22.50	26	28.30	1	110.00
1997			13	15.77	1	2.00
1998	1	2.00	20	19.39		
1999	2	8.20	35	24.91	3	1.15
2000	1	1.64	43	29.65	1	0.14
2001			82	46.75	6	0.79
2002			64	47.67	2	0.70
2003	2	12.20	49	26.79	5	20.00
2004	4	31.20	56	48.92		
2005	1	12.00	68	53.43		
2006	1	13.00	65	43.19		
2007	3	23.22	62	37.46		
2008	1	30	12	7.8		
2009						
2010						
2011	1	25	15	12.3		
2012			16	18.5	1	15
2013			21	17	2	20
2014			11	20.3	1	8

续表

年度	著作（部）	字数（万字）	论文、调研报告（篇）	字数（万字）	其他类成果（篇）	字数（万字）
2015	1	15.7	19	17.2	2	7
2016			8	12.3	4	10.7
2017			6	10.1	3	9.3

说明：著作一项中包括专著、译注、丛书、工具书、古籍整理、资料汇编等形式的成果；其他类成果包括辞条、综述、译文、评论及一般文章等。

生态环境研究所

年度	著作（部）	字数（万字）	论文、调研报告（篇）	字数（万字）	其他类成果（篇）	字数（万字）
1979						
1980						
1981						
1982						
1983						
1984						
1985						
1986						
1987						
1988						
1989						
1990						
1991						
1992						
1993						
1994						
1995						
1996						
1997						
1998						
1999						
2000						

续表

年度	著作（部）	字数（万字）	论文、调研报告（篇）	字数（万字）	其他类成果（篇）	字数（万字）
2001						
2002						
2003						
2004						
2005						
2006						
2007						
2008						
2009						
2010						
2011						
2012						
2013						
2014	1	25.8	6	5.7	1	31.5
2015			6	5.1	1	20.6
2016	1	6.5	15	11.4	5	17.5
2017			14	8	6	14.7

说明：著作一项中包括专著、译注、丛书、工具书、古籍整理、资料汇编等形式的成果；其他类成果包括辞条、综述、译文、评论及一般文章等。

社会学研究所

年度	著作（部）	字数（万字）	论文、调研报告（篇）	字数（万字）	其他类成果（篇）	字数（万字）
1979			3	0.80		
1980						
1981			4	2.35	1	0.45
1982			15	8.20	3	1.27
1983			9	7.10		
1984			18	9.45		
1985			16	7.05		
1986			21	10.57	2	0.45

续表

年度	著作（部）	字数（万字）	论文、调研报告（篇）	字数（万字）	其他类成果（篇）	字数（万字）
1987			15	6.85	4	0.56
1988	1	12.60	34	15.93	1	0.60
1989			44	23.81	2	0.43
1990	1	9.17	35	17.72	1	0.15
1991	1	1.40	26	19.84	1	0.60
1992	1	1.50	14	10.49		
1993			8	5.90	1	0.20
1994			10	4.80	1	0.10
1995	2	23.80	11	7.15		
1996			14	7.99		
1997			17	38.35		
1998	1	28	15	6.77	1	2.5
1999	1	3.13	20	9.68	3	2.45
2000			52	25.76		
2001			14	9.03		
2002			20	12.91		
2003	1	3	25	12.75		
2004	3	46.5	31	18.45	4	0.37
2005	1	3.8	37	34.64		
2006	1	4	25	11.77		
2007			32	20.67		
2008			20	19.4		
2009	2	40	19	18.9		
2010	1	20	21	18.6		
2011	1	20	20	20.8		
2012	1	2.5	23	24.6		
2013			18	18.2		
2014			16	20.1		

续表

年度	著作（部）	字数（万字）	论文、调研报告（篇）	字数（万字）	其他类成果（篇）	字数（万字）
2015			17	25.9		
2016			19	28.9		
2017			20	44.9		

说明：著作一项中包括专著、译注、丛书、工具书、古籍整理、资料汇编等形式的成果；其他类成果包括辞条、综述、译文、评论及一般文章等。

政法研究所

年度	著作（部）	字数（万字）	论文、调研报告（篇）	字数（万字）	其他类成果（篇）	字数（万字）
1979						
1980						
1981						
1982						
1983						
1984						
1985						
1986						
1987						
1988						
1989						
1990						
1991						
1992						
1993						
1994						
1995						
1996						
1997						
1998						
1999			3	1.20		
2000			17	5.00	1	2.00

续表

年度	著作（部）	字数（万字）	论文、调研报告（篇）	字数（万字）	其他类成果（篇）	字数（万字）
2001	1	16.00	9	5.30	1	0.20
2002			3	2.50		
2003			11	7.00	1	0.20
2004			14	9.00	3	0.60
2005			21	16.30	1	0.30
2006			29	19.00	5	0.60
2007			23	20.60	1	0.10
2008			16	8.91	4	1.5
2009			13	9.74	2	0.9
2010	3	30	12	11	1	0.6
2011			10	9.7	6	1.7
2012			16	12.8	9	2.1
2013	1	1	12	19	8	4
2014	1	1	18	12.36	13	4.48
2015	2	1.54	22	15.44	7	5.14
2016	2	1.41	26	17.98	11	5
2017	2	1.48	31	28.52	3	2.15

说明：著作一项中包括专著、译著、丛书、工具书、古籍整理、资料汇编等形式的成果；其他类成果包括辞条、综述、译文、评论及一般文章等。

藏学研究所

年度	著作（部）	字数（万字）	论文、调研报告（篇）	字数（万字）	其他类成果（篇）	字数（万字）
1979						
1980						
1981			3	2.40		
1982			2	6.90		
1983			6	4.62		
1984	1	5.00	7	5.95	1	0.10
1985	3	45.90	13	16.00		
1986	3	29.30	9	12.48	2	4.20

续表

年度	著作（部）	字数（万字）	论文、调研报告（篇）	字数（万字）	其他类成果（篇）	字数（万字）
1987			13	9.53	1	0.10
1988	1	31.00	17	22.60	3	1.96
1989	2	108.00	18	19.85	3	2.70
1990	2	1.23	16	17.20	1	4.60
1991	1	46.00	9	13.10		
1992	4	47.50	33	46.70	6	10.16
1993			9	12.16	1	10.25
1994	3	51.20	10	8.71	1	1.70
1995	3	56.60	7	4.99	1	0.60
1996	2	12.00	8	7.53	1	0.30
1997	2	31.00	10	8.09		
1998			9	7.16	5	20.65
1999	3	6.10	17	10.88	5	4.79
2000	2	14.90	35	20.74	1	1.66
2001			11	6.78		
2002	2	13.75	7	5.54		
2003	1	20.00	11	9.00	2	0.31
2004	2	45.50	5	11.20		
2005	6	68.50	5	4.35		
2006	6	77.00	9	6.21	3	1.55
2007	3	31.00	3	3.2		
2008	5	79.9	15	12.9	2	2.05
2009	3	75.5	11	13.82		
2010	6	87	11	12.9	4	4.57
2011			15	8.9	3	17.35
2012	5	63.85	8	7.3	3	1.2
2013	1	60	11	15.76	3	2.8
2014	3	93.6	7	5.1	5	5.1
2015	1	8	12	8.3	4	3.9
2016	1	10	22	17.82	7	4.7
2017	1	27	18	8.6	5	6.3

说明：著作一项中包括专著、译注、丛书、工具书、古籍整理、资料汇编等形式的成果；其他类成果包括辞条、综述、译文、评论及一般文章等。

民族宗教研究所

年度	著作（部）	字数（万字）	论文、调研报告（篇）	字数（万字）	其他类成果（篇）	字数（万字）
1979						
1980						
1981						
1982			2	1.90		
1983			7	6.99	1	0.80
1984			4	15.86		
1985			6	6.24		
1986			4	5.30		
1987			7	4.55	2	1.51
1988			12	9.46	1	2.00
1989	3	42.40	10	10.90		
1990	2	33.90	17	11.36	1	11.50
1991	2	4.20	15	13.99	2	3.80
1992	1	15.00	10	8.07		
1993	4	62.00	8	7.30		
1994	3	59.80	10	9.53	1	17.78
1995	3	72.60	12	8.76		
1996	1	3.80	8	4.18	1	0.1
1997	2	34.00	7	7.13	1	6.36
1998			6	4.79	1	0.4
1999	1	2.19	8	5.16	1	4.1
2000			29	18.31	1	0.4
2001			23	12.99	2	0.64
2002	2	10.9	15	10.38	1	0.28
2003			16	9.12		
2004	3	11	19	44.06		
2005	3	31	29	23.71		
2006	4	40.85	32	26		
2007	3	71	18	16.13		
2008	1	33	14	6.6	2	0.8

续表

年度	著作（部）	字数（万字）	论文、调研报告（篇）	字数（万字）	其他类成果（篇）	字数（万字）
2009	1	62	12	11		
2010	4	87.4	13	13.2		
2011			17	13.1		
2012	1	15	11	8.2		
2013			9	5.4		
2014			11	6.9		
2015			9	6		
2016	2	40.9	17	9	2	2.8
2017			21	10.7	2	15.2

说明：著作一项中包括专著、译注、丛书、工具书、古籍整理、资料汇编等形式的成果；其他类成果包括辞条、综述、译文、评论及一般文章等。

文史研究所

年度	著作（部）	字数（万字）	论文、调研报告（篇）	字数（万字）	其他类成果（篇）	字数（万字）
1979			11	3.94	2	14.00
1980			11	4.60	1	0.20
1981					1	0.35
1982			6	4.35	1	1.00
1983			8	5.60	1	0.60
1984			11	8.26		
1985			12	10.33	2	33.00
1986			11	7.09	1	2.59
1987			12	17.02	5	6.33
1988			16	9.16		
1989	1	7.70	8	8.07	2	0.80
1990	3	353.00	15	10.70		
1991	2	2.35	12	11.30	3	0.40
1992	2	5.50	9	6.80	1	0.40
1993			2	1.60	2	1.20
1994	4	179.20	3	2.60	3	118.20

续表

年度	著作（部）	字数（万字）	论文、调研报告（篇）	字数（万字）	其他类成果（篇）	字数（万字）
1995	2	7.85	8	6.70		
1996	3	56.00	13	9.77	1	2.50
1997	1	24.00	14	7.20	1	0.40
1998	2	166.84	15	13.08	5	6.55
1999	3	9.69	23	8.58	1	0.19
2000	3	3.31	23	6.71	1	0.74
2001	1	16.00	19	8.13	4	1.00
2002			12	7.83	1	0.32
2003			10	5.70	2	2.50
2004	3	26.00	9	6.45	1	1.29
2005	1	5.10	8	10.13	1	0.50
2006			19	9.91		
2007	2	37.00	15	8.06		
2008	5	45.5	11	8.3	3	0.9
2009	1	6.5	9	10.03	4	1.3
2010	2	11	10	6.92	3	0.8
2011	2	22	19	14.48		
2012	3	50.4	15	9.65	1	0.5
2013	3	30.7	16	11.22	1	0.4
2014	2	29.2	6	2.72	2	0.8
2015			11	24.91	5	3.9
2016	3	26	12	13.2	2	2
2017	4	90.8	9	4.75		

说明：著作一项中包括专著、译注、丛书、工具书、古籍整理、资料汇编等形式的成果；其他类成果包括辞条、综述、译文、评论及一般文章等。

文献信息中心

年度	著作（部）	字数（万字）	论文、调研报告（篇）	字数（万字）	其他类成果（篇）	字数（万字）
1979			2	1.08		
1980					2	10.10

续表

年度	著作（部）	字数（万字）	论文、调研报告（篇）	字数（万字）	其他类成果（篇）	字数（万字）
1981			3	1.80	1	0.50
1982			7	4.10		
1983	1	2.50	3	4.00		
1984			3	1.50		
1985			2	0.90		
1986						
1987						
1988			5	41.16		
1989						
1990	1	20.00				
1991						
1992						
1993						
1994	1	3.10	3	1.12		
1995			19	5.97		
1996	1	16.00	1	0.34		
1997			1	0.42		
1998	1		2	1.26		
1999					5	6.50
2000	1				8	9.50
2001			2	0.8	12	9.60
2002			3	1.50	12	9.60
2003			1	0.40	12	9.60
2004			3	1.38	12	9.60
2005					6	4.80
2006			1	0.50	6	4.80
2007	1	196.00	1	0.8	6	4.80
2008	4	29.8	6	5.26	2	0.25
2009			8	7.03		
2010			4	4.7		

续表

年度	著作（部）	字数（万字）	论文、调研报告（篇）	字数（万字）	其他类成果（篇）	字数（万字）
2011			4	3.5	2	1.22
2012			4	2.62		
2013			7	4.22		
2014			3	4.1	1	5.1
2015	1	4.5	3	3.6	1	5.4
2016			2	6.1	1	6.3
2017			1	1.05	1	5.7

说明：著作一项中包括专著、译注、丛书、工具书、古籍整理、资料汇编等形式的成果；其他类成果包括辞条、综述、译文、评论及一般文章等。

行政科管部门

年度	著作（部）	字数（万字）	论文、调研报告（篇）	字数（万字）	其他类成果（篇）	字数（万字）
1979	1	1.50	18	16.47	1	0.03
1980			9	2.26	1	2.30
1981			21	9.48	4	7.80
1982			18	8.46	6	46.58
1983			11	4.19	3	2.90
1984	1	23.00	13	11.36	1	1.00
1985			15	21.08	3	19.75
1986			13	4.30		
1987	1	24.20	13	11.19		
1988	2	101.00	16	12.74	2	2.82
1989	1	3.20	14	6.76	3	22.33
1990	3	86.98	9	6.82	7	74.94
1991			12	13.68		
1992	1	2.50	15	12.36	7	1.35
1993	4	45.73	20	15.35		
1994	3	18.31	33	27.66	22	116.13
1995	3	35.00	21	10.85	21	5.64
1996	1	3.30	29	14.24	1	0.30

续表

年度	著作（部）	字数（万字）	论文、调研报告（篇）	字数（万字）	其他类成果（篇）	字数（万字）
1997	2	34.20	14	15.82	22	6.22
1998	5	61.58	32	13.22	1	0.075
1999	7	51.09	26	10.44	6	6.04
2000	2	2.12	38	18.80	7	5.24
2001	6	114.78	48	20.87	2	0.28
2002	1	4.30	20	15.84	1	0.28
2003	1	8.30	28	15.50	2	3.36
2004	5	58.30	38	16.28	4	1.81
2005	4	25.90	21	19.49		
2006	1	13.00	39	12.24	1	0.13
2007	4	62.00	24	17.06		
2008			3	2		
2009			2	1		
2010			4	3		
2011			5	4.5	1	0.9
2012			3	3.5	2	1.4
2013	1	7	4	4.7	2	0.8
2014			4	4.1	2	0.9
2015			4	3.5	3	1.2
2016	3	70	2	2.5	4	1.7
2017	1	25	3	3.5	5	2.1

说明：著作一项中包括专著、译注、丛书、工具书、古籍整理、资料汇编等形式的成果；其他类成果包括辞条、综述、译文、评论及一般文章等。

八 历年获奖的科研成果目录

序号	成果名称	成果形式	获奖名称	获奖等级	获奖时间	作者
1	吐蕃王朝历代赞普生卒年考	论文	青海省第一次哲学社会科学优秀成果评奖	二等奖	1986.7	蒲文成

续表

序号	成果名称	成果形式	获奖名称	获奖等级	获奖时间	作者
2	浅谈哲学与精神文明	论义	青海省第一次哲学社会科学优秀成果评奖	三等奖	1986.7	魏兴
3	简明中学政治辞典	工具书	青海省第一次哲学社会科学优秀成果评奖	三等奖	1986.7	王毅武
4	坚持社会主义道路的一个重大理论问题	论文	青海省第一次哲学社会科学优秀成果评奖	三等奖	1986.7	翟松天
5	社会物质是一个极其重要的哲学概念	论文	青海省第一次哲学社会科学优秀成果评奖	三等奖	1986.7	隋儒诗
6	试论不发达省区经济发展战略指导思想的几个问题	论文	青海省第一次哲学社会科学优秀成果评奖	三等奖	1986.7	钱之翁
7	浮动工资初探	论文	青海省第一次哲学社会科学优秀成果评奖	三等奖	1986.7	胡先来
8	试论赞普王权与吐蕃官制	论文	青海省第一次哲学社会科学优秀成果评奖	三等奖	1986.7	陈庆英
9	青海省古籍善本书目	工具书	青海省第一次哲学社会科学优秀成果评奖	三等奖	1986.7	王昱
10	政治经济学简明教材	教材	青海省第一次哲学社会科学优秀成果评奖	三等奖	1986.7	钱之翁
11	青海湟源县大华中庄卡约文化墓地发掘简报	资料	青海省第一次哲学社会科学优秀成果评奖	三等奖	1986.7	崔永红
12	稳中有降是我国工业品价格发展的总趋势	论文	青海省第一次哲学社会科学优秀成果评奖	鼓励奖	1986.7	于松臣

续表

序号	成果名称	成果形式	获奖名称	获奖等级	获奖时间	作者
13	青海诗人系谈	论文	青海省第一次哲学社会科学优秀成果评奖	鼓励奖	1986.7	赵宗福
14	柴达木盆地农业综合开发利用水土资源研究	论文	中国农业部科技进步奖	二等奖	1987.10	刘忠
15	中国社会主义经济思想史简编	专著	青海省第二次哲学社会科学优秀成果评奖	一等奖	1989.11	王毅武
16	社会主义初级阶段理论和党的基本路线教程	教材	青海省第二次哲学社会科学优秀成果评奖	二等奖	1989.11	朱世奎 曲青山
17	青海方志资料类编	工具书	青海省第二次哲学社会科学优秀成果评奖	二等奖	1989.11	王昱等
18	藏传佛教进步人士在我国民族关系史上的积极作用	论文	青海省第二次哲学社会科学优秀成果评奖	二等奖	1989.11	蒲文成
19	花儿通论	专著	青海省第二次哲学社会科学优秀成果评奖	二等奖	1989.11	赵宗福
20	章嘉·若必多吉与乾隆皇帝	论文	青海省第二次哲学社会科学优秀成果评奖	三等奖	1989.11	陈庆英
21	宗喀巴诗歌的特色及成就	论文	青海省第二次哲学社会科学优秀成果评奖	三等奖	1989.11	何峰
22	关于青海牧民生活消费问题研究	论文	青海省第二次哲学社会科学优秀成果评奖	三等奖	1989.11	王恒生
23	佛家思想对藏族古典文学的影响	论文	青海省第二次哲学社会科学优秀成果评奖	三等奖	1989.11	谢佐
24	试论金瓶掣签的产生及其历史作用	论文	青海省第二次哲学社会科学优秀成果评奖	三等奖	1989.11	曲青山

续表

序号	成果名称	成果形式	获奖名称	获奖等级	获奖时间	作者
25	十三大文件学习辅导读本	教材	青海省第二次哲学社会科学优秀成果评奖	三等奖	1989.11	曲青山等
26	关于中国汉传密教研究中的几个问题	论文	青海省第二次哲学社会科学优秀成果评奖	三等奖	1989.11	吕建福
27	试论发展商品经济对牧民群众逐步形成新生活方式的作用	论文	青海省第二次哲学社会科学优秀成果评奖	三等奖	1989.11	朱玉坤
28	社会问题经济学	译著	青海省第二次哲学社会科学优秀成果评奖	三等奖	1989.11	钱之翁
29	社会主义商品经济的几个理论问题	论文	青海省第二次哲学社会科学优秀成果评奖	三等奖	1989.11	王毅武
30	论唐太宗的人才思想和用人政策	论文	青海省第二次哲学社会科学优秀成果评奖	三等奖	1989.11	赵秉理等
31	西宁方言志	工具书	青海省第二次哲学社会科学优秀成果评奖	三等奖	1989.11	朱世奎等
32	论佛教与藏族人口——苦的哲学与种的繁衍	论文	青海省第二次哲学社会科学优秀成果评奖	鼓励奖	1989.11	穆兴天
33	论解放战争时期的中国民主同盟与中间路线——兼评民盟历史研究中的两种倾向	论文	青海省第二次哲学社会科学优秀成果评奖	鼓励奖	1989.11	曲青山等
34	试论世界农业现代化的道路问题	论文	青海省第二次哲学社会科学优秀成果评奖	鼓励奖	1989.11	谭国刚
35	略谈青海省工业企业的技术改造	论文	青海省第二次哲学社会科学优秀成果评奖	鼓励奖	1989.11	于松臣

续表

序号	成果名称	成果形式	获奖名称	获奖等级	获奖时间	作者
36	西宁市经济社会发展战略的思考与选择	论文	青海省第二次哲学社会科学优秀成果评奖	鼓励奖	1989.11	李高泉
37	雍正帝治藏思想初探	论文	青海省第二次哲学社会科学优秀成果评奖	鼓励奖	1989.11	马林
38	中国共产党历史上的重大转折与马克思主义哲学	论文	全国纪念中国共产党成立70周年理论研讨会	入选奖	1991.6	魏兴
39	论党的统一战线的基本实践与历史经验	论文	全国纪念中国共产党成立70周年理论研讨会	入选奖	1991.6	曲青山
40	中国共产党历史上的重大转折与马克思主义哲学	论文	青海省第三次哲学社会科学优秀成果评奖	荣誉奖	1993.6	魏兴
41	论党的统一战线的基本实践与历史经验	论文	青海省第三次哲学社会科学优秀成果评奖	荣誉奖	1993.6	曲青山
42	格萨尔学集成（一、二、三卷）	编著	青海省第三次哲学社会科学优秀成果评奖	荣誉奖	1993.6	赵秉理
43	当代中国的青海	编著	青海省第三次哲学社会科学优秀成果评奖	一等奖	1993.6	王昱 崔永红
44	中国社会主义经济思想史研究	专著	青海省第三次哲学社会科学优秀成果评奖	二等奖	1993.6	王毅武
45	互助县民族经济发展战略研究	编著	青海省第三次哲学社会科学优秀成果评奖	二等奖	1993.6	翟松天等
46	中国国情丛书——百县市经济社会调查·格尔木卷	专著	青海省第三次哲学社会科学优秀成果评奖	二等奖	1993.6	王恒生 崔永红等

续表

序号	成果名称	成果形式	获奖名称	获奖等级	获奖时间	作者
47	元朝帝师八思巴	专著	青海省第三次哲学社会科学优秀成果评奖	二等奖	1993.6	陈庆英
48	中共党史和马克思主义党的建设理论学习提要	教材	青海省第三次哲学社会科学优秀成果评奖	二等奖	1993.6	曲青山等
49	宇称不守恒的哲学启示	论文	青海省第三次哲学社会科学优秀成果评奖	三等奖	1993.6	郝宁湘
50	辛亥革命与中国民族资产阶级	论文	青海省第三次哲学社会科学优秀成果评奖	三等奖	1993.6	曲青山等
51	西宁商业史略	编著	青海省第三次哲学社会科学优秀成果评奖	三等奖	1993.6	曲青山等
52	关于青海社会主义改造问题的研究	论文	青海省第三次哲学社会科学优秀成果评奖	三等奖	1993.6	曲青山等
53	回族词人李若虚的咏藏词	论文	青海省第三次哲学社会科学优秀成果评奖	三等奖	1993.6	赵宗福
54	青海高原老人	专著	青海省第三次哲学社会科学优秀成果评奖	三等奖	1993.6	卢贺英等
55	社会主义工业企业民主管理	编著	青海省第三次哲学社会科学优秀成果评奖	三等奖	1993.6	于松臣
56	格尔木开发研究	专著	青海省第三次哲学社会科学优秀成果评奖	三等奖	1993.6	王恒生等
57	抓住有利时机，把经济建设和改革开放推向新阶段	论文	青海省第三次哲学社会科学优秀成果评奖	三等奖	1993.6	翟松天

续表

序号	成果名称	成果形式	获奖名称	获奖等级	获奖时间	作者
58	青海玉树州东三县农业综合开发研究	专著	青海省第三次哲学社会科学优秀成果评奖	三等奖	1993.6	李高泉周生文等
59	明代河湟地区军屯的管理及租赋	论文	青海省第三次哲学社会科学优秀成果评奖	三等奖	1993.6	崔永红
60	关于噶斯地区的综合调查报告	调研报告	青海省第三次哲学社会科学优秀成果评奖	三等奖	1993.6	王昱
61	青海简史	专著	青海省第三次哲学社会科学优秀成果评奖	三等奖	1993.6	王昱姚丛哲等
62	试论唐蕃大非之战	论文	青海省第三次哲学社会科学优秀成果评奖	三等奖	1993.6	谢全堂
63	甘青藏传佛教寺院	专著	青海省第三次哲学社会科学优秀成果评奖	三等奖	1993.6	蒲文成等
64	中国藏族部落	专著	青海省第三次哲学社会科学优秀成果评奖	三等奖	1993.6	陈庆英等
65	青海民族工作的回顾与展望	论文	青海省第三次哲学社会科学优秀成果评奖	三等奖	1993.6	谢佐
66	青海经济增长因素分析	论文	青海省第三次哲学社会科学优秀成果评奖	三等奖	1993.6	徐建龙
67	法门寺出土文物中有关密教内容的考释	论文	青海省第三次哲学社会科学优秀成果评奖	三等奖	1993.6	吕建福
68	试论十八世纪中叶西藏地方行政体制的改革	论文	青海省第三次哲学社会科学优秀成果评奖	三等奖	1993.6	蒲文成

续表

序号	成果名称	成果形式	获奖名称	获奖等级	获奖时间	作者
69	大元帝师八思巴在玉树地区的活动	论文	青海省第三次哲学社会科学优秀成果评奖	三等奖	1993.6	周生文
70	藏族牧区部落组织结构分析	论文	青海省第三次哲学社会科学优秀成果评奖	三等奖	1993.6	邢海宁等
71	藏族历代文学作品选	著作	青海省第三次哲学社会科学优秀成果评奖	三等奖	1993.6	何峰等
72	坚定不移地走社会主义道路	论文	青海省第三次哲学社会科学优秀成果评奖	鼓励奖	1993.6	陈国建
73	当代实用经济500问	普及读物	青海省第三次哲学社会科学优秀成果评奖	鼓励奖	1993.6	曲青山等
74	时机·改革·发展	编著	青海省第三次哲学社会科学优秀成果评奖	鼓励奖	1993.6	曲青山等
75	基层党校建设概论	教材	青海省第三次哲学社会科学优秀成果评奖	鼓励奖	1993.6	曲青山等
76	在十四大旗帜下加快青海改革和建设的步伐	教材	青海省第三次哲学社会科学优秀成果评奖	鼓励奖	1993.6	曲青山等
77	论古代藏族的灵魂观念	论文	青海省第三次哲学社会科学优秀成果评奖	鼓励奖	1993.6	谢热
78	论佛教与藏族文化	论文	青海省第三次哲学社会科学优秀成果评奖	鼓励奖	1993.6	穆兴天
79	"会"及其来源探索	论文	青海省第三次哲学社会科学优秀成果评奖	鼓励奖	1993.6	李存福

续表

序号	成果名称	成果形式	获奖名称	获奖等级	获奖时间	作者
80	一代宗师 百世楷模	论文	青海省第三次哲学社会科学优秀成果评奖	鼓励奖	1993.6	马连龙
81	创建青海高原老人刍议	论文	青海省第三次哲学社会科学优秀成果评奖	鼓励奖	1993.6	朱世奎
82	青海掠影	编著	青海省第三次哲学社会科学优秀成果评奖	鼓励奖	1993.6	朱世奎
83	社会主义市场经济与精神文明建设	论文	全国报纸理论宣传研究会	入选奖	1994.4	余中水
84	坚持共同富裕处理好先富后富的关系	论文	全国报纸理论宣传研究会	入选奖	1994.4	曲青山
85	十世班禅大师的爱国思想	论文	青海省第四次哲学社会科学优秀成果评奖	荣誉奖	1996.10	蒲文成 何峰 穆兴天
86	十世班禅大师的爱国思想	论文	全国"五个一工程"入选作品	入选奖	1996.9	蒲文成 何峰 穆兴天
87	藏族部落制度研究	专著	青海省第四次哲学社会科学优秀成果评奖	二等奖	1996.10	陈庆英 何峰
88	中国密教史	专著	青海省第四次哲学社会科学优秀成果评奖	二等奖	1996.10	吕建福
89	唯物论通俗读本	普及读物	青海省第四次哲学社会科学优秀成果评奖	二等奖	1996.10	魏兴 余中水 曲青山
90	在总结历史经验的基础上创造新的理论	论文	青海省第四次哲学社会科学优秀成果评奖	二等奖	1996.10	童金怀
91	东部与中西部地区协调发展管见	论文	青海省第四次哲学社会科学优秀成果评奖	二等奖	1996.10	曲青山

续表

序号	成果名称	成果形式	获奖名称	获奖等级	获奖时间	作者
92	邓小平哲学思想概论	专著	青海省第四次哲学社会科学优秀成果评奖	二等奖	1996.10	曲青山等
93	觉囊派通论	专著	青海省第四次哲学社会科学优秀成果评奖	二等奖	1996.10	蒲文成等
94	藏族古代教育史略	专著	青海省第四次哲学社会科学优秀成果评奖	二等奖	1996.10	谢佐
95	交通事故透析	专著	青海省第四次哲学社会科学优秀成果评奖	二等奖	1996.10	朱玉坤
96	中国社会主义经济思想研究丛书（11本）	编著	青海省第四次哲学社会科学优秀成果评奖	二等奖	1996.10	王毅武等
97	社会主义建设探索中的曲解与校正现象研究	论文	青海省第四次哲学社会科学优秀成果评奖	二等奖	1996.10	翟松天
98	建设有中国特色的社会主义概论	专著	青海省第四次哲学社会科学优秀成果评奖	三等奖	1996.10	周生文等
99	马克思主义民族观宗教观教育读本	普及物	青海省第四次哲学社会科学优秀成果评奖	三等奖	1996.10	曲青山等
100	新时期社会科学的地位作用及前景	论文	青海省第四次哲学社会科学优秀成果评奖	三等奖	1996.10	陈国建 余中水 秦书广
101	对当前道德建设的几点思考	论文	青海省第四次哲学社会科学优秀成果评奖	三等奖	1996.10	余中水
102	资本主义市场经济研究	专著	青海省第四次哲学社会科学优秀成果评奖	三等奖	1996.10	余中水等

续表

序号	成果名称	成果形式	获奖名称	获奖等级	获奖时间	作者
103	乌兰县经济研究	专著	青海省第四次哲学社会科学优秀成果评奖	三等奖	1996.10	杨昭辉等
104	青海跨世纪经济社会发展研究	专著	青海省第四次哲学社会科学优秀成果评奖	三等奖	1996.10	刘忠
105	德令哈市经济社会发展战略研究	专著	青海省第四次哲学社会科学优秀成果评奖	三等奖	1996.10	李高泉 崔永红
106	果洛藏族社会	专著	青海省第四次哲学社会科学优秀成果评奖	三等奖	1996.10	邢海宁
107	《格萨尔》与藏族部落	专著	青海省第四次哲学社会科学优秀成果评奖	三等奖	1996.10	何峰
108	[顺治]《西宁志》	古籍整理	青海省第四次哲学社会科学优秀成果评奖	三等奖	1996.10	王昱等
109	达赖喇嘛三世、四世传	译著	青海省第四次哲学社会科学优秀成果评奖	三等奖	1996.10	陈庆英等
110	论"虎龄豹尾"的西王母	论文	青海省第四次哲学社会科学优秀成果评奖	三等奖	1996.10	赵宗福
111	青海省社会科学文献资源调查评述	专著	青海省第四次哲学社会科学优秀成果评奖	三等奖	1996.10	王昱等
112	青海汉俗的建构特色及意蕴	论文	青海省第四次哲学社会科学优秀成果评奖	三等奖	1996.10	朱世奎
113	论第三产业经济发展根本动力	论文	青海省第四次哲学社会科学优秀成果评奖	鼓励奖	1996.10	李寿德

续表

序号	成果名称	成果形式	获奖名称	获奖等级	获奖时间	作者
114	重返关贸对青海原材料工业的影响与对策	论文	青海省第四次哲学社会科学优秀成果评奖	鼓励奖	1996.10	徐建龙
115	抗战时期的西北诸马	论文	青海省第四次哲学社会科学优秀成果评奖	鼓励奖	1996.10	刘景华
116	论古代藏族的自然崇拜	论文	青海省第四次哲学社会科学优秀成果评奖	鼓励奖	1996.10	谢热
117	伊斯兰教与现代关系诠释	论文	青海省第四次哲学社会科学优秀成果评奖	鼓励奖	1996.10	马进虎
118	浅论西藏问题与中国内政	论文	青海省第四次哲学社会科学优秀成果评奖	鼓励奖	1996.10	鲁顺元
119	青海少数民族	论文	青海省第四次哲学社会科学优秀成果评奖	鼓励奖	1996.10	穆兴天等
120	藏族家庭教育与寺院教育	论文	青海省第四次哲学社会科学优秀成果评奖	鼓励奖	1996.10	穆兴天
121	青海藏族妇女在社会经济生活中的地位和作用	论文	青海省第四次哲学社会科学优秀成果评奖	鼓励奖	1996.10	拉毛措
122	计算复杂性理论及其哲学研究	论文	青海省第四次哲学社会科学优秀成果评奖	鼓励奖	1996.10	郝宁湘
123	论邓小平的致富思想及其实践意义	论文	青海省"五个一工程"评奖	入选奖	1996	曲青山
124	东西兼顾协调发展	论文	全国报纸理论宣传研究会	二等奖	1996.4	曲青山
125	关于改进和加强理论宣传工作的思考	论文	全国省级宣传部部刊论文评奖	优秀论文奖	1997.5	曲青山

续表

序号	成果名称	成果形式	获奖名称	获奖等级	获奖时间	作者
126	中国密教史	专著	全国第二届青年社会科学优秀成果评奖	优秀专著奖	1997.12	吕建福
127	论新时期的思想解放	论文	全国纪念党的十一届三中全会20周年理论研究会入选论文	入选奖	1998	曲青山
128	光耀柴达木人的时代精神	调研报告	全国"五个一工程"入选作品	入选奖	1999.9	曲青山等
129	中国藏族宗教信仰与人权	论文	全国"五个一工程"入选作品	入选奖	1999.9	何 峰 余中水
130	光耀柴达木人的时代精神	调研报告	青海省第五次哲学社会科学优秀成果评奖	荣誉奖	2000.7	曲青山等
131	中国藏族宗教信仰与人权	论文	青海省第五次哲学社会科学优秀成果评奖	荣誉奖	2000.7	何 峰 余中水
132	青海通史	专著	青海省第五次哲学社会科学优秀成果评奖	一等奖	2000.7	崔永红等
133	青海百科全书	编著	青海省第五次哲学社会科学优秀成果评奖	一等奖	2000.7	朱世奎 李嘉善等
134	高耗电工业西移对青海经济和环境的影响	专著	青海省第五次哲学社会科学优秀成果评奖	一等奖	2000.7	翟松天 徐建龙 张毓卫等
135	论新时期的思想解放	论文	青海省第五次哲学社会科学优秀成果评奖	二等奖	2000.7	曲青山
136	社会主义市场经济条件下的道德建设概论	专著	青海省第五次哲学社会科学优秀成果评奖	二等奖	2000.7	曲青山等
137	青海省志·社会科学志	编著	青海省第五次哲学社会科学优秀成果评奖	二等奖	2000.7	朱世奎 王 昱 李嘉善 梁明芳

续表

序号	成果名称	成果形式	获奖名称	获奖等级	获奖时间	作者
138	辉煌50年·青海	光盘	青海省第五次哲学社会科学优秀成果评奖	二等奖	2000.7	马林等
139	走进毒品王国	专著	青海省第五次哲学社会科学优秀成果评奖	二等奖	2000.7	朱玉坤
140	自然资源和可持续利用与青海经济发展	调研报告	青海省第五次哲学社会科学优秀成果评奖	二等奖	2000.7	王恒生
141	青海资源开发研究	专著	青海省第五次哲学社会科学优秀成果评奖	二等奖	2000.7	景晖等
142	青海草原畜牧业产业化研究	调研报告	青海省第五次哲学社会科学优秀成果评奖	二等奖	2000.7	陈国建等
143	青海资源开发回顾与思考	调研报告	青海省第五次哲学社会科学优秀成果评奖	二等奖	2000.7	陈国建 徐建龙 余中水
144	青海经济史（古代卷）	专著	青海省第五次哲学社会科学优秀成果评奖	二等奖	2000.7	崔永红
145	青海经济史（近代卷）	专著	青海省第五次哲学社会科学优秀成果评奖	二等奖	2000.7	翟松天
146	五世达赖喇嘛传	译著	青海省第五次哲学社会科学优秀成果评奖	二等奖	2000.7	陈庆英 马连龙 马林
147	藏传佛教与藏族社会	专著	青海省第五次哲学社会科学优秀成果评奖	二等奖	2000.7	穆兴天
148	论青海历史上区域文化的多元性	论文	青海省第五次哲学社会科学优秀成果评奖	二等奖	2000.7	王昱

续表

序号	成果名称	成果形式	获奖名称	获奖等级	获奖时间	作者
149	青海财源建设研究	专著	青海省第五次哲学社会科学优秀成果评奖	二等奖	2000.7	刘忠等
150	进一步加强思路道德建设	论文	青海省第五次哲学社会科学优秀成果评奖	三等奖	2000.7	陈国建
151	中国国情丛书——百县市经济社会调查·湟中卷	专著	青海省第五次哲学社会科学优秀成果评奖	三等奖	2000.7	王恒生 崔永红 马林 穆兴天
152	中国少数民族地区经济社会发展研究	专著	青海省第五次哲学社会科学优秀成果评奖	三等奖	2000.7	刘忠等
153	对青海第三产业科技发展的思考	论文	青海省第五次哲学社会科学优秀成果评奖	三等奖	2000.7	苏海红
154	试论源头经济	论文	青海省第五次哲学社会科学优秀成果评奖	三等奖	2000.7	陈国建 王恒生 徐建龙 余中水
155	浅析东南亚金融危机对人民币汇率的影响	论文	青海省第五次哲学社会科学优秀成果评奖	三等奖	2000.7	毛江晖
156	青海是藏传佛教文化传播发展的重要源头	论文	青海省第五次哲学社会科学优秀成果评奖	三等奖	2000.7	蒲文成
157	佛学基础原理	专著	青海省第五次哲学社会科学优秀成果评奖	三等奖	2000.7	桑杰端智
158	藏族妇女历史透视	论文	青海省第五次哲学社会科学优秀成果评奖	三等奖	2000.7	拉毛措
159	论近代玉树纷争	论文	青海省第五次哲学社会科学优秀成果评奖	三等奖	2000.7	邓慧君

续表

序号	成果名称	成果形式	获奖名称	获奖等级	获奖时间	作者
160	清代青海的手工业	论文	青海省第五次哲学社会科学优秀成果评奖	三等奖	2000.7	刘景华
161	《格萨尔学集成》第五卷	编著	青海省第五次哲学社会科学优秀成果评奖	三等奖	2000.7	赵秉理
162	关于坚持社科学术期刊办刊原则的思考	论文	青海省第五次哲学社会科学优秀成果评奖	三等奖	2000.7	余中水
163	希望之星在升腾——锡铁山矿务局二次创业报告	调研报告	青海省第五次哲学社会科学优秀成果评奖	三等奖	2000.7	曲青山 朱玉坤 余中水
164	西宁市城镇集体工业企业发展研究	调研报告	青海省第五次哲学社会科学优秀成果评奖	三等奖	2000.7	王恒生 徐建龙 等
165	从内外资"双溢出"看我国引进外资战略	论文	青海省第五次哲学社会科学优秀成果评奖	鼓励奖	2000.7	丁忠兵
166	论青海特色农业的发展思路	论文	青海省第五次哲学社会科学优秀成果评奖	鼓励奖	2000.7	徐建龙
167	进一步深化和完善青海经济发展战略	论文	青海省第五次哲学社会科学优秀成果评奖	鼓励奖	2000.7	张永胜
168	青海农户的消费与收入变动关系研究	论文	青海省第五次哲学社会科学优秀成果评奖	鼓励奖	2000.7	杨辫辫
169	青海省情及经济发展战略	教材	青海省第五次哲学社会科学优秀成果评奖	鼓励奖	2000.7	曲青山 张永胜
170	社会转型对早期社会化的影响及对策	论文	青海省第五次哲学社会科学优秀成果评奖	鼓励奖	2000.7	刘成明

续表

序号	成果名称	成果形式	获奖名称	获奖等级	获奖时间	作者
171	文化涵化与社会进步——青海省互助县民族文化现象透析	论文	青海省第五次哲学社会科学优秀成果评奖	鼓励奖	2000.7	鲁顺元
172	论古代藏族的巫及其巫术仪式	论文	青海省第五次哲学社会科学优秀成果评奖	鼓励奖	2000.7	谢热
173	不是传奇的传奇——浅析张爱玲的小说	论文	青海省第五次哲学社会科学优秀成果评奖	鼓励奖	2000.7	胡芳
174	语言、文化、翻译	论文	青海省第五次哲学社会科学优秀成果评奖	鼓励奖	2000.7	参看加
175	民族团结与社会稳定是实施西部大开发的首要前提	论文	中央统战部调研成果评奖	优秀奖	2000	刘景华
176	宗教与青海地区的社会稳定和发展	调研报告	中央统战部调研成果评奖	二等奖	2000	马文慧
177	充分发挥藏语文的信息载体功能	论文	全省民族语文工作理论研讨会优秀论文评选	一等奖	2001.6	拉毛措
178	青海通史	专著	青海省"五个一工程"入选作品	入选奖	2001.9	崔永红等
179	论中华民族凝聚力	论文	青海省"五个一工程"入选作品	入选奖	2001.9	曲青山 朱玉坤 余中水
180	关于改进和加强理论宣传工作的思考	论文	青海省"五个一工程"入选作品	入选奖	2001.9	曲青山
181	宗教与青海地区的社会稳定和发展	调研报告	青海省第六次哲学社会科学优秀成果评奖	荣誉奖	2003.9	马文慧
182	青海佛教史	专著	青海省第六次哲学社会科学优秀成果评奖	荣誉奖	2003.9	蒲文成

续表

序号	成果名称	成果形式	获奖名称	获奖等级	获奖时间	作者
183	青海省志·建置沿革志	专著	青海省第六次哲学社会科学优秀成果评奖	一等奖	2003.9	王昱
184	人口控制学	编著	青海省第六次哲学社会科学优秀成果评奖	一等奖	2003.9	张伟等
185	青海经济蓝皮书	编著	青海省第六次哲学社会科学优秀成果评奖	二等奖	2003.9	王恒生 翟松天 等
186	实施绿色工程发展特色经济——青海开发绿色食品的现状与前景分析	调研报告	青海省第六次哲学社会科学优秀成果评奖	二等奖	2003.9	余中水 翟松天 苏海红
187	江河源区相对集中人口保护生态环境	调研报告	青海省第六次哲学社会科学优秀成果评奖	二等奖	2003.9	穆兴天 参看加
188	藏传佛教与青海藏区社会稳定问题研究	论文	青海省第六次哲学社会科学优秀成果评奖	二等奖	2003.9	蒲文成 参看加
189	论河湟皮影戏展演中的口头程式	论文	青海省第六次哲学社会科学优秀成果评奖	二等奖	2003.9	赵宗福
190	青海加大启动社会投资力度研究	调研报告	青海省第六次哲学社会科学优秀成果评奖	三等奖	2003.9	青海社科院课题组
191	西部大开发与民族地区可持续发展	专著	青海省第六次哲学社会科学优秀成果评奖	三等奖	2003.9	刘忠等
192	青海湖区生态环境综合治理对策研究	调研报告	青海省第六次哲学社会科学优秀成果评奖	三等奖	2003.9	马生林 刘景华
193	提高西宁市中小企业技术创新能力研究	调研报告	青海省第六次哲学社会科学优秀成果评奖	三等奖	2003.9	徐建龙等

续表

序号	成果名称	成果形式	获奖名称	获奖等级	获奖时间	作者
194	青海中藏药产业的科技开发与管理	论文	青海省第六次哲学社会科学优秀成果评奖	三等奖	2003.9	詹红岩 丁忠兵
195	西部开发与青海利用外资研究	论文	青海省第六次哲学社会科学优秀成果评奖	三等奖	2003.9	孙发平
196	青海研究报告（2001年总第一期）	调研报告	青海省第六次哲学社会科学优秀成果评奖	三等奖	2003.9	青海社科院课题组
197	青海省发展高新技术产业利用高新技术改造传统产业问题	调研报告	青海省第六次哲学社会科学优秀成果评奖	三等奖	2003.9	冀康平
198	发展青藏高原特色农业的思路与对策	调研报告	青海省第六次哲学社会科学优秀成果评奖	三等奖	2003.9	王恒生
199	论西部大开发中的青海旅游业	论文	青海省第六次哲学社会科学优秀成果评奖	三等奖	2003.9	鲁顺元
200	玛多县草场生态灾难的警示	论文	青海省第六次哲学社会科学优秀成果评奖	三等奖	2003.9	朱玉坤
201	西部民族地区人口现状、问题和战略	论文	青海省第六次哲学社会科学优秀成果评奖	三等奖	2003.9	顾延生
202	玛多县生态保护与经济社会发展对策	调研报告	青海省第六次哲学社会科学优秀成果评奖	三等奖	2003.9	徐明
203	简论生态环境价值观的几个重要认识问题	论文	青海省第六次哲学社会科学优秀成果评奖	三等奖	2003.9	翟松天
204	青海省按比例安置残疾人就业调研报告	调研报告	青海省第六次哲学社会科学优秀成果评奖	三等奖	2003.9	刘成明等

续表

序号	成果名称	成果形式	获奖名称	获奖等级	获奖时间	作者
205	入世与我国知识产权的法律保护	论文	青海省第六次哲学社会科学优秀成果评奖	三等奖	2003.9	张立群
206	西部大开发与民族团结和社会稳定	论文	青海省第六次哲学社会科学优秀成果评奖	三等奖	2003.9	刘景华
207	论中国共产党的创新精神与西部大开发	论文	青海省第六次哲学社会科学优秀成果评奖	三等奖	2003.9	苏海红
208	社会主义在实践中前进	论文	青海省第六次哲学社会科学优秀成果评奖	三等奖	2003.9	丁忠兵 景晖
209	青海近代社会史	专著	青海省第六次哲学社会科学优秀成果评奖	三等奖	2003.9	邓慧君
210	论青海军事历史的主要特点	论文	青海省第六次哲学社会科学优秀成果评奖	三等奖	2003.9	崔永红
211	把握机遇，走出困境	论文	青海省第六次哲学社会科学优秀成果评奖	三等奖	2003.9	张毓卫
212	西海雪鸿集	专著	青海省第六次哲学社会科学优秀成果评奖	三等奖	2003.9	朱世奎
213	土族女词人李宜晴词艺探析	论文	青海省第六次哲学社会科学优秀成果评奖	三等奖	2003.9	胡芳
214	民族历史回响中的文化寻根——论梅卓的长篇小说创作	论文	第三届中国文联文艺评论评奖	二等奖	2003.11	胡芳
215	邓小平及党的第三代领导集体的宗教观分析	论文	中央七部委"邓小平生平和思想研讨会"入选	入选奖	2004	拉毛措 马文慧

续表

序号	成果名称	成果形式	获奖名称	获奖等级	获奖时间	作者
216	理性挣扎中的情感认同——兼论察森敖拉的小说《天敌》	论文	第五届中国文联文艺评论评奖	三等奖	2005	毕艳君
217	陈云关于解决我国"三农"问题的战略思想	论文	中央七部委"陈云生平和思想研讨会"入选	入选奖	2005.6	刘傲洋
218	藏族妇女文论	专著	第四届全国优秀妇女读物暨全国妇联推荐作品	入选奖	2005.10	拉毛措
219	浅析抗日战争时期延安廉政建设的历史经验	论文	中央七部委"纪念中国人民抗日战争暨世界反法西斯战争胜利60周年学术研讨会"入选	入选奖	2006	唐萍
220	邓小平及党的第三代领导集体的宗教观分析	论文	青海省第七次哲学社会科学优秀成果评奖	荣誉奖	2006.10	拉毛措 马文慧
221	浅析抗日战争时期延安廉政建设的历史经验	论文	青海省第七次哲学社会科学优秀成果评奖	荣誉奖	2006.10	唐萍
222	五世达赖喇嘛传	专著	青海省第七次哲学社会科学优秀成果评奖	二等奖	2006.10	马林
223	近百年来柴达木盆地开发与生态环境变迁研究	调研报告	青海省第七次哲学社会科学优秀成果评奖	二等奖	2006.10	王昱 鲁顺元 解占录
224	青海湖区生态环境研究	专著	青海省第七次哲学社会科学优秀成果评奖	二等奖	2006.10	马生林 刘景华
225	青海经济史（当代卷）	专著	青海省第七次哲学社会科学优秀成果评奖	二等奖	2006.10	翟松天 崔永红
226	地方文化系统中的王母娘娘信仰	论文	青海省第七次哲学社会科学优秀成果评奖	二等奖	2006.10	赵宗福

续表

序号	成果名称	成果形式	获奖名称	获奖等级	获奖时间	作者
227	省外在青海固定资产投资研究	专著	青海省第七次哲学社会科学优秀成果评奖	二等奖	2006.10	徐建龙
228	抢救、保护青海目连戏研究	调研报告	青海省第七次哲学社会科学优秀成果评奖	二等奖	2006.10	徐明等
229	青海工业内生性增长因素研究	调研报告	青海省第七次哲学社会科学优秀成果评奖	二等奖	2006.10	詹红岩等
230	青海工业化经济分析	专著	青海省第七次哲学社会科学优秀成果评奖	三等奖	2006.10	毛江晖
231	构建青海企业信用制度研究	调研报告	青海省第七次哲学社会科学优秀成果评奖	三等奖	2006.10	余中水 苏海红
232	关注民族生态家园的安全——青藏高原环境破坏性生存战略替代与区域发展纵论	调研报告	青海省第七次哲学社会科学优秀成果评奖	三等奖	2006.10	朱玉坤 鲁顺元
233	《青海史话》系列丛书（第一辑）	专著	青海省第七次哲学社会科学优秀成果评奖	三等奖	2006.10	崔永红等
234	西部大开发与青海少数民族优势产业研究	调研报告	青海省第七次哲学社会科学优秀成果评奖	三等奖	2006.10	王恒生等
235	青海水资源的配置及可持续利用问题研究	调研报告	青海省第七次哲学社会科学优秀成果评奖	三等奖	2006.10	马生林 马学贤
236	《中国西部开发信息百科》（青海卷）	工具书	青海省第七次哲学社会科学优秀成果评奖	三等奖	2006.10	张伟
237	关于循化县扶贫开发的调研报告	调研报告	青海省第七次哲学社会科学优秀成果评奖	三等奖	2006.10	顾延生

续表

序号	成果名称	成果形式	获奖名称	获奖等级	获奖时间	作者
238	经济自由、财产权与道德基础的关系	论文	青海省第七次哲学社会科学优秀成果评奖	三等奖	2006.10	马进虎
239	青藏高原生态替叠及其趋导	调研报告	青海省第七次哲学社会科学优秀成果评奖	三等奖	2006.10	景晖 丁忠兵
240	青海省"十一五"及到2020年经济体制改革的总体思路和分阶段目标、重点、措施研究	调研报告	青海省第七次哲学社会科学优秀成果评奖	三等奖	2006.10	孙发平等
241	关于土族习惯法及其变迁的调查与分析	论文	青海省第七次哲学社会科学优秀成果评奖	三等奖	2006.10	鄂崇荣
242	西藏自治区妇女的法律保障及其社会经济地位	论文	青海省第七次哲学社会科学优秀成果评奖	三等奖	2006.10	拉毛措 旦增卓玛
243	《2004—2005年青海蓝皮书》	编著	青海省第七次哲学社会科学优秀成果评奖	三等奖	2006.10	青海社科院课题组
244	中国共产党处理藏传佛教问题的历史经验	论文	青海省第七次哲学社会科学优秀成果评奖	三等奖	2006.10	参看加
245	用中华民族意识凝聚青海各民族问题调研报告	论文	青海省第七次哲学社会科学优秀成果评奖	三等奖	2006.10	拉毛措 鲁顺元 肖莉
246	重视和谐民族关系的构建	论文	青海省第七次哲学社会科学优秀成果评奖	三等奖	2006.10	穆兴天
247	"十一五"及到2020年加快发展服务业的思路和对策	调研报告	青海省第七次哲学社会科学优秀成果评奖	三等奖	2006.10	苏海红
248	"十一五"及到2020年期间全面建设小康，加快建设青藏高原区域性现代化中心城市的阶段性战略目标、重点、指标测算、评价体系及对策研究	调研报告	青海省第七次哲学社会科学优秀成果评奖	三等奖	2006.10	冀康平 张继宗

续表

序号	成果名称	成果形式	获奖名称	获奖等级	获奖时间	作者
249	青海社会稳定与就业法律问题研究	调研报告	青海省第七次哲学社会科学优秀成果评奖	三等奖	2006.10	张继宗 娄海玲
250	中国共产党的执政理念与人权保障	论文	青海省第七次哲学社会科学优秀成果评奖	三等奖	2006.10	张立群
251	青藏铁路沿线藏区农牧民思想观念的变迁	论文	青海省第七次哲学社会科学优秀成果评奖	三等奖	2006.10	马林 马学贤
252	民族地区建立党员先进性教育长效机制的思考	论文	青海省保持共产党员先进性教育活动与党的先进性建设理论研讨会	二等奖	2006.10	拉毛措 唐萍
253	党的十七大对反腐倡廉建设的新贡献	论文	2006年全省反腐倡廉理论研讨会优秀成果	特等奖	2006.12	毛江晖
254	西部高原的礼赞——论昌耀的诗歌创作	论文	第六届中国文联文艺评论评奖	三等奖	2007.11	胡芳
255	青海省实施人才战略问题研究	论文	国家人事部第五次全国人事人才科研成果奖	三等奖	2007	崔永红 张生寅
256	青海冬虫夏草资源保护与开发调研报告	调研报告	2008年度全省优秀调研报告评奖（省委政研室）	一等奖	2009.5	孙发平 鲁顺元 杜青华
257	隐在的诗意：军人视野下的高原大美	论文	青海省第六届文学艺术	创作奖	2009.9	毕艳君
258	西部高原的礼赞——论昌耀诗歌	论文	青海省第六届文学艺术	创作奖	2009.9	胡芳
259	西北花儿的研究保护与学界的学术责任	论文	青海省第八次哲学社会科学优秀成果评奖	一等奖	2009.12	赵宗福
260	中国三江源区生态价值及补偿机制研究	专著	青海省第八次哲学社会科学优秀成果评奖	一等奖	2009.12	孙发平 曾贤刚 苏海红 穆兴天 刘亚州

续表

序号	成果名称	成果形式	获奖名称	获奖等级	获奖时间	作者
261	明代以来黄河上游地区生态环境与社会变迁史研究	专著	青海省第八次哲学社会科学优秀成果评奖	二等奖	2009.12	崔永红 张生寅
262	青海城镇各社会阶层状况调研报告	调研报告	青海省第八次哲学社会科学优秀成果评奖	二等奖	2009.12	孙发平 拉毛措 鲁顺元 刘成明 马文慧 肖莉
263	中国藏区反贫困战略研究	专著	青海省第八次哲学社会科学优秀成果评奖	二等奖	2009.12	苏海红 杜青华
264	藏族生态文化	专著	青海省第八次哲学社会科学优秀成果 教育部人文社科优秀成果	二等奖	2009.12	谢热（合作）
265	青海历史文化与旅游开发	专著	青海省第八次哲学社会科学优秀成果评奖	三等奖	2009.12	王昱
266	循环经济研究：柴达木矿产资源开发的模式转换	调研报告	青海省第八次哲学社会科学优秀成果评奖	三等奖	2009.12	冀康平 张继宗
267	"聚宝盆"中崛起的新兴工业城市	专著	青海省第八次哲学社会科学优秀成果评奖	三等奖	2009.12	马生林
268	历辈达赖喇嘛与中央政府关系	专著	青海省第八次哲学社会科学优秀成果评奖	三等奖	2009.12	马连龙
269	青海生态经济研究	专著	青海省第八次哲学社会科学优秀成果评奖	三等奖	2009.12	顾延生
270	青海应对国际金融危机的难点及对策建议	研究报告	2009年度全省优秀调研报告评奖（省委政研室）	一等奖	2010.6	孙发平 丁忠兵 詹红岩 朱华

续表

序号	成果名称	成果形式	获奖名称	获奖等级	获奖时间	作者
271	茂区维稳工作从应急状态向常态建设转变研究	调研报告	中央维稳办2010年度维护稳定工作优秀调研文章	三等奖	2010.8	高永宏 张立群 娄海玲
272	加强新形势下党外代表人士队伍建设和政治引导	调研报告	2010年度全省统一战线优秀调研成果评奖（省委统战部）	一等奖	2011.1	马连龙 马文慧
273	青海加快转变经济发展方式研究	研究报告	2010年度全省优秀调研报告评奖（省委政研室）	二等奖	2011.4	孙发平 张伟等
274	青海省新时期扶贫目标及对策建议	研究报告	2010年度全省优秀调研报告评奖（省委政研室）	三等奖	2011.4	孙发平 苏海红 杜青华
275	"四个发展"的理论贡献与实践指导作用	论文	青海省党建研究会建党90周年研讨会优秀论文	一等奖	2011.8	孙发平 刘傲洋
276	黄河流域与水有关生态补偿机制案例研究	研究报告	水利部黄河水利委员会科学技术进步奖	二等奖	2011.12	孙发平 苏海红 丁忠兵
277	论昆仑神话与昆仑文化	论文	青海省第九次哲学社会科学优秀成果评奖	一等奖	2011.12	赵宗福
278	中央支持青海等省藏区经济社会发展政策机遇下青海实现又好又快发展研究	研究报告	青海省第九次哲学社会科学优秀成果评奖	一等奖	2011.12	孙发平 丁忠兵 苏海红 朱华 杜青华 刘傲洋 鄂崇荣 窦国林 张继宗
279	关于打造"西宁毛"品牌，加快申报国家农产品地理标志的调研报告	调研报告	青海省第九次哲学社会科学优秀成果评奖	二等奖	2011.12	马学贤 马文慧

续表

序号	成果名称	成果形式	获奖名称	获奖等级	获奖时间	作者
280	中国西部城镇化发展模式研究	调研报告	青海省第九次哲学社会科学优秀成果评奖	二等奖	2011.12	苏海红 肖莉等
281	青海回族史	专著	青海省第九次哲学社会科学优秀成果评奖	二等奖	2011.12	马文慧
282	青海"平安寺院"建设评价及有关建议	调研报告	青海省第九次哲学社会科学优秀成果评奖	三等奖	2011.12	参看加 才项多杰
283	藏族妇女问题研究	调研报告	青海省第九次哲学社会科学优秀成果评奖	三等奖	2011.12	拉毛措
284	青海省首批非物质文化遗产代表作名录丛书（10册）	编著	青海省第九次哲学社会科学优秀成果评奖	三等奖	2011.12	赵宗福等
285	青海"十二五"时期"六个走在西部前列"研究报告	研究报告	2011年度全省优秀调研报告评奖（省委政研室）	一等奖	2012.5	孙发平 詹红岩 丁忠兵 刘傲洋 冀康平 马生林
286	加强和改进边疆民族地区基层党组织建设问题研究	研究报告	全国党建研究会优秀成果评选	二等奖	2012.9	拉毛措
287	藏传佛教青年僧侣思想特点	研究报告	2012年度全国统战理论政策研究创新成果评奖	三等奖	2012.12	鄂崇荣 李国胜 吉乎林 韩得福
288	创先争优促进基层党组织建设实证研究	调研报告	青海省创先争优领导小组评奖	一等奖	2013.3	拉毛措
289	青海宣传文化人才队伍建设	调研报告	2012年度全省宣传文化系统优秀调研报告	二等奖	2013.5	张生寅 解占录 胡芳

续表

序号	成果名称	成果形式	获奖名称	获奖等级	获奖时间	作者
290	青海多元民俗文化圈研究	专著	青海省第十次哲学社会科学优秀成果评奖	一等奖	2013.11	赵宗福 胡芳 马文慧 鄂崇荣
291	"四个发展":青海省科学发展模式创新——基于科学发展评估的实证研究	专著	青海省第十次哲学社会科学优秀成果评奖	一等奖	2013.11	孙发平 刘傲洋
292	青海加强和创新社会建设与社会管理研究	调研报告	青海省第十次哲学社会科学优秀成果评奖	一等奖	2013.11	苏海红 高永宏 参看加 鲁顺元 肖莉 娄海玲 朱学海 马文慧
293	青海省非公有制企业中如何发挥党组织的作用问题研究	调研报告	全国党建研究会优秀调研报告评选	优秀奖	2014.3	拉毛措
294	促进主流文化与青海省少数民族传统文化和谐发展问题研究	调研报告	2013年度全省优秀调研报告评奖（省委政研室）	一等奖	2014.4	赵宗福 胡芳 参看加
295	论党的群众路线的基本特征	论文	全省党的群众路线教育实践活动优秀论文	优秀奖	2014.4	崔耀鹏
296	青海共建丝绸之路经济带的比较优势、战略导向及对策建议	调研报告	2014年度全省优秀调研报告评奖（省委政研室）	二等奖	2014.12	孙发平 杨军（经）
297	新型城镇化进程中创新社会治理研究	调研报告	2014年度全省优秀调研报告评奖（省委政研室）	二等奖	2014.12	苏海红 参看加 朱学海
298	丝绸之路经济带建设中青海历史文化资源开发与合作研究	调研报告	2014年度全省优秀调研报告评奖（省委政研室）	三等奖	2014.12	杨军（经）

续表

序号	成果名称	成果形式	获奖名称	获奖等级	获奖时间	作者
299	青海省建设循环经济发展先行区的法制保障研究	调研报告	2014年度全省优秀调研报告评奖（省委政研室）	三等奖	2014.12	娄海玲
300	青海省廉政风险防控管理机制研究	调研报告	2014年度全省优秀调研报告评奖（省委政研室）	优秀奖	2014.12	张立群 娄海玲
301	青海农村"留守妇女"问题研究——以大通县为例	调研报告	2014年度全省优秀调研报告评奖（省委政研室）	优秀奖	2014.12	拉毛措 文斌兴
302	丝绸之路经济带建设中青海与中西亚清真产业合作发展探讨	调研报告	2014年度全省优秀调研报告评奖（省委政研室）	优秀奖	2014.12	马学贤 马文慧
303	当前青海伊斯兰教事务管理工作中需关注的几个问题	调研报告	2014年度全省优秀调研报告评奖（省委政研室）	优秀奖	2014.12	马文慧 马学贤 等
304	适应城镇化新形势加强社区党建民生工作研究	调研报告	全国党建研究会优秀调研报告评选	三等奖	2015.1	拉毛措
305	青海建设国家循环经济发展先行区研究	研究报告	青海省第十一次哲学社会科学优秀成果	一等奖	2015.12	孙发平 苏海红 杜青华 曲波 丁忠兵 娄海玲 德青措
306	中国节日志·春节志（青海卷）	专著	青海省第十一次哲学社会科学优秀成果	二等奖	2015.12	赵宗福 胡芳 旦正加 张筠 鄂崇荣
307	当前青海伊斯兰教事务管理工作中需关注的几个问题	研究报告	青海省第十一次哲学社会科学优秀成果	二等奖	2015.12	马文慧 马学贤

续表

序号	成果名称	成果形式	获奖名称	获奖等级	获奖时间	作者
308	藏族文化生态与法律运行的适应性研究	研究报告	青海省第十一次哲学社会科学优秀成果	三等奖	2015.12	娄海玲 张继宗
309	青藏地区矿产资源开发利益共享机制研究	研究报告	青海省第十一次哲学社会科学优秀成果	三等奖	2015.12	詹红岩
310	新常态下制约青海企业发展的主要问题及决策建议	研究报告	2015年度全省优秀调研报告评奖（省委政研室）	一等奖	2016.5	苏海红
311	西宁市发展阶段及"十三五"发展思路研究	研究报告	2015年度全省优秀调研报告评奖（省委政研室）	二等奖	2016.5	孙发平 曲波 丁忠兵
312	青南地区与全省同步建成全面小康社会研究	研究报告	2015年度全省优秀调研报告评奖（省委政研室）	优秀奖	2016.5	赵宗福 鲁顺元
313	青海公共文化服务均等化现状与对策研究	研究报告	2015年度全省优秀调研报告评奖（省委政研室）	优秀奖	2016.5	毛江晖
314	2014~2015年西北地区经济社会发展形势分析与预测	研究报告	中国社科院皮书委员会全国第七届皮书年会优秀皮书奖	二等奖	2016.8	苏海红 丁忠兵
315	论"四个转变"新思路的理论价值与实践意义	论文	青海日报首届"江源评论"大奖赛理论奖	一等奖	2017.7	孙发平 王亚波
316	青海省推行藏传佛教寺院"三种管理模式"成效及经验	论文	2017年第四届中国藏学研究珠峰奖汉文学术论文类	一等奖	2017.8	陈玮 谢热 才项多杰 益西卓玛 旦正加 罡拉卓玛 靳艳娥
317	青海三江源地区牧民家庭贫困问题研究——以达日县典型牧户为个案	论文	2017年第四届中国藏学研究珠峰奖汉文学术论文类	三等奖	2017.8	旦正加

续表

序号	成果名称	成果形式	获奖名称	获奖等级	获奖时间	作者
318	青海创建民族团结进步先进区成效、经验及不利因素和对策建议	调研报告	中国社科院皮书委员会全国第八届皮书年会优秀皮书奖	三等奖	2017.8	陈玮 谢热
319	青海蓝皮书：2016年青海经济社会发展形势分析与预测	编著	中国社科院皮书委员会全国第八届皮书年会优秀皮书奖	二等奖	2017.8	陈玮 孙发平 苏海红
320	5年来中央对口援青的成效、问题及政策建议	调研报告	2016年度全省优秀调研报告评奖（省委政研室）	一等奖	2017.10	孙发平 崔耀鹏
321	藏羌彝走廊视野下青海文化创意与相关产业融合发展研究	调研报告	2016年度全省优秀调研报告评奖（省委政研室）	二等奖	2017.10	陈玮 鄂崇荣
322	青海柴达木枸杞产业发展态势与展望	调研报告	2016年度全省优秀调研报告评奖（省委政研室）	二等奖	2017.10	鲁顺元
323	青海青南藏区产业脱贫的路径研究	调研报告	2016年度全省优秀调研报告评奖（省委政研室）	三等奖	2017.10	杜青华
324	社会流动下的农村婚姻变化及几点思考——以青海湟中县大磨石沟村为个案	调研报告	2016年度全省优秀调研报告评奖（省委政研室）	优秀奖	2017.10	拉毛措 马文慧 肖莉 文斌兴
325	青海中青年僧侣社会心态调研分析	调研报告	2016年度全省优秀调研报告评奖（省委政研室）	优秀奖	2017.10	拉毛措 朱学海 文斌兴
326	青海构建积极健康宗教关系的调研报告	调研报告	2016年度全省优秀调研报告评奖（省委政研室）	优秀奖	2017.10	陈玮 鄂崇荣 马明忠 参看加 韩得福
327	青海东部干旱山区生态减贫研究——以乐都李家乡为例	调研报告	2016年度全省优秀调研报告评奖（省委政研室）	优秀奖	2017.10	郭婧

续表

序号	成果名称	成果形式	获奖名称	获奖等级	获奖时间	作者
328	青海实施人才强省战略研究	调研报告	2017年全省组织系统优秀调研报告评奖	一等奖	2018.2	陈玮 张生寅
329	现阶段青海藏传佛教"游僧"治理问题研究	调研报告	青海省第十二次社科评奖优秀成果评奖论文及调研报告类	一等奖	2018.3	罡拉卓玛
330	新形势下藏传佛教现代高僧培养问题的解决之道	调研报告	青海省第十二次社科评奖优秀成果评奖论文及调研报告类	二等奖	2018.3	参看加
331	青海民间信仰	专著	青海省第十二次社科评奖优秀成果评奖著作类	二等奖	2018.3	鄂崇荣 毕艳君 杨军（经） 吉乎林 韩得福
332	文化圈的场域与视角——1909~2009年青海藏文化变迁与互动研究	专著	青海省第十二次社科评奖优秀成果评奖著作类	二等奖	2018.3	鲁顺元
333	论《格萨尔王传》中的梅萨其人	论文	第二届青海省《格萨尔》研究成果奖论文类	一等奖	2018.4	旦正加 益西卓玛
334	新时代弘扬红船精神的基本原则与实现路径	论文	全国首届"红船论坛"征文	三等奖	2018.6	孙发平 崔耀鹏
335	青海蓝皮书：2017年青海经济社会分析与预测	编著	中国社科院皮书委员会全国第九届皮书年会优秀皮书奖	三等奖	2018.8	陈玮 孙发平 马起雄
336	"四个转变"是新形势下青海改革发展的最新创新性成果	论文	2017年度全省委优秀调研报告评奖（省委政研室）	一等奖	2018.9	孙发平 杜青华 王亚波
337	青海对蒙古、俄罗斯涉藏工作对策研究	调研报告	2017年度全省委优秀调研报告评奖（省委政研室）	二等奖	2018.9	陈玮 鄂崇荣

第五章 历年科研成果及奖项统计 | 237

续表

序号	成果名称	成果形式	获奖名称	获奖等级	获奖时间	作者
338	青海藏区封建部落意识与习惯法问题研究	调研报告	2017年度全省委优秀调研报告评奖（省委政研室）	三等奖	2018.9	张立群
339	"一带一路"青海开放型经济通道建设研究	调研报告	2017年度全省委优秀调研报告评奖（省委政研室）	三等奖	2018.9	杨军（经）魏珍
340	祁连山南麓生态环境主要问题与提升环保水准的建议	调研报告	2017年度全省委优秀调研报告评奖（省委政研室）	优秀奖	2018.9	马生林魏珍

九 历年科研成果获领导批示一览表

序号	成果名称	刊载刊物及刊发时间	批示领导	获批时间	作者
1	2002年在指导全省经济工作中需要把握的几个重大问题	青海研究报告2002年2期	省委常委、秘书长李津成	2001年12月10日	景晖 翟松天 王恒生 张伟 徐建龙
2	青海生态保护总体思路等四份报告	青海研究报告2001年1期	省长赵乐际	2001年12月12日	王恒生 徐建龙 张伟 崔永红
3	一个大战略——逐步减少财政负担人口问题的探讨	青海研究报告2002年7期	省长赵乐际	2002年9月24日	景晖 崔永红
4	2002年经济运行特点及2003年经济发展预测	青海研究报告2003年1期	省长赵乐际	2003年3月31日	翟松天 王恒生
5	中清以来人类活动对三江源区生态环境的影响	青海研究报告2003年5期	省长赵乐际	2003年7月18日	景晖 徐建龙
6	中央、外省、外国和港澳台在青海年投资额测算	社科研究参考2004年1期	省委书记赵乐际	2004年2月	徐建龙
			副省长徐福顺	2004年2月27日	

续表

序号	成果名称	刊载刊物及刊发时间	批示领导	获批时间	作者
7	青海历史上执政、施治的经验教训	青海研究报告2004年21期	省委书记赵乐际	2004年	崔永红 杜常顺 穆兴天 任斌
8	应关注新一代宗教界代表人士的培养	青海研究报告2004年23期	省委书记赵乐际	2004年12月	参看加 景晖
			省委副书记骆惠宁	2004年12月16日	
9	关于根治教育乱收费的四点建议	青海研究报告2004年9期	省长杨传堂	2004年4月15日	吴新德
			副省长马培华	2004年4月9日	
10	长江三峡（重庆）移民：法规先行 以土为本 插花安置 逐步致富——三江源区生态移民前期调研报告之一	青海研究报告2004年12期	省长杨传堂	2004年6月12日	景晖 崔永红 穆兴天 徐建龙 肖莉
			省委常委、副省长李津成	2004年8月12日	
11	内蒙古移民：围封禁牧 收缩转移 集约经营 建设县城——三江源区生态移民前期调研报告之二	青海研究报告2004年14期	省长杨传堂	2004年6月12日	景晖 崔永红 穆兴天 苏海红
			省委常委、副省长李津成	2004年8月12日	
12	宁夏移民：以川济山 示范带动 属地管理 统筹规划——三江源区生态移民前期调研报告之三	青海研究报告2004年15期	省长杨传堂	2004年6月12日	景晖 崔永红 徐建龙 张立群
			省委常委、副省长李津成	2004年8月12日	
13	西宁的历史文化特色与旅游亮点	青海研究报告2004年13期	省长杨传堂	2004年7月14日	王昱
14	青海农畜地产品市场占有状况的调查报告	青海研究报告2004年18期	省长杨传堂	2004年10月26日	苏海红 李军海
15	大力培育和促进青海文化产业的发展	青海研究报告2003年10期	省委副书记骆惠宁	2003年	崔永红

续表

序号	成果名称	刊载刊物及刊发时间	批示领导	获批时间	作者
16	青海省 2020 年全面建设小康社会进程预测报告	青海研究报告 2003 年 2 期	省委常委、副省长李津成	2003 年 3 月	景晖主持，多学科科研骨干参加
17	江河源区相对集中人口与生态环境的保护治理	青海研究报告 2002 年 4 期	省委常委、副省长李津成	2004 年 2 月 5 日	穆兴天
18	关注实施家庭联产承包责任制中存在的问题——青南牧区走联合经营之路的思考	青海研究报告 2004 年 1 期	省委常委、副省长李津成	2004 年 2 月 5 日	景晖 穆兴天
19	三江源区发展的战略性思路——变生态保护期为经济转型机遇期	决策参考 2004 年 5 期	省委常委、副省长李津成	2004 年 5 月 18 日	王恒生
20	省外在青投资分析	青海研究报告 2004 年 8 期	省委常委、副省长李津成	2004 年 12 月 30 日	徐建龙
21	青海旅游业应着力增加文化性	青海研究报告 2003 年 6 期	副省长马培华	2003 年 7 月 29 日	王昱
22	青海"十一五"时期经济社会发展阶段和发展战略研究	青海研究报告 2005 年 3 期	副省长马建堂	2005 年 2 月 24 日	景晖 徐建龙 苏海红 刘傲洋
23	求解青海乡镇财政困境	青海研究报告 2005 年 4 期	省委书记赵乐际	2005 年 6 月 2 日	李军海
24	加强自然资源资产化管理的建议	参事建议 2005 年 6 号	副省长马建堂	2005 年 6 月 20 日	冀康平
25	尽快把发展循环经济提到重要议事日程的建议	参事建议 2005 年 9 号	省长宋秀岩	2005 年 8 月 5 日	冀康平
			省委常委、副省长李津成	2005 年 7 月 19 日	
26	三江源区生态建设系列研究报告	青海研究报告 2005 年 8 期	省委书记赵乐际	2005 年 8 月 23 日	景晖 徐建龙 刘傲洋 顾延生

续表

序号	成果名称	刊载刊物及刊发时间	批示领导	获批时间	作者
27	青海省个体私营企业社会保障体系建设的现状、问题与对策	青海研究报告2005年10期	副省长徐福顺	2005年9月6日	高永宏
28	目前青海信用市场研究	青海研究报告2005年11期	副省长徐福顺	2005年9月21日	翟松天 苏海红
29	警惕光伏废弃部件成为青海新的污染源	决策参考2005年10期	省长宋秀岩	2005年11月3日	王恒生
30	需尽早将光伏废弃部件污染的防治工作提到重要议事日程	决策参考2005年11期	副省长苏森	2005年11月19日	王恒生
31	大力开发青海燕麦资源的建议	青海研究报告2005年13期	省委书记赵乐际	2005年10月18日	杜青华
32	解决青海"三农"问题有待于产业化龙头企业的发展	青海研究报告2005年14期	省委书记赵乐际	2005年10月22日	王恒生 詹红岩
33	缓解青海中小企业融资难的思路与措施	社科研究参考2005年8期	省长宋秀岩	2005年10月1日	詹红岩
			副省长徐福顺	2005年11月9日	
34	三江源生态移民后续生产生活问题研究	青海研究报告2005年16期	省委书记赵乐际	2005年12月26日	景晖 苏海红
			省长宋秀岩	2005年12月10日	
			省委常委、副省长李津成	2005年11月22日	
			副省长马建堂	2005年11月22日	
35	重视和谐民族关系的构建	青海研究报告2005年17期	省委书记赵乐际	2005年12月26日	穆兴天
			省委副书记刘伟平	2005年11月24日	

续表

序号	成果名称	刊载刊物及刊发时间	批示领导	获批时间	作者
36	有机畜牧业是拯救和振兴三江源区畜牧业经济的战略产业	青海研究报告2006年1期	省委常委、副省长李津成	2006年1月9日	王恒生
37	进一步完善青海省新型农村合作医疗制度的几点建议	青海研究报告2006年5期	省委书记赵乐际	2006年1月24日	张继宗
			省委副书记刘伟平	2006年3月30日	
38	关于推荐"玉树土风舞"参加2008年北京奥运会开幕式表演的建议	决策参考2006年2期	副省长马培华	2006年2月16日	穆兴天
			副省长邓本太	2006年2月16日	
39	对三江源区保护与发展的几点意见	决策参考2006年1期	省委常委、副省长李津成	2006年2月17日	王恒生
40	对妥善解决青海省群体性事件的思考	青海研究报告2006年9期	省委书记赵乐际	2006年3月22日	张立群
41	深化农村医疗卫生体制改革的建议	青海研究报告2006年10期	省长宋秀岩	2006年3月30日	鲁顺元
			省委副书记刘伟平	2006年4月5日	
42	三江源区推广太阳能灶可行性研究	青海研究报告2006年11期	省委常委、副省长李津成	2006年5月22日	穆兴天
43	关于积极引导宗教与社会主义社会相适应问题研究	青海研究报告2006年16期	省委副书记刘伟平	2006年6月9日	马进虎 马学贤 参看加 马文慧
44	青海农民工权益保障问题研究	青海研究报告2006年17期	省委副书记刘伟平	2006年6月7日	高永宏 张继宗
			省委常委、省总工会主席马福海	2006年6月29日	

续表

序号	成果名称	刊载刊物及刊发时间	批示领导	获批时间	作者
45	民族旅游开发中存在的问题及对策性个案研究	青海研究报告2006年18期	省委书记赵乐际	2006年8月4日	鄂崇荣 毕艳君
			副省长马培华	2006年8月8日	
			省委副书记刘伟平	2006年8月2日	
46	增强青海省自主创新能力研究	青海研究报告2006年19期	副省长马培华	2006年8月29日	徐建龙 詹红岩
47	加强和改进青海省未成年人思想道德建设的若干思考及建议	青海研究报告2006年20期	省委书记赵乐际	2006年9月4日	肖莉 拉毛措
			省委副书记刘伟平	2006年9月4日	
48	关于扩大消费需求拉动青海经济增长的建议	青海研究报告2006年21期	省委常委、副省长李津成	2006年9月20日	徐建龙 杜青华
49	青海农民工进城问题研究	青海研究报告2006年23期	省委书记赵乐际	2006年10月17日	张立群 高永宏 娄海玲 张继宗
50	三江源生态补偿机制研究	青海研究报告2006年24期	省委书记赵乐际	2006年10月18日	景晖 翟松天 穆兴天 苏海红
51	青海省职业技术教育的现状分析及几点建议	青海研究报告2006年31期	副省长马培华	2006年12月26日	肖莉 景晖
52	基层统战工作应重视解决的几个问题	进言2006年39期	省委副书记刘伟平	2006年8月3日	肖莉
53	农牧民群众对现行贷款有"四盼"	进言2006年44期	省委副书记骆惠宁	2006年8月16日	肖莉
			省委副书记刘伟平	2006年8月20日	
54	关于重视贫困村新农村建设的几点思考	青海研究报告2006年32期	省委常委、副省长李津成	2006年12月28日	翟松天 杜青华

续表

序号	成果名称	刊载刊物及刊发时间	批示领导	获批时间	作者
55	关于尽快出台青海省预防白色污染的法规措施建议	进言2006年8期	省委副书记刘伟平	2006年3月24日	拉毛措
56	增强青海经济活力问题研究	青海研究报告2007年2期	副省长马建堂	2007年1月23日	孙发平 孙凌宇 马洪波 王兰英
57	加快建立和完善三江源生态补偿机制再研究	青海研究报告2007年6期	省委常委、副省长马建堂	2007年3月21日	穆兴天 苏海红
			省委常委、副省长李津成	2007年4月14日	
58	树立青海意识 打造青海品牌	青海研究报告2007年11期	省委书记强卫	2007年5月10日	景晖 崔永红 高永宏 刘傲洋
			省委副书记骆惠宁	2007年5月10日	
59	保护青海湖生态环境应统筹解决人口问题	青海研究报告2007年15期	省委常委、副省长李津成	2007年6月14日	苏宁 吴捷 李卫平 孙发平 刘成明 马生林 李军海 李家成 唐红梅
60	纯种藏獒面临的现状及开发保护建议	青海研究报告2007年14期	省委常委、副省长李津成	2007年7月2日	马生林
61	加快发展以西宁为中心的东部综合经济区的思考与建议	青海研究报告2007年17期	省委书记强卫	2007年7月29日	马生林
62	青海文化产业构建研究	青海研究报告2007年19期	省委书记强卫	2007年8月20日	孙发平 马进虎 胡芳 毕艳君 杨军

续表

序号	成果名称	刊载刊物及刊发时间	批示领导	获批时间	作者
63	关于解决城市流浪乞讨人员问题的建议	青海研究报告2007年20期	省委书记强卫	2007年9月6日	张伟
64	甘河工业区环境污染与治理对策	青海研究报告2007年25期	省委书记强卫	2007年9月8日	张伟 朱华
			省委常委、副省长马建堂	2007年12月5日	
			副省长、西宁市市长骆玉林	2007年12月5日	
65	加快发展格尔木盐湖化工产业集群的几点思考	青海研究报告2007年26期	省委常委、副省长徐福顺	2007年10月23日	孙发平 杨春英 朱建平
66	冬虫夏草资源开发管理的理性思考与对策建议	青海研究报告2007年27期	省委书记强卫	2007年11月6日	孙发平 鲁顺元 杜青华
67	青海省节能降耗对策研究	青海研究报告2007年34期	省委常委、副省长徐福顺	2007年12月12日	冀康平 姜军
68	扭转青海第三产业增加值比重下降的对策建议	青海研究报告2007年36期	省委常委、副省长马建堂	2008年1月7日	苏海红 刘傲洋
69	关于修缮与保护昂拉千户村的建议	进言2007年22期	省委书记强卫	2007年8月27日	穆兴天 拉毛措 参看加 桑杰端智
			省委常委、副省长李津成	2007年9月3日	
70	开发与保护热贡艺术品牌原生地的建议	进言2007年24期	省委书记强卫	2007年9月3日	穆兴天 拉毛措 参看加 桑杰端智
			副省长吉狄马加	2007年9月12日	
71	解决青海民族矛盾、冲突的经验教训与对策建议	青海研究报告2008年1期	省委副书记骆惠宁	2008年3月11日	穆兴天
			副省长马顺清	2008年3月25日	
72	青海省开展建设"平安寺院"活动的成功经验与启示	青海研究报告2008年4期	省委常委、市委书记王建军	2008年2月1日	谢热 才项多杰

续表

序号	成果名称	刊载刊物及刊发时间	批示领导	获批时间	作者
73	2007～2008年青海省社会发展形势分析与预测	青海研究报告2008年5期	副省长徐福顺	2008年3月28日	崔永红 拉毛措
74	关于青海藏区维护稳定工作的思考与建议	青海研究报告2008年8期	副省长徐福顺	2008年6月6日	穆兴天 鄂崇荣
75	历史上青海地区的地震灾害与未来应对地震灾害的措施	青海研究报告2008年9期	副省长徐福顺	2008年5月30日	崔永红 杨军 解占录
76	依托地域文化优势 着力打造花儿品牌	青海研究报告2008年14期	省委书记强卫	2008年7月7日	马生林
			副省长徐福顺	2008年7月15日	
77	青海省"维护稳定"中"法律进宗教活动场所"调查与研究	青海研究报告2008年16期	省委常委、省政法委书记李鹏新	2008年9月7日	张立群 高永宏 张继宗 娄海玲
78	关于加强青海省红色旅游的建议	进言2008年1期	省委书记强卫	2008年1月20日	马生林
79	关于在西宁市区主要街道增建人行过街天桥的建议	进言2008年2期	省委书记强卫	2008年1月20日	才项多杰 旦正加
80	进一步扩大青海"花儿"影响、打造"花儿"品牌的建议	进言2008年4期	省委书记强卫	2008年3月24日	窦国林
81	重视小事 促进民族团结	进言2008年7期	副省长徐福顺	2008年5月30日	马进虎
82	关于加强水利基础设施的建议	进言2008年13期	省委书记强卫	2008年12月12日	马生林
83	践行科学发展观，加强西宁市软交通建设	进言2008年14期	省委书记强卫	2008年12月12日	窦国林
84	对发展青海冬季旅游业的几点建议	进言2008年15期	省委书记强卫	2008年12月19日	马生林
85	关于强化昆仑玉品牌发展战略的对策建议	青海研究报告2009年1期	省委书记强卫	2009年2月13日	窦国林 马新洲

续表

序号	成果名称	刊载刊物及刊发时间	批示领导	获批时间	作者
86	建议政府做农民工的"红娘"——关于农村山区娶妻难的调查报告	青海研究报告2009年11期	副省长徐福顺	2009年9月15日	张伟
87	对青海省牧区发展特色有机畜牧业的分析和建议	青海研究报告2009年12期	副省长徐福顺	2009年9月15日	王恒生
88	首届"中国藏区经济社会发展论坛"会议综述	青海研究报告2009年13期	副省长徐福顺	2009年9月21日	鄂崇荣
89	加强青海省无党派人士政治引导问题的思考	青海研究报告2009年23期	省委常委、统战部部长多杰热旦	2009年11月22日	马文慧 马学贤 刘景华 马连龙
90	青海藏族聚居区基层党组织建设的调查与思考	青海研究报告2009年27期	省委书记强卫	2009年12月22日	唐萍
91	关于推进西宁市义务教育均衡发展的调研报告	青海研究报告2009年28期	省委书记强卫	2009年12月22日	马连龙 杨军 韩得福
92	海北州域经济发展的思考与对策	青海研究报告2009年29期	省委书记强卫	2009年12月22日	苏海红 刘傲洋 包正清
93	关于打造"西宁毛"品牌，加快申报国家农产品地理标志的调研报告	青海研究报告2009年30期	省委书记强卫	2009年12月22日	马学贤 马文慧 刘景华 马连龙
94	青藏铁路沿线生态环境保护及对策	青海研究报告2009年32期	政协主席赵启中	2010年1月	顾延生 陈雪梅 景芳
			政协副主席马志伟	2009年12月	
95	东部干旱山区农民增收的模式与对策研究	青海研究报告2009年33期	省委书记强卫	2009年12月23日	朱华 杨军
96	玉树灾后重建中发挥市场机制和社会资金作用的若干建议	青海研究报告2010年2期	省委书记强卫	2010年5月19日	赵宗福 孙发平 淡小宁 马生林 丁忠兵 詹红岩 参看加

续表

序号	成果名称	刊载刊物及刊发时间	批示领导	获批时间	作者
97	藏区维稳工作从应急状态向常态建设转变研究	青海研究报告2010年5期	省委书记强卫	2010年8月21日	高永宏 张立群 娄海玲 陈玉珊
98	加快发展青海物流业的思路与对策建议	青海研究报告2010年6期	省委书记强卫	2010年9月6日	刘傲洋
99	青海"平安寺院"建设评价及有关建议	青海研究报告2010年10期	省委书记强卫	2010年11月16日	参看加 才项多杰
100	加快青海文化旅游产业发展的几点思考	青海研究报告2010年13期	省委书记强卫	2010年11月16日	张生寅
101	新农村建设示范村后续问题研究——以乐都县为例	青海研究报告2010年12期	省委书记强卫	2010年11月16日	朱华 杨军
102	对青海特色牲畜种质资源保护与开发利用的思考和建议——以青海藏系绵羊和藏牦牛为例	青海研究报告2010年11期	省委书记强卫	2011年2月1日	杜青华
103	青海省农村牧区基层党风廉政建设现状及对策	青海研究报告2011年6期	省委书记强卫	2011年4月30日	顾延生
104	青海生态保护区后续产业发展研究	青海研究报告2011年7期	省委书记强卫	2011年6月8日	马生林
105	青海抑制物价走高,稳定物价问题研究	青海研究报告2011年8期	省委书记强卫	2011年6月9日	窦国林
106	中国共产党处理藏传佛教问题的探索与启示	青海研究报告2011年9期	省委书记强卫	2011年6月7日	马连龙 鄂崇荣 参看加 毕艳君
107	关于青海省碳汇及碳交易的研究报告	青海研究报告2011年15期	副省长徐福顺	2011年8月15日	赵宗福 苏海红 孙发平
			副省长高云龙	2011年8月9日	
108	青海"十二五"时期"六个走在西部前列"系列研究报告之五——绿色发展走在西部前列	青海研究报告2011年32期	省委书记强卫	2012年2月13日	冀康平 孙发平

续表

序号	成果名称	刊载刊物及刊发时间	批示领导	获批时间	作者
109	伊斯兰教教派和谐相处的教育与管理研究	青海研究报告2012年1期	省委常委、统战部部长多杰热旦	2012年4月9日	刘景华 马文慧 马学贤
110	对西宁市川浅村庄发展"城郊都市型"农业的调查与思考——以湟中县拦隆口镇泥隆台村为例	青海研究报告2012年7期	省委书记强卫	2012年6月1日	朱华 杨军
111	青海光伏产业发展研究	青海研究报告2012年14期	省委书记强卫	2012年9月18日	冀康平
112	青海省非公有制企业党建工作的调查研究	青海研究报告2012年15期	省委常委、统战部部长多杰热旦 省委统战部副部长、省非公经济组织党工委书记马吉孝	2012年11月7日 2012年11月7日	淡小宁 唐萍
113	近年来青海省藏传佛教青年僧侣思想动态研究	青海研究报告2012年18期	省委书记强卫	2012年9月18日	鄂崇荣 马连龙 李国胜 韩得福 吉乎林
114	白土庄村发展规划	青海研究报告2012年20期	省委书记强卫	2012年9月22日	赵宗福 苏海红 丁忠兵
115	加快青海资源型工矿城镇转型发展的思考	青海研究报告2012年24期	副省长徐福顺	2012年12月5日	苏海红 冀康平
116	青海东部城市群建设中的清真食品产业发展研究	青海研究报告2012年6期	西宁市委副书记、市长王予波	2012年6月15日	马学贤 马文慧
117	依托三大园区构建青海特色城镇化发展研究	青海研究报告2012年23期	副省长徐福顺	2013年1月8日	苏海红 德青措
118	关于三江集团对俄罗斯农业投资的跟踪调查与建议	青海研究报告2014年23期	省委常委、常务副省长骆玉林	2014年10月24日	王恒生

续表

序号	成果名称	刊载刊物及刊发时间	批示领导	获批时间	作者
119	当前青海伊斯兰教事务管理工作中需关注的几个问题	青海研究报告2014年22期	省委副书记、省长郝鹏	2014年10月30日	马文慧 马学贤
			省委常委、省委统战部部长旦科	2014年10月29日	
120	新形势下青海生产力布局与区域协调发展研究	青海研究报告2014年24期	省委常委、常务副省长骆玉林	2014年11月7日	苏海红
121	青海藏传佛教寺院开展"教风年"活动的成效、问题及建议	青海研究报告2014年32期	省委常委、统战部部长旦科	2014年12月23日	谢热
122	青南地区与全省同步建成全面小康社会研究	青海研究报告2015年3期	省委书记骆惠宁	2015年4月13日	赵宗福 鲁顺元
123	青海省推行藏传佛教寺院"三种管理模式"成效及其经验	青海研究报告2016年7期	省委常委、统战部部长旦科	2016年5月8日	陈玮 谢热 才项多杰 益西卓玛 旦正加 罡拉卓玛 靳艳娥
124	五年来中央对口援青工作成效、问题及政策建议	青海研究报告2016年14期	省委常委、秘书长王予波	2016年10月21日	孙发平 崔耀鹏
125	公众参与青海生态文明建设机制研究	青海研究报告2016年23期	省委常委副省长马顺清	2016年12月26日	毛江晖 张明霞
126	现阶段青海藏传佛教"游僧"治理问题研究	青海研究报告2016年17期	省委副书记王建军	2016年11月30日	罡拉卓玛
			中央政治局委员中央统战部长孙春兰	2017年5月12日中信办通知	
127	基于生态保护红线划定的三江源区经济社会发展研究	青海生态环境研究要报 2016年6期	省委副书记、代省长王建军	2017年1月2日	苏海红 李婧梅
128	新形势下藏传佛教现代高僧培养问题的解决之道	研究报告2016年22期	中央政治局委员中央统战部长孙春兰	2017年5月12日中信办通知	参看加

续表

序号	成果名称	刊载刊物及刊发时间	批示领导	获批时间	作者
129	运用"互联网+"推进藏区基层服务型党组织建设	青海研究报告2017年9期	省委常委、组织部部长胡昌升	2017年5月27日	唐萍
130	对2017年宏观经济形势的预判及对策建议	研究报告2017年1月	中央政治局常委国务院副总理张高丽	2017年5月12日中信办通知	杜青华
131	"3·14"前夕青海藏区干部群众思想状况及对策建议	研究报告2017年3月	中央政治局委员中央统战部部长孙春兰	2017年5月12日中信办通知	孙发平 鲁顺元
132	青海对蒙古、俄罗斯涉藏工作对策研究	研究报告2017年省委委托	省委常委省委统战部部长公保扎西	2017年5月19日	陈玮 鄂崇荣
133	祁连山南麓生态环境主要问题与提升环保水准的建议	青海藏区要情2017年5期	省委常委宣传部部长张西明	2017年8月11日	魏珍 马生林
134	建设青藏国际陆港的总体思路与政策建议	青海丝路智库要报2017年6期	省委常委副省长王予波	2017年11月4日	孙发平 杨军
135	加快建设青藏国际陆港的总体思路与政策建议	丝路建设智库要报2017年6期	省委常委、秘书长王予波	2017年11月4日	孙发平 朱小青等

第六章 大事记

一九七八年

十月

25日，中共青海省委决定成立青海省社会科学院。暂设哲学研究室、经济研究室、民族研究室、宗教研究室、地方史研究室、图书资料情报室、刊物编辑室、办公室等8个县处级单位，事业编制60人。

一九七九年

六月

29日，省委办公厅批复同意青海省社会科学院意见：由省委组织部负责给青海省社会科学院抽调干部10人；省委办公厅解决青海省社会科学院办公用房。

十二月

1日，院《社会科学参考》创刊，内部发行半月刊。

一九八〇年

一月

26日，省委同意创办综合性社会科学学术刊物《青海社会科学》（季刊），并于同年第二季度试刊，内部发行。

三月

1日，《社会科学参考》改为月刊。

五月

23日，省编委批复将哲学研究室改为马列主义毛泽东思想研究室。

十月

10 日，省编委批准经济学研究室改为经济研究室。省新闻出版局批准《青海社会科学参考》作为内部刊物出版。

一九八一年

四月

10 日，院务会议决定全省各学会靠挂有关厅局，不再由青海省社会科学院管理。14 日，省委决定史克明任青海省社会科学院党组书记、院长；鲁光任党组成员、副院长。

五月

20 日，院务会通过 1981～1990 年发展规划要点。

八月

1 日，省编委批准学会办公室改称为"青海省社会科学联合会筹备办公室"，仍为县处级事业单位，原编制不变。10 日，省委书记办公会授权青海省社会科学院会同省委统战部起草辛亥革命 70 周年纪念大会有关文件。20 日，省委书记办公会决定《青海社会科学》杂志自 1982 年起改为双月刊，在国内公开发行。

十二月

10 日，省委决定隋儒诗任院党组成员。11 日，省委书记办公会同意，设立塔尔寺文献研究所，归青海省社会科学院领导，所址设在塔尔寺，暂定事业编制 10 人。

一九八二年

三月

23 日，省委书记办公会决定将省民族学院"青海民族研究所"划归青海省社会科学院，其编制和材料一并移交青海省社会科学院。

五月

13 日，省委常委会研究撤销 3 月 23 日省委书记办公会议"关于青海民族研究所划归省社科院领导的决定"。青海民族研究所仍归青海民族学院领导，青海省社会科学院可以对省民族学院民族研究所进行业务指导，委托研究项目。

一九八三年

五月

3日，省委书记办公会同意省委宣传部《关于成立青海省哲学社会科学规划领导小组的报告》，史克明、鲁光任副组长。

六月

19日，省委决定青海省社会科学院领导班子：党组书记、院长史克明，党组副书记、副院长鲁光，党组成员、副院长隋儒诗、周生文。陈庆英译著《吐蕃传》由青海民族出版社出版。

八月

3日，省人民政府批准青海省社会科学院关于组织编写《青海人口》和《青海经济地理》两书的报告。4日，省委同意青海省社会科学院内部机构设：办公室、科研组织处、马列主义毛泽东思想研究室、经济研究室、民族宗教研究室、文学研究室、历史研究室、藏族历史文献研究所、图书资料情报室、《青海社会科学》编辑室等10个处、室、所，均为县级单位；省社联筹备办公室、省志编写办公室均为县级单位，由青海省社会科学院代管。

十二月

9日，省委同意李怀文为科研处处长、曹毓武为办公室主任、张方朔为图书资料室副主任、刘醒华为民族宗教研究室主任、蒋家齐为经济研究室主任、张田友为藏族历史文献所副所长、魏兴为马列主义毛泽东思想研究室副主任、苏文锐为图书资料室副主任、王昱为省志编委办公室副主任。29日，院党支部改选，由隋儒诗、李怀文、曹毓武、蒋家齐、魏兴、卓玛措、郑飞7人组成，隋儒诗任书记，李怀文、曹毓武任副书记。30日，省人民政府办公厅转发青海省社会科学院"关于参加全国经济和社会发展战略座谈会有关问题的报告"，就青海省社会科学院提出的青海农牧业发展问题、青海分散能源的开发利用和合理利用柴达木资源的问题、盐湖钾盐与盐化工问题、青海教育科学发展战略问题、青海社会发展问题等向有关单位进行布置。王利平、尚向东译著《草地牧业》由农业出版社出版。

一九八四年

二月

17日，院务会研究"六五"工作及"七五"规划。

四月

26日，省长办公会决定省社科院院址确定在原省军区机关西院，与省人大、新华社青海分社划分使用，占地14.5亩。同意11月10日省编委批示，青海省社会科学院建设规模按300人编制、藏书60万册考虑，建筑面积办公主楼6440平方米、附属建筑693平方米、职工住宅7132平方米，总投资480万元。陈庆英译著《吐蕃赞普赤德松赞小传》由民族出版社出版。

九月

3日，西北五省（区）社科院院长会暨情报资料会议在西宁召开，青海省社会科学院院长史克明、副院长鲁光、隋儒诗、周生文参加，中国社会科学院情报资料研究所顾问孙方到会指导。

十一月

10日，省政府批复同意《关于请求省政府批准为青海省社会科学院培训22名研究生的报告》，1985年由省教育、计划部门列入全省扩招研究生计划，所需经费由省财政按国家规定标准增拨。

一九八五年

三月

6日，院党组会决定，王昱任历史研究室主任，李高泉任科研组织处处长，魏兴任刊物编辑室主任、童金怀任副主任，刘秋来、拉毛扎西任办公室副主任，陈庆英、蒲文成任民族宗教研究室副主任。

七月

2日，院党组会决定，郭天德任办公室主任。陈庆英译著《论西藏政教合一制度》由民族出版社出版。

十月

邓力群来青海视察工作，接见了青海省社会科学院领导。

十一月

18日，省委决定傅青元任青海省社会科学院党组书记、院长；鲁光负责筹备青海省社会科学界联合会工作。陈庆英、蒲文成著《塔尔寺概况》由青海人民出版社出版。

十二月

21日，院成立优秀科研成果评定小组，由傅青元、隋儒诗、李高泉、陈庆英、钱之翁、魏兴、王昱、褚晓明8人组成。

一九八六年

三月

15日，院党组决定，张方朔任图书资料情报室主任，褚晓明任副主任；赵秉理、拉毛扎西任文学研究室副主任。

六月

12日，院务会通过1986年科研工作计划。省编制委员会批复，同意将青海省社会科学院内部机构马列主义毛泽东思想研究室改为哲学研究所；经济研究室改为经济研究所；民族宗教研究室改为民族宗教研究所；文学研究室改为文学研究所；历史研究室改为历史研究所；藏族历史文献研究所改为藏学研究所；图书资料情报室改为文献情报所；《青海社会科学》编辑室改为《青海社会科学》编辑部。以上机构改变名称后原县级级别均不变。25日，省职称改革领导小组同意，成立青海省科研系列社会科学职称改革领导小组。组长傅青元，副组长隋儒诗、周生文。

七月

16日，省总工会批准成立院工会。18日，院长办公会决定成立院技术服务部。月底青海省第一次哲学社会科学优秀成果评奖揭晓，青海省社会科学院共获奖13项，其中二等奖1项、三等奖11项、鼓励奖1项。

八月

20日，省委决定翟松天任青海省社会科学院党组成员、副院长。

十一月

14日，省委书记办公会决定省社科联并入青海省社会科学院，一套班子，对外两块牌子。

十二月

27日，省委书记办公会听取了院党组关于全国哲学社会科学"七五"规划会议精神及贯彻意见的汇报。

一九八七年

三月

27日，院评审委员会认定王昱等47位同志中级以下的专业技术职务任职资格。

四月

25日，召开院长现场办公会，省委宣传部部长、院长傅青元主持，副院长隋儒诗、翟松天及院办公室、科研处、社科联筹备办公室负责人共20人参加。会议根据1986年11月17日省委书记办公会议纪要关于就省社科联的工作并入青海省社会科学院的决定精神，对社科联1987年筹备工作及合并后的有关事宜提出了要求和安排：1.社科联筹备办公室并入社会科学院后，对外名称不变，对内称学会工作处，由副院长周生文分管；2.调整人员，朱玉坤任学会工作处主任、李鸿钧任副主任；3.办一个反映社会科学联合会工作动态的刊物；4.下半年正式成立青海省社会科学界联合会。

五月

26日，将原省社科联筹备办公室对内改为"学会工作处"，对外仍称"青海省社会科学联合会筹备办公室"。

九月

12日，院党组研究上报隋儒诗、陈庆英、蒲文成、陈依元、王昱、魏兴为优秀专家。

十二月

19日，院党组决定藏学、民族宗教研究所从1988年1月1日正式分开办公，蒲文成任民族宗教研究所所长、拉毛扎西任副所长。30日，院务会通过院科研课题管理试行办法，并于1988年1月起试行。钱之翁译著《社会问题经济学》由青海人民出版社出版。

一九八八年

二月

10日，王毅武主编《中国社会主义经济思想史简编》由青海人民出版社出版。

四月

陈庆英、马连龙合译《章嘉国师若必多吉传》由民族出版社出版。

五月

22日，院务会通过《关于科研成果奖和专家咨询鉴定代表作报酬的几项暂行规定》。

六月

15日，省编制委员会同意增加青海省社会科学院事业编制10名，增编后青海省社会科学院事业编制为131名（含省社科联编制10名）。

八月

2日，院党组、院务会研究向省编委上报逐年增加编制，到2000年达到200人规模（不含社科联、省志办）的报告。15日，根据中国社会科学院要求，科研处对青海省社会科学院自筹建以来的发展成绩以及各种问题进行了全面的调查分析，并上报了《青海省社会科学院关于院情调查的报告》。王昱主编《青海方志资料类编》由青海人民出版社出版。

九月

27日，院务会通过《关于科研业务档案管理的暂行规定》和《优秀科研成果评审暂行办法》。

十月

省委宣传部牵头召开"社会主义初级阶段理论讨论会"，青海省社会科学院送交论文10篇，其中3篇获二等奖，4篇获三等奖。隋儒诗副院长赴瑞典考察访问。

十二月

16日，院党组会议决定：建设院综合档案室，隶属办公室。31日，完成首批第二次专业技术职称的评定工作。共评出高级职称14人，其中正研2人、副研8人、副编审3人、副译审1人；评出中级职称21人，其中助研5人、会计师3人、工程师1人、馆员8人、编辑1人、经济师3人；

评定初级职称3人。全省社会主义初级阶段理论研讨会在西宁召开,青海省社会科学院共获奖10项,其中二等奖4项、三等奖3项、鼓励奖3项。

一九八九年

四月

19日,省政府批准陈庆英为省职工劳动模范。22日,院务会决定:《关于科研课题经费购买的图书资料管理使用暂行办法》由科研处修改完善后印发全院施行。

五月

20日,党组成员、副院长隋儒诗,技术服务部负责人王利平在赴格尔木进行科研课题调查途中,因交通事故不幸殉职。

六月

30日,省委决定朱世奎任院党组书记、院长,王昱任副院长。蒲文成译著《七世达赖喇嘛传》由西藏人民出版社出版。

七月

11日,省委组织部同意王昱为党组成员。25日,省计划委员会对青海省社会科学院基建工程投资超计划增加拨款181.94万元。

八月

11日,青海省第二次哲学社会科学优秀成果评奖揭晓,此次活动第一次将少数民族文字的科研成果列入评奖范围。青海省社会科学院共获奖21项,其中一等奖1项、二等奖3项、三等奖11项、鼓励奖6项。何峰等编著《藏族历代文学作品选》由青海民族出版社出版。

十二月

10日,院务会通过《青海省社会科学院考勤工作的暂行规定》(讨论稿)。28日,《关于申请〈社会科学参考〉准予重新登记的请示》上报青海省新闻出版局

一九九〇年

一月

8日,省直机关党委同意成立院机关总支部委员会,下设四个党支部。

二月

15日，省委组织部同意刘得庆任办公室主任。

三月

14日，成立院保密委员会。21日，院党组决定在全院集中开展社会主义初级阶段理论和党的基本路线教育。朱世奎主编《青海掠影》由人民日报出版社出版。

四月

1日，藏学研究所所长陈庆英随国家民委组团，赴日本参加"佛教文献研究交流恳谈会"。

六月

2日，院党组就青海省社会科学院课题成果《青海经济地理》一书泄密问题做出处理决定。

七月

19日，院务会通过首批职改评审专业技术人员。其中正高2人，副高16人，中级35人，初级37人。聘任高职11人，中职29人，初职26人，涉及科研、图书情报、编辑、统计、工程、翻译、新闻、会计、经济、档案等10个系列。蒲文成等著《甘青藏传佛教寺院》由青海人民出版社出版。

八月

15日，印发《青海省社会科学院概况》，提供省委、省政府有关部门。

九月

22日，院务会通过《关于专业技术职务续聘考核的实施方法》。

十一月

省建设厅会同省、市有关部门15个单位32位负责人和工程技术人员，对青海省社会科学院工程进行正式竣工验收。该工程1985年5月正式开工，1990年6月全部完工。由于材料、设备、人工费调增等原因，省计委批准追加投资181.94万元。蒲文成译著《王佛〈佑宁寺志〉译注》由青海人民出版社出版。

十二月

刘忠、翟松天编著《青海体制改革中期规划研究》内部发行。赵秉理主编《格萨尔学成集》1~3卷由甘肃民族出版社出版。省人民政府授予陈庆英、蒲文成为青海省优秀专家称号。

一九九一年

一月

16日，省委同意成立中共青海社会科学工作领导小组，其主要任务是研究决定全省社会科学战线中的重大问题，保证党的社会科学工作方针政策的贯彻执行。18日，陈依元主编的《青海人论》出版后，西宁地区部分专家学者对该书的内容、观点提出异议，青海省社会科学院就此向省委做出《关于〈青海人论〉一书的情况报告》。翟松天、刘忠著《青海改革中期规划研究》内部出版。

二月

12日，青海省省长金基鹏来青海省社会科学院视察工作。

三月

27日，省委决定，刘忠任青海省社会科学院副院长。

四月

国务院授予陈庆英享受政府特殊津贴专家称号；国家人事部授予陈庆英有突出贡献中青年专家称号。16日，翟松天等编《互助县民族经济发展战略研究》课题在互助县通过鉴定，省委书记尹克升、副省长马元彪到会。17日，由中国社会科学院、全国格萨尔学工作领导小组、甘肃人民出版社、中共青海省委宣传部和青海省社会科学院联合在北京人民大会堂举行《格萨尔学集成》首发式，出席首发式的中央领导有赛福鼎·艾则孜、杨静仁等。

五月

王毅武著《中国社会主义经济思想史研究》由青海人民出版社出版。翟松天等著《互助县民族经济发展战略研究》内部出版。14日，美国政府官员朱迪博士来青海省社会科学院考察。31日，省编委同意青海省社会科学院县处级领导职数由19名增加为21名。

六月

全省纪念中国共产党诞生70周年理论研讨会在西宁召开，青海省社会科学院有10篇优秀论文获奖。陈庆英主编《中国藏族部落》由中国藏学出版社出版。

七月

王昱、崔永红参加编著的《当代中国的青海》由当代中国出版社出版。

八月

卢贺英等著《青海高原老人》内部出版。14日，省委组织部批准王恒生任经济研究所所长。23日，省委决定周生文任党组副书记。

十月

22日，院务会通过《院专业技术职务续聘考核实施办法》，并下发执行。

十二月

2日，院长办公会议决定成立院印刷厂，其性质为独立核算、自负盈亏的集体企业。

一九九二年

一月

3日，省委组织部批准朱玉坤任哲学社会学研究所所长。18日，省委副书记桑结加到青海省社会科学院视察工作。

二月

王恒生主编《中国国情丛书·格尔木卷》由中国大百科全书出版社出版。

三月

3日，省政府副主席陈云峰带领政协科技视察组来青海省社会科学院视察，就科学技术是第一生产力问题听取了科研人员的意见建议。21日，院党组研究报经省委宣传部同意，增补刘忠为党组成员。

四月

13日，院长办公室决定成立院职改领导小组办公室，由李嘉善、杨占奎、郭济文、薛兰芬、罗丹、郝宁湘等人员组成。

五月

12日，省直工委同意，王昱任院机关总支书记，郭天德、拉毛扎西任副书记。王恒生等著《格尔木开发研究》由青海省人民出版社出版。

六月

马林、陈庆英合著《青海藏传佛教寺院碑文集释》由兰州古籍出版社出版。

八月

陈庆英著《元朝帝师八思巴》由中国藏学出版社出版。22日，院长办公会决定，与安徽蚌埠双磴良种场联合开办"青皖工贸实业总公司"为独立核算、独立经营的法人单位。夏汉杰首任总经理，孙春雷任副总经理。

九月

马连龙译著《三世达赖喇嘛传》、陈庆英译著《四世达赖喇嘛传》由全国图书文献缩微中心出版。

十月

27日，院党组决定"青皖工贸联合总公司"为青海省社会科学院所属的正县级全民所有制企业单位。31日，省委副书记田成平、省委宣传部部长田源一行来院检查指导工作。

十一月

12日，青海省社会科学院与省委办公厅、省政府办公厅共同举办社会主义市场经济研讨会，省长金基鹏、省委宣传部部长田源一行到会听取了专家学者发言，并作重要指示。23日，《玉树州农牧业综合开发研究》课题鉴定会在青海省社会科学院召开，省长田成平、省委副书记桑结加、副省长马元彪、省委宣传部部长田源等到会并讲话。27日，院党组研究报省委宣传部同意，李端兰任文献情报所所长，赵秉理任文学研究所所长。

十二月

周文生等著《玉树州东部三县农业综合开发研究》由青海人民出版社出版。王昱、姚丛哲主编《青海简史》由青海人民出版社出版。王毅武主编《中国社会主义经济思想研究丛书》（11本）由青海人民出版社出版。国家人事部授予王毅武、蒲文成同志为有突出贡献中青年专家荣誉称号。国务院授予王昱、魏兴、王毅武、蒲文成同志享受政府特殊津贴专家荣誉称号。

一九九三年

二月

22日，省委宣传部决定冯敏为院党组成员。

四月

17 日，省委副书记桑结加主持召开办公会议，听取省委宣传部关于编辑《青海百科全书》的汇报。会议决定成立《青海百科全书》编撰委员会，编辑部设在青海省社会科学院，朱世奎任主任。

六月

8 日，西北五省区社会科学院第二届二次院长联席会议在西宁举行。院长朱世奎致开幕词，副院长周生文作了发言。省委副书记桑结加、省委宣传部部长田源到会并作讲话。22 日，全省第三次社会科学评奖活动揭晓，青海省社会科学院共获奖 40 项，其中一等奖 1 项，二等奖 5 项，三等奖 21 项，鼓励奖 11 项，荣誉奖 2 项。24 日，李端兰、拉毛措、宋聚迎被评为 1992 年度省直机关优秀共产党员。王昱等著《〈西宁志〉校注》由青海人民出版社出版。省人民政府授予曲青山、达瓦洛智首批省级优秀专业技术人才称号。

八月

30 日，院长朱世奎出访澳大利亚进行了学术交流。

九月

2 日，国家新闻出版署批复，同意青海省社会科学院创办《社科新苑》月刊，公开发行。15 日，省编委批准，同意成立《社科新苑》杂志社，为事业单位。全省纪念毛泽东诞辰 100 周年理论研讨会在西宁召开，青海省社会科学院有 6 篇优秀论文获奖。

十月

22 日，院党组决定，成立《社科新苑》杂志社，翟松天任社长，刘光权任总编辑。国务院授予达瓦洛智享受政府特殊津贴专家称号。周生文主编《建设有中国特色社会主义概论》由青海人民出版社出版。

十一月

魏兴、余中水等著《新时期毛泽东思想发展研究》由青海人民出版社出版。田源、魏兴主编《唯物论通俗读本》由云南人民出版社出版。魏兴著《刘少奇经济思想研究》由青海人民出版社出版。

十二月

30 日，省社科系列职改领导小组和省职称改革办公室联合下发《关于社科系列外语考试的通知》，对晋升专业技术职务人员进行外语考试，并对语种与级别、考试范围与内容、题型与计分及考试纪律等做出规定。蒲文成、拉毛扎西著《觉囊派通论》由青海人民出版社出版。

一九九四年

一月

12日，《青海百科全书》编辑部举办首期编撰人员培训班。25日，成立院1993年专业技术职务评聘考核小组。组长翟松天，副组长李高泉，成员蒲文成、杨占奎、余中水、姚丛哲、王毅武、吕建福、张毓卫。

二月

王昱主编《青海社科文献资源调查评述》内部出版。

五月

9日，省委决定，陈国建任青海省社会科学院党组书记、院长。10日，院长办公会决定院属商品拍卖总公司下设贸易总公司。

六月

6日，中国社会科学院副院长腾藤来青海省社会科学院视察工作，省委宣传部部长田源、省党校部分教授及青海省社会科学院专家座谈了不发达地区的经济发展问题。赵秉理编著《格萨尔学集成》第4卷由甘肃民族出版社出版。

七月

1日，党组召开扩大会议，副处以上党员干部参加。会议决定成立院办经济实体经营情况检查小组，刘忠任组长，拉毛扎西、淡武君、秦书广为成员，对院经济实体进行整顿；为了及时向省委、省政府及有关部门反映青海省社会科学院重大事情，由青海省社会科学院办公室编发"社科信息"（不定期）。蒲文成等古籍整理《如意宝树史》汉译本由甘肃人民出版社出版。李高泉主编《德令哈市经济社会发展战略研究》由青海人民出版社出版。邢海宁著《果洛藏族社会》由中国藏学研究中心出版社出版。

八月

省人民政府授予王恒生青海省优秀专家称号。

九月

省委决定谢佐任青海省社会科学院副院长。

十月

姚丛哲主编《青海省志·盐业志》由黄山出版社出版。10日,《青海百科全书》编辑部举办第二期撰稿人员培训班。

十一月

19日,崔永红译著《马步芳在青海》由青海人民出版社出版。朱世奎主编《青海风俗简志》由青海人民出版社出版。杨昭辉等著《乌兰县经济研究》由西安测绘出版社出版。

十二月

7日,院务会议通过青海省社会科学院"三定"方案,并报省编制委员会。

一九九五年

一月

24日,由省科委和省社科规划办立项,青海省社会科学院哲学社会学所和省公安厅交警总队承担的《青海省道路交通事故研究》课题完成并通过评审。省委常委、政法委书记唐正人、副省长白玛参加会议并作了讲话。26日,由省政府下达青海省社会科学院承担的全省《"九五"及2001~2010年经济社会发展战略问题研究报告》完成。谢佐等著《藏族古代教育史略》由青海人民出版社出版。

二月

15日,院党组召开"防止和纠正选拔任用干部中不正之风和领导班子贯彻民主集中制的情况"的专题民主生活会,省委组织部吴陇营到会指导。

三月

2日,拉毛扎西、穆兴天被评为1994年度全省优秀宣传工作者;《青海社会科学》编辑部被评为全省宣传工作先进单位,受到省委宣传部表彰。穆兴天主编《青海少数民族》由青海人民出版社出版。

四月

19日,院党组决定李安林任商品拍卖总公司总经理。

五月

26日,院党组研究报省委宣传部批准,李嘉善任科研组织处处长。省委宣传部决定谢佐同志任院党组成员。刘忠著《青海跨世纪经济社会发展研究》由青海人民出版社出版。

六月

7日，省"二五"普法考核验收小组对青海省社会科学院的"二五"普法工作进行了检查验收，颁发了合格证书。23日，院党总支完成换届选举，王昱任总支书记，秦书广任总支副书记。

八月

吕建福著《中国密教史》由中国社会科学院出版社出版发行。10日，全省纪念抗日战争胜利50周年学术交流会议在青海省社会科学院举行。省内近现代史、中共党史学界专家学者40余人出席了会议，省委副书记桑结加应邀到会并讲话。

九月

陈庆英、何峰主编《藏族部落制度研究》由中国藏学出版社出版。朱玉坤著《交通事故透析》由人民交通出版社出版。

十月

11日，省政府办公厅、省社科院、省地方志编纂委员会办公室三单位负责人会议根据省政府决定，正式将省志办由省社科院管理移交给省政府办公厅管理。25日，翟松天随中国社科院赴斯洛伐克、波兰经济考察团出访。

十一月

21日，印发《社会科学研究人员中、高级资格评审条件（试行）》和《社会科学院研究人员破格晋升中、高级专业资格评审条件（试行）》。

十二月

何峰著《〈格萨尔〉与藏族部落》由青海民族出版社出版。

一九九六年

一月

10日，院长办公会议通过《青海省社会科学院研究系列专业职务考核办法》。29日，院长办公会同意青海省社会科学院为青海省民族文化艺术研究会业务主管部门。30日，院长办公会同意成立青海省民族文化艺术研究会。

三月

12日，省委决定汪发福为省纪委派驻青海省社会科学院副厅级纪检员。19日，院务会议通过院"九五"计划和2010年发展规划。

四月

24日，院长办公会决定改造办公楼八楼，改建科研成果展览厅。

五月

7日，院务会通过《青海省社会科学院"九五"规划重点研究项目》。9日，薄文成、何峰、穆兴天共同撰写的《十世班禅大师的爱国思想》一文，获中宣部全国精神文明建设"五个一工程"入选作品奖。

六月

5日，院务会议通过院房改领导小组关于《青海省社会科学院住房制度改革实施方案》，并上报西宁住房制度改革领导小组。10日，省机构改革领导小组批准青海省社会科学院机构编制方案。28日，省委宣传部决定汪发福任院党组成员。

七月

31日，院长办公会决定自筹资金，在院内新建职工住宅楼一栋。院党组决定设立院政治处。经批准，院文献情报所更名为院图书馆。

八月

28日，院党组研究报省委宣传部批准，何峰任藏学研究所所长，崔永红任历史研究所所长，刘广仁任办公室副主任兼院工会主席（正处级）。

十月

4日，省委决定党组副书记、副院长周生文为正厅级干部。9日，由青海省社会科学院牵头的"青海省纪念红军长征60周年学术研讨会"召开。青海省第四次哲学社会科学成果评奖中，青海省社会科学院获奖32项，其中荣誉奖1项，一等奖1项，二等奖8项，三等奖12项，鼓励奖10项。王恒生、崔永红等著《中国国情丛书·湟中卷》由中国大百科全书出版社出版。

十一月

12日，院务会通过"特邀研究员聘任办法"，决定从社会各界聘任一批专家、学者为青海省社会科学院特邀研究员，弥补科研力量的不足。赵秉理著《格学散论》由甘肃民族出版社出版。《青海百科全书》送中国大百科全书出版社出版。

一九九七年

一月

14日，院党组研究报省委宣传部批准，徐世龙任院政治处主任。24日，院党组研究报省委宣传部批准，刘得庆任科研组织处副处长（正处级）。

三月

10日，青海省计划委员会下达青海省社会科学院"安居工程"建设项目批复。23日，省政府批准何峰、吕建福为省级优秀专业技术人才。

五月

5日，院党组研究报省委宣传部批准，汪发福兼任《青海社会科学》编辑部主任。院长办公会议决定在经济所设立"青海经济区域研究中心"。

六月

穆兴天著《藏传佛教与藏族社会》由青海人民出版社出版。国务院授予王恒生享受政府特殊津贴专家称号。

九月

1日，青海省社会科学院经济研究所副所长徐建龙赴荷兰参加为期半年的学习。9日，院党组研究报省委宣传部批准，刘得庆任科研组织处处长。

十月

省委决定曲青山任青海省社会科学院副院长。20日，省委宣传部决定曲青山任院党组成员。29日，院长办公会决定为庆祝建院20周年，出版《青海社科院20年》。马林、马连龙合译《五世达赖喇嘛传》由中国藏学出版社出版。

十一月

1日，历史学研究员、副院长王昱作为编委参加在北京人民大会堂召开的国家级重点项目《四库全书存目丛书》（共1200册）出版庆典暨专家鉴评会。桑杰端智著《佛学基础原理》由甘肃民族出版社出版。

十二月

19日，省委常委会同意陈国建、冯敏为省社科联第三届委员会副主席候选人。省建设工程质量监督站颁发青海省社会科学院"安居工程"住宅质量检验合格证书。

一九九八年

一月

翟松天著《青海经济史·近代卷》由青海人民出版社出版。崔永红著《青海经济史·古代卷》由青海人民出版社出版。

三月

9日，与省劳动人事厅联合向各州、地、市及省直有关部门印发由青海省社会科学院制定的《青海省社会科学研究人员专业技术职务任职资格评审条件（试行）》。11日，院长陈国建参加省新闻考察团赴新加坡、马来西亚、泰国及我国香港、澳门地区考察。

四月

6日，院长办公会研究院办公室问题，决定撤销对青皖公司的银行贷款担保，收回所占房屋，追缴所欠水、电、房费及管理费，并请审计部门全面审计。30日，院长办公会同意城东房产管理局收回花园北街宿舍26套。

五月

11日，院长办公会决定为庆祝1999年建国50周年，组织编撰出版《邓小平民族理论与实践》、《青海经济史》（当代卷）专著作为国庆献礼。12日，青海省社会科学院和社科联、青海日报社联合召开省垣社科界纪念真理标准问题讨论20周年研讨会。31日，筹集院科研发展基金14.6万元。

六月

2日，省委决定蒲文成任青海省社会科学院副院长。

七月

10日，刘忠承担的全国"九五"社科规划重点课题《加速少数民族和民族地区经济社会发展研究》，通过省专家评审鉴定。

八月

7日，中国社会科学院党委书记王忍之、哲学马列研究所联合党委书记傅青元、办公厅主任曾智友等在省委常委、宣传部部长田源陪同下来青海省社会科学院视察。王忍之为青海省社会科学院建院20周年题词。25日，朱玉坤著《走进毒品王国》由陕西人民出版社出版发行，在青海省社会科学院举行首发式。

十二月

2日，省委任命（青委〔1998〕201号任职通知）景晖担任省社科院党组书记、院长。

一九九九年

二月

26日，召开全院职工大会，党组书记、院长景晖作重要讲话，提出实施"内聚人心、外塑形象、锐意改革、夯实基础"的发展思路，宣布省社科院进入二次创业阶段。27日，中央党校函授学院青海分院省社科院学区大专、本科考前补习班开课。

三月

遵照青海省委统一部署，开展领导班子、领导同志以"讲学习、讲政治、讲正气"为内容的"三讲"教育。党组召开全院处以上干部"三讲"教育动员大会。

四月

2日，由崔永红副研究员任第一主编的《青海通史》书稿通过专家评审鉴定。

五月

9日，召开专家学者座谈会和社科院、社科联职工大会，愤怒声讨以美国为首的北约集团轰炸我驻南斯拉夫使馆的强暴行径。

六月

18日，院务扩大会议讨论通过《青海省社会科学院激励约束机制试行办法》并实行。

七月

16日，与中国社科院研究生院联办在职研究生课程进修班，开办民商法学、政治经济学专业，举行开学典礼。22日，全院职工声讨、揭批"法轮功"邪教反动本质。30日，全院召开"坚持唯物论，揭批'法轮功'"为主题的职工大会。

九月

崔永红等合著《青海通史》出版。曲青山主编《邓小平民族理论与实践》出版。何峰、余中水撰写的论文《中国藏族宗教信仰与人权》获"第七届精神文明建设全国'五个一工程'优秀作品入选奖",并获"第四届精神文明建设青海省'五个一工程'优秀作品入选奖"。曲青山等撰写的论文《光耀柴达木人的时代精神》获"第七届精神文明建设全国'五个一工程'优秀作品入选奖",并获"第四届精神文明建设青海省'五个一工程'优秀作品入选奖"。29日,举行庆祝中华人民共和国成立50周年暨表彰"五个一工程"获奖者大会。

十月

22日,《青海通史》首发式在西宁举行。

十一月

1日,院长办公会议决定编印西部大开发参阅资料,送省级领导参阅。22日,省委派驻本院"三讲"教育巡视组进驻青海省社会科学院开展工作。25日,召开领导班子、领导干部"三讲"教育动员大会。曲青山副院长调任省委宣传部。

十二月

青海人民出版社出版《高耗电工业西移对青海经济和环境的影响》(翟松天、徐建龙著)。赵秉理主编的专著《格学散论》获"青海省第四届文艺创作优秀作品奖"。14日,举办省垣社科界迎澳门回归座谈会,省委常委、宣传部部长田源出席并作重要讲话。

二〇〇〇年

一月

1日,首部重点科研项目《青海经济蓝皮书》完成(翟松天、王恒生主编)。24日,召开"三讲"教育总结大会。

二月

省委发青委〔2000〕23号任职通知,曹景中任本院副院长。

三月

1日,院长办公会议通过《财务管理办法》《财产管理办法》并实行。聘任刘志安为培训中心主任,马林为藏学所所长,梁明芳为图书馆馆长,穆兴天为民族宗教所所长。10日，安排部署"中央实施西部大开发，我们怎么办"大学习、大讨论活动。17日，召开全院职工"三讲"教育"回头看"动员大会。20日，院务会议通过《青海省社会科学院导师制实施办法（试行）》并实施。

四月

25日，聘任王恒生为资环所所长，崔永红为文史所所长，徐建龙为经济所所长，免去王恒生经济所所长职务，崔永红历史所所长职务。

七月

青海省第五次哲学社会科学优秀成果评奖中，青海省社会科学院共有44项科研成果获奖。其中：荣誉奖2项，一等奖3项，二等奖15项，三等奖14项，鼓励奖10项。5日，由青海省社会科学院主办的西部大开发理论研讨会暨西北五省区社科院院长联席会议在西宁召开。

八月

赵秉理主编的专著《格萨尔学集成》（1～5卷）获"第四届中国民族图书评奖三等奖"。

九月

4日，院务会议通过《青海省社会科学院资深研究员评定办法》。景晖研究员、翟松天研究员、蒲文成研究员被评定为青海省社会科学院首批资深研究员。

十月

青海民族出版社出版《藏族社会制度研究》（马连龙等合著）。

十二月

青海省社会科学院哲学社会学所马文慧助理研究员撰写的论文《宗教与青海地区的社会稳定和发展》获中共中央统战部"全国统战理论研究优秀成果二等奖"。刘景华撰写的论文《民族团结与社会稳定是实施西部大开发的首要前提》获中共中央统战部"全国统战理论研究优秀成果奖"。19日，青委发〔2000〕234号通知，王昱副院长兼任青海省社会科学界联合会副主席。

二〇〇一年

一月

10日，成立院机关党委。

三月

22日,省委副书记宋秀岩来青海省社会科学院视察工作,省委宣传部部长曲青山、副部长石昆明陪同,宋秀岩对青海省社会科学院近二十年工作取得的成效给予了充分肯定。

四月

王昱编著《青海省志·建置沿革志》出版。28日,实施专家学者休假制度,首次组织副高职称以上科研人员到贵德度假休养。

八月

蒲文成著《青海佛教史》出版。10日,2001级研究生课程进修班开学。18日,景晖带领综合部门负责人及部分科研人员组成7人调研团,赴浙江、江苏、安徽、河南、陕西、甘肃六省社科院。

九月

崔永红主编专著《青海通史》获"第五届精神文明建设青海省'五个一工程'优秀作品入选奖",获2000年"第十二届中国图书奖"。朱玉坤、余中水等撰写的论文《论中华民族凝聚力》获"第五届精神文明建设青海省'五个一工程'优秀作品入选奖"。

十月

27日,1999级研究生课程进修班举行结业典礼,中国社科院研究生院、省委组织部、省教育厅有关领导应邀出席。

十二月

翟松天、王恒生主编《青海经济蓝皮书·2001年》出版。邓慧君著《青海近代社会史》出版。10日,《青海研究报告》创刊。12日,王恒生、徐建龙、张伟、崔永红共同完成课题《青海生态保护总体思路等四份报告》得到省长赵乐际同志重要批示。

二〇〇二年

一月

14日,景晖主编的《青海社会蓝皮书》出版。

三月

13日,院重大课题领导小组审定通过《青海省社会科学院重大课题管理办法》并实行。

四月

桑杰端智参著的《藏族宗教学概论》出版。

六月

28日,青海省老教授协会成立并挂靠青海省社会科学院,景晖担任名誉会长。

七月

16~19日,院科研处举办全国"科研管理与社科成果评价研讨会",来自全国部分社科院及高校、党校的有关同志参加了会议。

十月

29日,省编委发〔2002〕77号批复,省社科联由省社科院代管改由省委宣传部代管。31日,省委发青委〔2002〕184号任职通知,淡小宁任本院副院长。曹景中副院长调离本院。

十二月

翟松天、王恒生主编《青海经济蓝皮书·2002年》出版。景晖主编《青海社会蓝皮书·2002年》出版。马文慧(合作执笔)撰写论文《藏传佛教世俗化倾向问题研究》获中共中央统战部"全国统战理论研究优秀成果二等奖"。

二○○三年

一月

蒲文成副院长任省政协副主席。

三月

由景晖主持,多学科科研骨干共同参与完成的院重大课题《青海省2020年全面建设小康社会进程预测报告》,被省委常委、省委秘书长李津成批示列为省委中心学习组参阅件首篇报告。31日,翟松天、王恒生合作完成刊登于《青海研究报告》的课题《2002年经济运行特点及2003年经济发展预测》得到省长赵乐际批示肯定。

四月

28日,《青海社会科学》荣获全省汉文社科类期刊编校质量一等奖。

五月

30日,发布关于拉毛扎西等16位同志的人事任免公告。

六月

2 日,省委副书记骆惠宁到青海省社会科学院调研。

七月

15 日,历时 5 个多月的机构改革工作圆满结束。16 日,中国社科院常务副院长王洛林来青海省社会科学院视察,并与青海省社会科学院科研人员进行座谈。18 日,景晖、徐建龙合作完成的《中清以来人类活动对三江源区生态环境的影响》得到省长赵乐际批示肯定。

九月

24 日,景晖、崔永红合作完成课题《一个大战略——逐步减少财政负担人口问题的探讨》得到省长赵乐际批示肯定。

十月

31 日,全省第六次哲学社会科学优秀成果评奖结果揭晓,青海省社会科学院参评成果经评审获荣誉奖 1 项,一等奖 2 项,二等奖 4 项,三等奖 22 项,共获奖项 29 项。

十一月

马生林、刘景华合作完成的《青海湖区生态环境研究》出版。景晖主编《青海社会蓝皮书·2003 年》出版。翟松天、王恒生主编《青海经济蓝皮书·2003 年》出版。刘成明著《情系三川》(系列丛书)出版。

十二月

28 日,青海省社会科学院科研品牌《青海研究报告》第一辑合订本印制完成。

二〇〇四年

一月

翟松天、崔永红著《青海经济史·当代卷》出版。

二月

5 日,省委常委、副省长李津成专程来青海省社会科学院进行调研。徐建龙完成课题《中央、外省和港澳台在青海年投资额测算》得到省委书记赵乐际及副省长徐福顺同志批示肯定。

三月

3 日,《2004 年青海社会蓝皮书》总结会召开,自 2004 年起青海省社会科学院合并《青海经济蓝皮书》与《青海社会蓝皮书》，成立《青海经济社会蓝皮书》编委会。22日，院党组主持召开全院干部职工大会，奖励全国"三八"红旗手苏海红。

六月

朱玉坤、鲁顺元著《关注民族"生态家园"的安全》出版。拉毛措《藏族妇女文论》出版。毛江晖著《青海工业化经济分析》出版。12日，景晖主持，院多学科科研骨干共同参与完成的课题《三江源区生态移民借鉴外地经验系列调研报告——重庆三峡篇、内蒙古篇、宁夏篇》，得到省长杨传堂重要批示。

七月

崔永红主编《青海史话》（系列丛书）出版。14日，王昱《西宁的历史文化特色与旅游亮点》得到省长杨传堂批示。

八月

徐建龙著《省外在青海固定资产投资研究》出版。拉毛措、马文慧撰写论文《邓小平及党的第三代领导集体的宗教观分析》获"全国七部委'邓小平生平和思想研讨会'入选奖"。18日，青海省社会科学院举办纪念邓小平同志诞辰100周年理论研讨会暨邓小平理论、"三个代表"重要思想研究中心成立大会。31日，崔永红、穆兴天等人合作完成的课题《青海历史上执政、施治的经验教训》，得到省委领导的高度评价和充分肯定。

十月

26日，苏海红、李军海合作完成的课题《青海农畜地产品市场占有状况的调查报告》得到杨传堂省长批示肯定。冀康平著《锂资源的开发利用》出版。

十一月

5日，文史研究所所长崔永红为省委中心学习组作《青海历史上执政、施治的经验教训》的专题讲座。省委书记赵乐际、省长杨传堂、省委副书记骆惠宁、刘伟平及在宁省委常委、省级党员领导干部听取讲座。

十二月

14日，参看加、景晖合作完成课题《应关注新一代宗教界人士的培养》得到省委书记赵乐际和省委副书记骆惠宁重要批示。17日，省委考核组马子元一行来院考核 2004 年度党风廉政建设责任制执行情况。30 日，景晖、王昱、崔永红主编《青海经济社会蓝皮书·2004 年》出版。

二〇〇五年

一月

桑杰端智著《批判精神》由云南民族出版社出版。26 日，召开 2004 年度工作总结表彰大会。

二月

7 日，召开全院保持共产党员先进性教育活动动员大会。

六月

2 日，李军海完成的课题《求解青海乡镇财政困境》得到省委书记赵乐际批示肯定。

七月

谢热著《传统与变迁——藏族传统文化的历史演进及现代化变迁模式》出版。13 日，省委副书记刘伟平来青海省社会科学院视察调研。22～24 日，经济所苏海红赴京参加中华全国青年联合会十届一次会议，并受到胡锦涛等中央领导同志的亲切接见。

八月

詹红岩（合著）《青海工业发展及路径选择》出版。5 日，冀康平完成并刊载于《参事建议》的《关于尽快把发展循环经济议事日程的建议》得到省长宋秀岩及省委常委、副省长李津成批示肯定。

九月

为进一步改善科研手段，青海省社会科学院为全体科研人员和相关职能部门配置了笔记本电脑和台式电脑。

十月

1 日，詹红岩完成课题《缓解青海中小企业融资难的思考与措施》得到省长宋秀岩及副省长徐福顺批示肯定。22 日，王恒生、詹红岩合作完成课题《解决青海"三农"问题有待于产业化龙头企业的发展》得到省委书记赵乐际批示肯定。

十一月

3 日，王恒生研究员完成刊载于《决策参考》的《警惕光伏废弃部件为青海新的污染源》一文得到省长宋秀岩批示肯定。马林著《历史的神奇与神奇的历史——五世达赖喇嘛传》出版。

十二月

景晖、王昱、崔永红主编《青海经济社会蓝皮书·2005年》出版。崔永红著《青海史话——古战场巡礼》出版。崔永红、张生寅著《青海史话——商贸互市》出版。刘景华著《青海史话——西海蒙古》出版。22日，景晖主编《青海研究报告·精品版》刊行。26日，景晖、苏海红合作完成课题《三江源生态移民后续生产生活问题研究》相继得到省委书记赵乐际、省长宋秀岩及省委常委、副省长李津成、副省长马建堂批示肯定。26日，穆兴天完成课题《重视和谐民族关系的构建》得到省委书记赵乐际和省委副书记刘伟平同志批示肯定。

二〇〇六年

一月

《青海社会科学》入选2006年度"中文社会科学引文索引"（CSSCI）来源期刊目录。9日，王恒生完成课题《有机畜牧业是拯救和振兴三江源区畜牧业经济的战略产业》得到省委书记赵乐际及省委常委、副省长李津成批示肯定。24日，张继宗完成课题《进一步完善青海省新型农村合作医疗制度的几点建议》得到省委书记赵乐际及省委副书记刘伟平批示肯定。

二月

26日，青海省社会科学院又一应用对策研究平台《进言》创刊。28日，召开全院2005年度工作总结表彰大会。

三月

王恒生撰写的《发展"小经济"，多渠道解决三江源区生态移民的就业问题》得到省长宋秀岩批示肯定。22日，张立群完成的研究课题《对妥善解决青海省群体性事件的思考》得到省委书记赵乐际的批示肯定。30日，鲁顺元完成的课题《深化农村医疗卫生体制改革的建议》相继得到省委副书记、省长宋秀岩同志及省委副书记刘伟平批示肯定。

四月

马林（合著）《历辈达赖喇嘛生平形象历史》出版。穆兴天、鄂崇荣等（合著）中国少数民族发展与研究丛书《玛沁县·藏族卷》出版。19

日，省委印发青委〔2006〕58号任职通知，崔永红、孙发平任青海社会科学院副院长。王昱任正厅级调研员并免去副院长职务。19日，《青海研究报告》合订本第三辑发行。24日，马生林撰写的《抢救黑河源头原始森林刻不容缓》相继得到省委书记赵乐际及省委常委、副省长李津成批示肯定。

五月

在全省"保持共产党员先进性教育活动与党的先进性建设"理论研讨会上，青海省社会科学院报送的3篇论文分获一、二、三等奖。31日，毛江晖撰写的《关于提高社区居委会成员离岗后生活待遇的建议》相继得到省委书记赵乐际及副省长邓本太批示肯定。

六月

20日，青海省社会科学院举办"民族风情摄影展"，省委常委、省总工会主席马福海观看了展览。30日，王恒生撰写的《目前三江源区需要着重研究的几个重要问题》得到省委书记赵乐际批示肯定。

七月

10日，张继宗撰写的《建议结合新农村新牧区建设重新推进农牧民养老保险试点工作》得到省委书记赵乐际批示肯定。张继宗撰写的《重视再就业人员医疗保险续保问题》相继得到省委书记赵乐际及省委常委、副省长李津成、副省长徐福顺批示肯定。21日，原中国社科院常务副院长王洛林同志图书捐赠仪式在青海省社会科学院隆重举行。省委副书记刘伟平、中国社科院办公厅主任黄晓勇等参加。

八月

参看加（合著）《藏密溯源——藏传佛教宁玛派》出版。

九月

1日，崔永红撰写的《吐谷浑历史文化遗迹亟待开发利用》相继得到省委书记赵乐际及省委副书记刘伟平批示肯定。4日，肖莉、拉毛措合作完成课题《加强和改进我省未成年人思想道德建设的若干思考及建议》相继得到省委书记赵乐际、省委副书记刘伟平批示肯定。21日，省委书记赵乐际在省委副书记刘伟平，省委常委、秘书长王建军及省委办公厅、省委政研室、省委宣传部、省财政厅有关负责同志陪同下，来青海省社会科学院进行调研。景晖主编《进言》合订本第一辑内部发行。景晖、丁忠兵著

《青藏高原生态替叠与趋导》出版。

十月

7日，张立群、高永宏、娄海玲、张继宗合作完成课题《青海农民工进城问题研究》得到省委书记赵乐际批示肯定。18日，景晖、翟松天、穆兴天、苏海红合作完成课题《三江源生态补偿机制研究》得到省委书记赵乐际批示肯定。

十一月

7日，徐建龙撰写的《关于解决盐湖集团综合利用项目现存问题的建议》相继得到省委书记赵乐际、省长宋秀岩及副省长马建堂批示。

十二月

景晖、崔永红、孙发平主编《青海经济社会蓝皮书·2006年》出版。19日，青海省社会科学院成果在全省第七次哲学社会科学优秀成果评奖活动中获荣誉奖2项，二等奖7项，三等奖21项，总计30项。20日，召开党风廉政建设责任制专项考核大会。26日，参看加、桑杰端智合作撰写的《取消藏传佛教寺院定额管理，严把入寺关的建议》得到省委书记赵乐际批示肯定。

二〇〇七年

一月

23～25日，全院首次科研工作会议召开。

二月

16日，召开2006年度总结表彰大会，同日召开2007年度全院党风廉政建设工作安排大会。

三月

9日，《青海研究报告》合订本第四辑发行。23日，青海省社会科学院举办了"五五"普法知识竞赛。

四月

6日，召开深入开展"作风建设年"主题活动动员大会。24日，院党组召开专题民主生活会。

五月

10日，景晖、崔永红、高永宏、刘傲洋合作撰写的《树立青海意识，打造青海品牌》相继得到省委书记强卫及省委副书记骆惠宁重要批示。23~27日，省第十一届党代会在西宁隆重召开，景晖、拉毛措当选代表。

六月

4日，省委书记强卫在宣传思想工作汇报会上作了重要讲话，讲话中对青海省社会科学院《青海研究报告》给予了肯定。

十一月

穆兴天、拉毛措、参看加、桑杰端智合作撰写的《青海省藏区公民非法出入境问题研究》得到省政协主席白玛批示肯定。

十二月

毕艳君、崔永红合著《古道驿传》由青海人民出版社出版。景晖、崔永红主编《进言》合订本第二辑内部发行。景晖、崔永红、孙发平主编的《青海蓝皮书2007~2008年经济社会分析与预测》出版。景晖主编，崔永红、孙发平为副主编的《生态战略思考》内部出版。28日，因任职年龄到限，根据青委〔2007〕240号文件，省委同意景晖同志退休。

二〇〇八年

一月

10日，马生林撰写的《关于加强青海省红色旅游的建议》得到省委书记强卫批示肯定。12日，孙发平主编、崔永红为副主编的《青海研究报告》第五辑合订本发行。

二月

2日，省委常委、组织部部长齐玉代表省委、省政府看望慰问青海省社会科学院国家级专家、研究员崔永红同志。19日，孙发平、张继宗撰写的《进言》第36期《关于加快茫崖水电等基础设施建设的建议》一文，得到省委书记强卫同志和省委常委、副省长马建堂同志的批示。

四月

8日，经2008年3月28日省委常委会议研究决定，赵宗福同志任青海省社会科学院党组书记、院长。29日，南京大学中国社会科学研究评价中心公布了2008~2009年度"中文社会科学引文索引"（CSSCI）来源期刊名单，青海省社会科学院《青海社会科学》杂志再一次入选，这是该刊第四次入选CSSCI来源期刊目录。30日，青海省社会科学院召开2007年

五月

14日，青海省社会科学院先后为汶川地震灾区募集捐款共计52560元支援灾区。20日，经济研究所副所长、副研究员苏海红同志被推荐为2008年北京奥运会火炬接力青海境内传递的火炬候选人。马生林、刘景华合著《"聚宝盆"中崛起的新兴工业城市》由社会科学文献出版社出版。

六月

17～29日，马林同志参加国务院新闻办组织的"中国藏学专家代表团"到德国、比利时、欧盟等国家和地区进行学术交流演讲。26日，孙发平、冀康平、张继宗合著《循环经济理论与实践》由青海人民出版社出版。

七月

11日，召开全院干部职工参加的"省社科院解放思想大讨论动员大会"。15日，全国政协副主席、中国社会科学院院长陈奎元同志接见青海省社会科学院院长赵宗福。17日，由孙发平副院长主持、与中国人民大学环境学院联合完成的省政府委托课题《三江源区生态系统服务功能价值评估研究》评审报告会在北京举行。18日，举办"青海省社会科学院纪念改革开放三十周年理论研讨会"。23～27日，全国第十一次地方社科院文史所所长会议在西宁召开。24日，乐都县李家乡建立省情调研基地挂牌成立。30日，青海省社科院海北研究所成立并挂省情调研基地牌。

八月

7日，中国社会科学院院报第59期以四个整版的篇幅介绍青海省社会科学院发展思路、领导专访和重要科研成果等有关情况。19～21日，由青海省社会科学院举办的"全国地方社科院行政后勤工作会议"在西宁召开。

十月

10日，青海省社会科学院组织全院干部职工召开深入学习实践科学发展观活动动员大会。副院长崔永红研究员主持、文史所副研究员张生寅参与完成的国家社会科学基金西部项目——《明代以来黄河上游地区生态环境与社会变迁史研究》，经全国哲学社会科学规划办公室审核准予结项，鉴定等级为优秀。孙发平研究员主持，穆兴天、苏海红参与完成的省政府重大委托课题《三江源区生态系统服务功能价值评估研究》，其主要结论在 2008 年 10 月 5 日《人民日报》头版头条应用刊登。青海省社会科学院《纪念改革开放 30 周年理论研讨会优秀论文集》公开出版发行。省委书记强卫来函祝贺青海省社会科学院建院 30 周年。全国政协副主席、中国社会科学院院长陈奎元为青海省社会科学院建院 30 周年题词：昆仑无际，一派旭日照青海；星宿有源，九曲黄河沃神州。

十一月

6 日，青海省社会科学院建院 30 周年庆祝大会在西宁召开。26 日，青海省社会科学院黄南研究所和黄南省情调研基地正式挂牌成立。

十二月

5~8 日，受日本爱知大学"国际中国学研究中心"（ICCS）的邀请，孙发平副院长赴日本名古屋参加"中国的开发政策与构筑和谐社会"国际研讨会。副院长、研究员孙发平，苏海红副研究员等同志合作完成的《中国三江源生态价值及补偿机制研究》由中国环境科学出版社公开出版发行，省委书记强卫、省委常委、副省长马建堂同志分别为该书撰序。16 日，院党组召开以"学习和实践科学发展观"为主题的民主生活会。

二〇〇九年

一月

刘景华副研究员荣获"青海省优秀专业技术人才"称号。

三月

22 日，青海省社会科学院和湟源县政府组织邀请省内知名专家学者在西宁召开湟源历史文化研究课题组座谈会，正式对湟源历史文化进行专题研究。

五月

5 日，中国社科院《要报》副主编、编审卢世琛应邀来青海省社会科学院做专题报告。24 日，党组会采取无记名票决方式确定了 8 个正处级职位的拟任人选：任惠英同志拟任办公室主任，刘景华同志拟任科研管理处处长，毛江晖同志拟任教育培训中心主任，苏海红同志拟任经济研究所所长，拉毛措同志拟任哲学社会学研究所所长，张立群同志拟任法学研究所所长，张毓卫同志拟任文献信息中心主任，杨志成同志拟任后勤服务中心主任。

六月

12~17日，赵宗福院长与中央党校进修班赴青调研组就"当前多民族文化认同的调查研究"课题进行了广泛调研。

七月

青海省社会科学院7项课题（其中年度一般项目4项，西部项目3项）获得国家社科基金资助。青海省社会科学院专家学者与日本爱知大学国际中国学研究中心共同承担的2009年度"西部大开发中日共同证实性研究"环境自然生态问题实地调研考察活动圆满完成。在2009年度青海省社科规划项目中青海省社会科学院5项课题获得资助。

八月

11日，青海省社会科学院与中国社会科学院社会政法学部、民族学与人类学研究所、藏族历史文化研究中心等联合主办的"首届中国藏区经济社会发展论坛暨藏区社会科学院院长联席会议"在西宁隆重召开。省委常委、宣传部长曲青山出席大会并做了讲话。14日，党组会议研究确定马林同志拟任藏学研究所所长，马连龙同志拟任民族宗教研究所所长，马进虎同志拟任文史研究所所长，徐明同志拟任编辑部主任，马勇进同志拟任编辑部副主任、拉毛扎西同志为机关党委专职副书记。

十月

《青海社会科学》荣获"中国北方十佳期刊奖"。

十一月

6日，青海省社会科学院举办全院干部职工联谊活动。22日，青海省社会科学院马文慧、马学贤、刘景华、马连龙合作完成的《加强青海省无党派人士政治引导问题的思考》一文获省委常委、统战部部长多杰热旦批示。26~27日，先后召开了2009年党风廉政建设报告会和理论研讨会。

十二月

孙发平同志被批准为2008年度享受政府特殊津贴专家。1日，院党组聘任张国宁同志为院办公室副主任。11日，党组召开了以"加强领导干部党性修养，树立和弘扬良好作风"为主题的2009年度专题民主生活会。15日，青海省社会科学院海南研究所和省情调研基地挂牌成立。28日，召开青海省社会科学院2009年地方所（省情调研基地）工作座谈会。

二〇一〇年

一月

在青海省第八次哲学社会科学优秀成果评奖活动中，青海省社会科学院荣获一等奖2项、二等奖3项、三等奖5项、优秀成果奖10项。27日，召开2010年科研课题选题征询会。

三月

2日，召开2010年青海研究报告选题论证会。8日，举行了庆祝妇女节100周年联谊活动。30日，召开2010年度党风廉政建设工作会议。

四月

9日，召开学术委员会议讨论确定28项研究课题为本年度"青海研究报告"立项课题。由青海省社会科学院科研人员主持完成的四项青海省"十二五"规划前期研究课题相继通过了省规划办主持的课题评审鉴定，顺利结项。

五月

1日，举办了"五一劳动节情系灾区学术交流会"。18日，高质量完成玉树灾后重建专项课题，省委书记强卫对该研究报告做出重要批示。

七月

5~8日，青海省社会科学院和中国社会科学院中国特色社会主义理论体系研究中心共同主办的"全国社会科学院系统中国特色社会主义理论体系第十五届年会暨理论研讨会"在西宁召开。12~14日，由青海省社会科学院承办的"农业农村可持续发展与生态农牧业建设论坛暨第六届全国社科农经网络大会"在西宁举行。18~27日，青海省社会科学院与日本爱知大学国际中国学研究中心2010年第一批在青联合考察调研活动圆满结束。28日，青海省社会科学院主办的《青海社会科学》杂志创刊三十周年纪念大会在西宁召开，《中国社会科学》杂志社总编高翔、中共青海省委宣传部常务副部长王向明莅会并作了讲话。

八月

2010年度有10项课题（其中年度一般项目4项，西部项目5项，青年项目1项）获得国家社科基金立项资助。5日，特邀日本爱知大学教授、民族学博士周星做了题为《日本保护非物质文化遗产的经验及其对中国的启示》的专题学术报告。4项课题获批2010年度青海省社科规划项目。

十月

16日，青海省社会科学院承办的为期5个月的青海省干部自主选学培训班圆满结束。

十二月

党组书记、院长赵宗福教授申报的国家社科基金重大委托项目《中国节日志》子课题《春节青海卷》由文化部民族民间文艺发展中心批准立项。8日，省人大常委会机关举办学习贯彻十七届五中全会精神报告会，邀请经济研究所所长、副研究员苏海红作了题为《由十七届五中全会对青海省"十二五"规划的思考》的辅导报告。由青海省社会科学院牵头，省经委、省商务厅共同参与的2010年省委重大调研课题《青海加快转变经济发展方式研究》顺利完成，并如期报送省委政研室。8~10日，举办科级以上党员领导干部党风廉政培训暨理论研讨会。24日，由培训中心承办的全省维护社会稳定专题研讨班在西宁大厦圆满落幕。29日，青海省人民政协理论研究会成立暨第一次人民政协理论研讨会在胜利宾馆召开，青海省社会科学院孙发平、马林、马学贤、马文慧、张生寅当选为会员，孙发平副院长当选为副会长、常务理事。美国哈佛大学出版社决定将马林研究员撰写的专著《历史的神奇与神奇的历史——五世达赖喇嘛传》翻译为英文版出版。赵宗福教授和孙发平研究员被日本爱知大学聘为客座研究员。

二〇一一年

一月

11日，青海省社科院地方研究所暨省情调研基地工作会议在西宁召开。12日，院党组召开了2011年度科研课题征询会议。27日，省委常委、宣传部部长吉狄马加来青海省社会科学院进行调研座谈。28日，青海省社会科学院召开2010年度总结表彰大会暨2011年度工作安排大会。

二月

11~15日，孙发平副院长赴日本爱知大学（名古屋）开展学术交流研讨。28日，召开贯彻落实中央和省委1号文件精神和干部下乡动员暨培训工作会议。

三月

22日，组织举办了"国家力量与玉树抗震救灾"理论研讨会。青海省社会科学院获得2010年度全省统战调研工作组织奖，马连龙译审、马文慧副研究员撰写的调研报告获一等奖。

四月

17日，中国社科院武寅副院长一行三人来青海省社会科学院视察指导工作。21日，中国社会科学院周少来研究员、周庆智研究员两位专家莅临青海省社会科学院做学术讲座。在省委政研室组织的2010年度全省优秀调研报告评选中，青海省社会科学院《青海加快转变经济发展方式研究》和《青海省新时期扶贫目标及对策建议》两项科研成果分获二、三等奖。

五月

13日，举行"纪念中国共产党成立九十周年"理论研讨会。

六月

10日，邀请中国社科文献出版社总编室梁燕玲主任给全体干部职工作专题讲座；美国印第安纳大学民俗学与音乐人类学系东亚研究中心副主任、"花儿"与中国民族音乐学专家Sue Tuohy（苏独玉）教授应邀来青海省社会科学院做了题为《美国民俗学研究对象与理论方法浅谈》的讲座。17日，为纪念建党90周年院党组举办了全院离退休职工庆祝建党90周年联欢会。

七月

青海省社会科学院提交的《中国共产党处理藏传佛教问题的探索与启示》一文成功入选全国纪念中国共产党成立90周年理论研讨会。18日，由青海省委宣传部、中国民俗学会、青海省社会科学院、格尔木市政府、湟源县政府联合举办的首届"昆仑神话与世界创世神话国际学术论坛"在西宁召开。青海省委常委、宣传部部长吉狄马加出席。

八月

经济研究所窦国林副研究员撰写的《灾害不可避免　灾难可以减免》一文在《光明日报》"智慧版"面向全国读者开展的"灾难中的智慧"征文活动中荣获一等奖。15～19日，青海省社会科学院与中国社会科学院台港澳学术交流中心、中国社会科学院民族学与人类学研究所联合主办的"海峡两岸少数民族事务与政策实践"学术研讨会在夏都西宁成功举行。

15日，青海省社会科学院组织召开了2011年度获批立项的7项国家社科基金项目、1项青海省社科规划重大招标项目的开题论证会。22日，青海省社会科学院与青海省委宣传部、青海湖景区保护利用管理局、青海省科学技术厅、青海省三江源办公室联合主办的"人文视野下的高原生态国际学术研讨会"在西宁召开。省委常委、省委宣传部部长吉狄马加在开幕式上致辞。经研究协商青海省社会科学院与青海工程咨询中心签订《合作框架协议》。

九月

9日，组织召开《从怎么看到怎么办》学习座谈会。

十月

26日，召开全院干部职工大会传达学习十七届六中全会精神。同日，召开"走基层、转作风、改文风"动员部署大会。

十一月

10日，《中国社会科学报》青海记者站在青海省社会科学院挂牌成立。29日，召开全院干部职工大会与退休老干部代表一起学习贯彻全省文化改革发展大会精神。

十二月

27日，院党组会议研究建议赵晓同志任院科研管理处处长。

二〇一二年

一月

4日，召开全院干部职工大会传达学习青海省委十一届十一次全会精神。

二月

8日，院党组会议研究决定聘任杜青华同志为院办公室副主任、鄂崇荣同志为民族宗教研究所副所长、郑家强同志为文献信息中心副主任。23日至3月4日，鄂崇荣副研究员随团中央组织的中国青年访印代表团出访印度。24日，召开中心组专题学习会议学习传达中纪委第十七届七次全会和省纪委第十一届六次全会精神。

三月

青海省社会科学院荣获2010年、2011年度"机关党建工作先进单位"

称号。8日,举行"三八"妇女节联谊会。15日,在省委政研室召开的2011年度全省优秀调研报告获奖单位和个人予以表彰大会上,青海省社会科学院获一等奖1项、优秀奖3项。29日,青海省社会科学院被评为西宁市城中区2010~2011年度区级精神文明建设工作先进集体。

四月

24~25日,青海省社会科学院与青海省总工会、青海省委宣传部、青海省委党校联合举办的"全省学习宣传实践中国特色社会主义工会发展道路研讨班(会)"在西宁开班。

五月

2日,经青海省社会科学院协调联系,中国社会科学院与青海省委省政府在京签署战略合作框架协议书。中国社会科学院党组副书记、常务副院长王伟光,青海省委书记、省人大常委会主任强卫出席签字仪式并致辞。中国社会科学院党组成员、副院长武寅,青海省委常委、常务副省长徐福顺代表双方签署《中国社会科学院——青海省战略合作框架协议》。7日,由青海省社会科学院组织编撰、社会科学文献出版社出版的青海蓝皮书《2012年青海经济社会形势分析与预测》在西宁发布。8日,青海省社会科学院和社会科学文献出版社联合举办了2012年《青海蓝皮书》新闻发布会。18日,青海省社会科学院组织全体干部职工集中观看了省十二次党代会开幕式实况。20日,青海省社会科学院与中共青海省委宣传部、中国民俗学会、青海省民俗学会、青海天地人缘文化旅游发展有限公司联合主办的"2012′土文化国际学术研讨会"在西宁召开。省委常委、宣传部部长吉狄马加出席开幕式并致辞。23日,召开全院干部职工大会,传达学习部署贯彻省第十二次党代会精神。

六月

组织扶贫点困难家庭儿童开展为"放飞心愿、拥抱快乐"的主题游园活动。

七月

3日,青海省社会科学院海西研究所和省情调研基地在德令哈揭牌。25日,中央民族大学民族学与社会学学院与青海省社会科学院民族宗教所共建的教学实习基地举行揭牌仪式在青海省社会科学院举行。17日,青海省社会科学院与青海省委宣传部、中国社会科学院民族文学研究所共同主办的"格萨尔与世界史诗国际学术论坛"在西宁开幕，中国社会科学院副院长武寅，省委常委、省委宣传部部长吉狄马加，以及来自中国、美国、英国、马里等11个国家的百余名专家学者和嘉宾出席。31日，举办学习胡锦涛总书记"7·23"重要讲话精神理论研讨会。

八月

1日，孙发平研究员、刘傲洋副研究员共同完成的青海省哲学社会科学规划办2009年度重点课题《青海省科学发展评估研究》顺利通过评审，鉴定等级为优秀。张生寅、胡芳、解占录、毕艳君、杨军等5位科研人员合作编著的《中国土族》一书，作为"中华民族全书"中的一部由黄河出版传媒集团、宁夏人民出版社公开出版发行。17日，青海省社会科学院与中共青海省委宣传部、西宁市人民政府、中国舞蹈家协会联合主办的"生命的呈现和灵魂的呐喊——舞蹈的原生态性与现代舞的原始精神国际学术论坛"在西宁召开。中国文联党组成员、副主席、书记处书记杨承志，中共青海省委常委、宣传部部长吉狄马加等领导出席。18日，青海省社会科学院与青海省委宣传部、中国民俗学会、青海省旅游局、青海省民俗学会主办的"昆仑神话的现实精神与探险之路国际学术论坛"在青海会议中心举行。省委常委、宣传部部长吉狄马加，省政协副主席鲍义志等出席。

九月

院党组认真落实全省"党政军企共建示范村"活动，省委书记、省人大常委会主任强卫在青海省社会科学院完成的《白土庄村发展规划》上作了重要批示。4日，苏海红研究员、藏学所所长马林研究员、经济所副所长丁忠兵副研究员、经济所马生林研究员等4位学者分别获得国家和省优秀专家、省优秀专业人才荣誉称号。

十月

鄂崇荣副研究员合作完成的《守望远逝的精神家园》一书公开出版发行。

十一月

1日，全国哲学社会科学规划办公室公布了国家社科基金重点资助期刊入选名单，青海省社会科学院主办的《青海社会科学》获国家社科基金资助。8日，全院离退休老同志代表、副处级以上领导干部和副高职称以上专家学者50余人集中收看了党的十八大开幕式现场直播。18~30日，副院长苏海红研究员应邀赴意大利参加了由中国社会科学院主办,意大利环境、领土与海洋部共同资助的"生态管理:战略与政策"高级培训计划及学术会议。

十二月

12日,中国社会科学院世界宗教研究所曾传辉研究员和尕藏加研究员应邀来青海省社会科学院作了专题讲座。24日,组织全院干部职工召开2012年反腐倡廉警示教育周活动动员大会。31日,召开全院干部职工大会,学习传达省委十二届三次全体会议精神。副院长孙发平研究员和刘傲洋副研究员合作完成的《"四个发展":青海省科学发展模式创新——基于科学发展评估的实证研究》一书由中国社会科学文献出版社公开出版发行,省委书记强卫以《开创青海科学发展新局面》为题给该书作序。31日,青海省社科规划办组织省内专家对2011年度青海省社科规划重大招标项目《青海加强和创新社会建设与社会管理研究》进行了评审鉴定,鉴定等级为优秀。民族宗教所鄂崇荣副所长主持,韩得福、吉乎林参与完成的研究报告《藏传佛教青年僧侣思想特点》一文获2012年度全国统战理论政策研究创新成果三等奖。

二〇一三年

一月

7日,召开院党组2012年度专题民主生活会。31日,省委宣传部赵永祥副部长一行来青海省社会科学院慰问了享受国务院特殊津贴专家、省级专家、省宣传文化"四个一批"拔尖人才马林研究员和全国"巾帼标兵"、全国"三八"红旗手、省宣传文化系统"四个一批"优秀人才拉毛措研究员。同日,召开2013年信息工作会议。

二月

1日,召开了2013年度国家社科基金项目申报文本论证会对申报的11项课题逐项进行了论证;召开中心组扩大会议专题学习省十二届人大会议和省十一届政协会议精神。4日,邀请离退休老同志代表欢聚一堂召开迎新春茶话会喜迎佳节。6日,召开2012年度工作总结表彰大会。院领导班子慰问了青海省社会科学院11位各级各类专家。青海省社会科学院领导班子在2012年度全省73个地厅局党政单位党风廉政建设责任制和惩防体系建设专项考核中被评为"优秀领导班子",这是青海省社会科学院自2011年起连续两年获得"优秀领导班子"荣誉称号。

三月

青海省社会科学院在省财政厅组织的2012年省级部门预算管理综合绩效考评中,以97分的综合分数(满分100分)排名第一。青海省社会科学院地方研究所(省情调研基地)工作会议在西宁召开。赵宗福教授主编、青海人民出版社出版的《昆仑文化与西王母神话论文集》获北方十五省哲学社会科学优秀图书奖。15日,组织全院干部职工召开了2013年党风廉政建设、党建工作暨目标责任书签订大会。在省委政策研究室印发的《关于表彰2012年度全省优秀调研报告的通报》(青研〔2013〕21号)中,青海省社会科学院6项报告获得奖励。

四月

19日,《青海社会科学》获国家社科基金资助暨刊物创新发展研讨会在青海省社会科学院召开。19日,院党组会议研究确定马勇进同志为青海省社会科学院编辑部主任拟任人选。21日,组织全院干部职工70余人参与省委组织的支援芦山抗震救灾捐款活动。23日,组织召开了"2013年青海发展形势研讨暨2014年青海蓝皮书编前会"。26日,鄂崇荣研究员被授予"全国五一劳动奖章"荣誉称号。

五月

组织召开2013年"科研质量年"启动大会。

六月

2013年度国家社会科学基金项目立项公示名单中,青海省社会科学院有7项课题名列其中,立项率居全省各申报单位之首,在全国也名列前茅。

七月

4日,举行了中国社会科学院社会学研究所农村环境与社会研究中心青海调研基地揭牌仪式暨座谈会。11日,召开党的群众路线教育实践活动动员大会。在省档案局组织的2012年度全省档案事业统计年报工作考评中,青海省社会科学院被评为先进单位。25日,组织召开了2014年《青海蓝皮书》选题评审暨院外作者交流会。

八月

19日,青海省社会科学院和青海省委宣传部、中国民俗学会、格尔木市委市政府、青海省民俗学会共同主办的"2013'中国昆仑文化国际学术论坛"在中国盐湖城——格尔木举行,国内外专家400多人参加。中旬,举办了以"中国梦 劳动美"为主题的书画摄影展。30日,举办了"党的群众路线教育实践活动知识竞赛"。

十月

12日,院里组织离退休老同志开展重阳节登高望远活动。27~28日,领导班子召开党的群众路线教育实践活动专题民主生活会,省委第一督导组、省纪委、省委组织部有关领导到会指导。

十一月

青海省社会科学院被评为全省精神文明建设先进集体。25日,赵宗福教授为首席专家的《昆仑文化与中华文明研究》立项2013年国家社科基金重大项目,实现了青海国家社科基金重大项目研究零的突破。25日,赵宗福教授全票当选为青海省民间文艺家协会主席。29日,召开党的十八届三中全会精神学习研讨会。

十二月

17~18日,院里对新聘用工作人员进行了入职培训。20日,赵宗福教授在首届大昆仑文化高峰会议上荣获"大昆仑文化杰出学术理论奖"。

二〇一四年

一月

14日,省委常委、省委宣传部部长吉狄马加部长代表省委省政府,到青海省社会科学院慰问青海省社会科学院享受国务院特殊津贴专家、院党组书记、院长赵宗福教授。27日,院领导班子赴上滨河路社区服务站、上滨河路老年人服务中心、城中区北大街派出所等基层单位进行走访慰问。28日,召开党的群众路线教育实践活动总结大会,省委第一督导组领导出席会议。同日,召开2013年度工作总结暨表彰大会。29日,召开2014年科研选题征询会。

二月

组织召开了节日慰问一线职工座谈会。18日,召开地方所及调研基地工作。27日,院驻海东市乐都区李家乡甘沟岭村宣讲小组开展"一讲三促"主题活动。

三月

4日，在2013年度全省优秀调研成果评奖中青海省社会科学院3项成果获奖。6日，召开了2014年度信息工作会议。7日，省妇联举办的"靓丽女性绽风采、和谐家庭暖高原"颁奖大会上，青海省社会科学院马生林、马学贤、刘景华、朱学海、丁巍、崔晓江等6位同志被评为"青海省文明家庭标兵"。27日，第六届西北五省区社科院院长联席会议在西宁召开。27日，由青海省社会科学院主办的"2015年'西北蓝皮书'协调会"在西宁举行。27日，西北五省区社科院丝绸之路经济带建设研讨会在西宁召开。

四月

青海省社会科学院工会经审工作被评定为一等奖。18日，青海省社会科学院在西宁举办"青海蓝皮书"2014年新闻发布会暨2015年编前会。在全省党的群众路线教育实践活动理论研讨和征文活动中，青海省社会科学院4篇论文获优秀论文表彰。

五月

青海省社会科学院组队参加了省直工委举办的省直机关第六届职工运动会。22~23日，召开了重点课题写作提纲论证会与青年科研课题、科研启动课题评审会。

六月

在全国哲学社会科学规划办公室发布2014年国家社科基金项目立项名单，青海省社会科学院3项申报课题获得立项，立项率达为37.5%。在省财政厅通报的关于2013年度全省省级单位预算管理综合考评情况中，青海省社会科学院在2012年度考评排名第一的基础上，财务预算管理工作以总分91.5（满分100分）的成绩与另五个单位并列一档类。

七月

2日，召开全院干部职工大会就机关效能建设工作进行了动员和部署。同日，召开2014年保密工作会议，举办2014智库服务建设年专题讲座。4日，中国社会科学院民族学与人类学研究所所长王延中研究员来青海省社会科学院做了以"在创新视野下的基础研究与应用研究"为题的讲座。11日，在青海省社会科学界联合会第五次代表大会上院党组书记、院长赵宗福教授当选为副主席。17日，院里组织全院离退休老同志开展夏日专题调研活动。

八月

10日，由青海省社会科学院和青海省委宣传部、中国民俗学会、格尔木市委市政府、青海省民俗学会共同主办的"2014'昆仑文化与丝绸之路经济带国际学术论坛"在格尔木举行，国内外专家学者和专业人士100余人参加。10日，由青海省社会科学院主办的2015年"西北蓝皮书"协调会暨统稿会在格尔木召开

九月

3日，国家社科基金特别委托项目、中国社会科学院"创新工程"重大项目《21世纪初中国少数民族经济社会发展综合调查》子项目《果洛达日：21世纪初的经济社会发展》课题顺利完成调研工作。4日，对年度获批的国家社科基金项目进行了开题论证。30日，院领导班子慰问离休老同志、老党员。

十月

10日，院机关党委、机关纪委召开了党风廉政建设工作专题会议，广泛征求两委委员对青海省社会科学院党风廉政建设工作的意见建议，并对今后的工作提出具体要求。16~17日，组织全院副处级以上干部和副高职称以上专业技术人员共40余人进行了为期2天的集中学习研讨。20日，召开2014年社科规划项目年度中期检查会。23日，青海省人民政府副省长匡湧莅临青海省社会科学院开展专题调研。

十一月

离退休干部崔永红同志被中央组织部评为全国离退休干部先进个人。

十二月

12日，院党组确定杜青华同志为经济研究所所长建议人选、鄂崇荣同志为民族研究所所长建议人选。12日，召开党的十八届四中全会和省十二届七次全委会精神专题研讨会。18日，孙发平研究员主持的青海省社科规划办2012年度重大招标课题《青海建设国家循环经济发展先行区研究》顺利通过评审，鉴定等级为优秀。23日，院党组聘任张建平同志为后勤服务中心主任。25日，院党组以"严格党内生活、严守党的纪律、深化作风建设"为主题召开了2014年度民主生活会。省委第一督导组组长桑杰一行到会指导。

二〇一五年

一月

春节之际，院领导班子成员慰问了工作在一线的干部职工。工会举办了"迎新春"职工文体活动。20日，召开2015年科研选题征询会。30日，召开中心组学习会学习传达了省人大十二届四次会议、省纪委十二届四次会议、全省组织部长会议和全省宣传部长会议等重要会议和文件精神。

二月

2日，召开2015年度地方研究所（省情调研基地）工作会议。5日，召开2015年度国家社科基金项目申报文本论证会。15日，慰问青海省社会科学院各级各类专家。15日，召开2014年度工作总结暨表彰大会。同日，省委宣传部常务副部长王向明一行莅临青海省社会科学院慰问赵宗福教授。

四月

1日，省委下发了《关于陈玮同志任职的通知》（青委〔2015〕76号、80号），任命陈玮同志担任青海省社会科学院党组书记、院长。同时，赵宗福同志因任职年龄到限，省委免去其担任的青海省社会科学院党组书记、院长职务。28日，院党组召开会议传达学习了中央和省委"三严三实"专题教育工作座谈会精神。经济研究所马生林研究员评为2014年享受政府特殊津贴专家。

五月

7日，召开2015年度网站信息工作会议。8日，召开了"2015年《青海蓝皮书》总结表彰暨2016年《青海蓝皮书》编前会"。5月14～19日，陈玮院长专程前往中国社会科学院进行工作汇报和专题调研，与中国社会科学院党组书记、院长王伟光，副院长李培林、秘书长高翔等领导会谈。28日，召开"三严三实"专题教育启动大会，院党组书记、院长陈玮教授以《践行"三严三实"、打造中国特色青海特点新型智库》为题作了专题党课。29日，召开2015年科研工作会议。

六月

1日，陈玮院长一行赴海东市乐都区李家乡中心学校开展"让山区的孩子过一个快乐的'六一'儿童节"的主题活动。16日，中共青海省委政策研究室下发《关于表彰2014年度全省优秀调研报告的通报》，青海省社会科学院8篇研究报告获奖。16日，青海省社会科学院与青海省委党校联合举行了青海省社会科学院"青海省藏学研究中心"成立仪式暨工作座谈会。院机关党委于17～21日举办了第一期机关党务干部培训班。29日，召开了2015年度院级重点课题开题论证会。

七月

全国哲学社会科学规划办公室发布2015年度国家社科基金项目立项名单，青海省社会科学院4项申报课题成功立项，立项率达50%。1日，陈玮院长率队专程看望离休老干部，慰问了困难党员。16日，陈玮院长率队在北京与中国藏学研究中心签订合作意向书。23日，召开与中国藏学研究中心合作课题推进会。30日，组织离退休老同志前往青海藏文化馆和湟中县博物馆参观度夏。

八月

按照省人社厅有关规定及《省社科院岗位竞聘实施办法》（青社院〔2008〕43号）文件规定，院人事处对青海省社会科学院专业技术岗位进行了调整，此次调整涉及15名专业技术人员，其中新增2个专业技术二级岗位。5日，《青海社会科学》创新发展暨马克思主义理论研究前沿问题学术研讨会在青海省委党校召开。来自省内外专家共60余人参加了会议。5日，院党组会议研究决定聘任谢热同志为藏学研究所副所长、张前同志为《青海社会科学》编辑部副主任、李建军同志为后勤服务中心副主任。12日，由青海省社会科学院主办的2015年第七届西部五省区社会科学院院长联席会在青海省西宁市青海会议中心成功召开，来自中国社会科学院、中国藏学研究中心、中国社会科学出版社等国家级智库机构和出版社，四川省、西藏自治区、甘肃省、成都市等省市区社会科学院，四川大学藏学研究所等学术机构70余位专家学者和青海省宣传思想理论界200余位代表参加了联席会开幕式。青海省委常委、宣传部部长张西明出席并作了讲话，青海省社会科学院党组书记、院长陈玮主持大会并致辞。13日，青海省社会科学院主办的加强新型智库建设，推进藏区"四个全面发展"研讨会，在青海省海北藏族自治州西海镇举办。来自中国社会科学院、中国藏学研究中心、中国社会科学出版社等国家级智库机构和出版社，四川省、西藏自治区、甘肃省、青海省、成都市等省市区社会科学院，四川大学藏学研究所等智库机构和学术单位，以及海北藏族自治州有关单位的80余位专家学者参加了研讨会。26日，在省直机关工委主办、青海省登山运动管理中心承办的省直机关职工"亲近自然、强健体魄"徒步比赛中，青海省社会科学院4人获得名次。

九月

15日，召开了"青海省生态文明建设蓝皮书"编撰讨论及培训会，省发改委等15家参编单位的近30名参编作者参加了会议。赵宗福、鲁顺元完成的《用社会主义核心价值观引领青海牧区社会思潮问题研究》一文获中国思想政治工作研究会2014年课题研究成果二等奖。

十月

12日，召开了2015~2016年"青海蓝皮书"经济社会发展形势研判专家咨询讨论会，省委、省政府相关领导和专家应邀出席。12日，召开中心组会议传达学习习近平总书记在中共中央政治局第二十六次集体学习时的重要讲话精神。13日，省委常委、秘书长王予波同志带领省委办公厅常委办副主任王建平等一行，莅临青海省社会科学院就"实施'创新发展'战略，推动经济体制创新、科技创新和人才创新，全面增强'十三五'发展动力"开展调研。19~26日，组织开展了为期一周的党风廉政建设教育周活动暨举办了第二期党务干部培训班。27日，陈玮教授主持承担2015~2017年度《青海籍海外藏胞现状研究》课题在中华全国归国华侨联合会成功立项。

十一月

16日，青海省社会科学院"中国特色社会主义理论体系研究中心"（系非社团性质研究中心）成立。26日，青海省社会科学院举办了"青海丝路研究中心"成立仪式暨选题征询会议。省委常委、宣传部部长张西明和省政协副主席鲍义志等出席会议。30日，青海省社会科学院召开省委十二届十次全会精神宣讲报告会。

十二月

10日，经院党组会研究，决定由青海省社会科学院牵头与青海省发改委等单位联合成立"青海生态环境研究中心"（系非社团性质研究中心）。11日，科研处组织召开了院舆情信息工作专题交流暨安排部署会议。30

日，院党组召开 2015 年度"三严三实"专题民主生活会。

二〇一六年

一月

8 日，受省人社厅委托组织召开了 2015 年度青海省科研系列（社会科学）职称评审委员会。14~15 日，青海省社会科学院为饮马街办事处举办了两期冬季干部职工集中教育示范培训班，辖区 70 多名党员参加了培训。16 日，召开 2015 年度处级干部述职述廉大会，副处级以上干部就 2015 年度本部门工作及个人履职情况向院党组和全院干部职工进行述职。21 日，召开 2016 年度地方研究所（省情调研基地）工作会议；召开 2016 年度院级课题征询会。27 日，召开 2016 年保密工作会议暨科研人员保密知识培训班。

二月

春节前，省委宣传部副部长胡维忠等一行莅临青海省社会科学院慰问了部分专家学者。4 日，召开了 2016 年度国家社科基金项目申报文本论证会，对申报的 7 项课题逐项进行了认真细致的论证。26 日，组织全院干部职工召开了 2016 年重点工作安排暨目标责任签订大会。

三月

4 日，组织 59 名在职党员组成的 6 个学雷锋志愿者服务队在上滨河路一带开展了主题为"弘扬雷锋精神，共建文明家园"活动。

四月

政法研究所唐萍副研究员承担的省纪委课题"结合案例学《条例》"，在《青海日报》推出专栏连载刊发。

五月

13 日，印发《省社科院"两学一做"学习教育实施方案》。27 日，青海省社会科学院召开青海藏学研究中心工作座谈会，安排 2016 年度工作。27 日，召开 2016 年度科研工作会议。院党组书记、院长陈玮同志在会上作了题为《积极探索，锐意改革，以制度创新助推科研事业发展》的讲话。

六月

国家社科规划办公室发布 2016 年全国哲学社会科学国家社科基金项目立项通知，青海省社会科学院 3 项目课题立项。16 日，召开 2015 年度信息报送工作总结表彰暨 2016 年度舆情信息工作安排部署、培训会议。27

日，饮马街辖区党建工作协调委员会授予青海省社会科学院机关党委"五星基层党组织"称号。29日，中国社会科学院西藏智库成立大会暨第一届理事会会议在北京召开，院党组书记、院长陈玮教授当选常务理事，鄂崇荣研究员、谢热研究员任理事。30日，省直机关庆祝中国共产党成立95周年表彰大会暨党史报告会上，授予参看加副研究员"省直机关优秀共产党员"、机关党委专职副书记杨志成"省直机关优秀党务工作者"、第三党支部"省直机关先进基层党组织"荣誉称号。

七月

1日，安排部署全院干部职工收看"庆祝中国共产党成立95周年大会"直播实况。7~12日，委托四川省委党校举办一期"围绕新型智库建设，提升保障服务能力"主题培训，20多名职工参加。9日，孙发平副院长参加由省委宣传部、省社科联主办的"2016年社科普及月活动"开幕式。15日，院党组书记、院长陈玮主持召开"两学一做"学习教育之习近平总书记"七一"重要讲话精神专题学习研讨会。青海省社会科学院编纂的《青海蓝皮书：2017年青海经济社会形势分析与预测》获选为2017年可使用"中国社会科学院创新工程学术出版项目"标识的院外皮书之一，并纳入《中国社会科学院皮书管理办法》进行管理。

八月

5日，陈玮院长一行参加在郑州举办的"第十七次全国皮书年会"。在会议首次发布的"皮书数据库影响力指数之报告使用量TOP100"综合评价结果中，青海省社会科学院《2015年青海经济社会形势分析和预测》在"2015年版皮书综合评价TOP100名单"的地方发展类157种中排第三十名，在综合类418种皮书中排名第九十五名；青海省社会科学院苏海红副院长执笔的《2014~2015年西北地区经济社会发展形势分析与预测》获第七届"优秀皮书报告奖"二等奖。10~14日，院党组书记、院长陈玮教授一行参加在新疆乌鲁木齐召开的第十二届西部社会科学院院长联席会议。19日，召开中心组（扩大）学习会议，院党组书记、院长陈玮主持并传达学习省委第十二届委员会十二次全体会议精神。22日，院党组会议研究决定聘任张书卫同志为办公室副主任、闫金毅同志为副处级领导干部。省委任命马起雄同志担任青海省社会科学院副院长；淡小宁同志任职年龄到限，省委免去其副院长职务并退休。

九月

1日，党组决定闫金毅同志任机关纪委委员、副书记。9日，召开了年度院级课题推进会；"唐蕃古道申请世界文化遗产前期研究咨询论证会"在青海省社会科学院召开。论证会由青海省社会科学院院长、党组书记陈玮教授主持。会议邀请了青海地方史学界、藏学界、文博学界的专家，对唐蕃古道申请世界文化遗产前期研究项目进行会诊。24日，由青海省社会科学院、中国藏学研究中心、中共海南州委、州人民政府联合主办，中国藏学研究中心科研办公室、青海省社会科学院青海藏学研究中心等共同承办的"共享发展与藏区精准脱贫学术研讨会"在西宁举行。青海省委藏区办等部门和机构70余名专家学者参加了研讨会。

十月

18日，院党组决定张升平同志任办公室财务科科长、徐海如同志任《青海社会科学》编辑部通联科科长、张玉杰同志任培训中心教学管理科科长、刘堂友同志任后勤服务中心物业管理科副科长、傅生平同志任后勤服务中心办公服务科副科长、李卫青同志任办公室文秘科副科长。23~28日，委托山东省委党校举办第二期"围绕新型智库建设 提升保障服务能力"专题培训班。院党组书记、院长陈玮同志赴济南出席培训班开班式，并做了动员讲话。

二〇一七年

一月

春节前，省社会科学界联合会常务副主席刘伟一行莅临青海省社会科学院慰问鄂崇荣研究员。11日，召开2016年度舆情信息和网络信息工作总结暨表彰大会。12日，召开2017年度院级课题征询会议，省纪委等十一个部门相关负责人应邀参会。同日，召开2017年度地方分院暨省情调研基地工作会议。22日，院机关工会组织开展了迎新春趣味文体活动。

二月

4日，召开2017年度国家社科基金项目申报文本论证会，对申报的8项课题逐一进行了认真细致的论证。16日，召开2017年机关党建党风廉洁精神文明建设工作暨目标责任签订大会。17日和20日，对本院院级重点和一般课题项目申报文本进行了论证和评审。28日，召开2017年度科研工作会议。

三月

14~17日，院党组书记、院长陈玮教授率领部分科研人员赴西宁市及大通县、同仁县等地，就实现青海从人口小省向民族团结进步大省转变问题开展调研。16日，召开2017年院保密工作会议。20~23日，孙发平副院长带领政法所有关人员赴海南州调研大众创业万众创新工作。29日，院机关党委组织开展了以"居民单元楼道畅通清洁"为主题的学雷锋志愿服务活动。在青海省社会科学联合会下达的"青海省第一批省级智库重点研究项目立项的通知"中，青海省社会科学院5项课题获批。

四月

在青海省社会科学联合会下达的"青海省第二批省级智库重点研究项目立项的通知"中，青海省社会科学院陈玮院长主持的《青海实现从人口小省向民族团结进步大省转变问题研究》和马起雄副院长主持的《推进青海农牧区生产生活方式转变研究》2项课题立项。

五月

在青海省社会科学规划办公室下达的《干部教育培训理论研究参考课题特别委托项目》中，青海省社会科学院陈玮教授的《藏传佛教四大教派在青海的基本情况和影响力研究》和鄂崇荣的《伊斯兰教在青海的历史沿革和现状研究》2项课题获得资助。17日，青海省社会科学院在西宁召开了"青海宗教关系研究中心"成立仪式暨选题征询会议。省委常委、统战部部长公保扎西同志和省政府副省长杨逢春同志、原省政协副主席蒲文成研究员等出席会议。25日，召开了2017年保密工作暨保密知识培训会议；召开了2017年舆情信息工作要点部署会议。

七月

10日，院领导班子召开了"坚定践行'四个意识'，扎扎实实推进生态环境保护"专题民主生活会。16~18日，召开了"藏区价值共识与'五个认同'"学术研讨会，来自中山大学、美国加州大学等国内外高等院校学者，以及省内社科理论界专家40余人参加了研讨会。

八月

4日，中国社会科学院院长、党组书记王伟光一行来青海省社会科学院进行调研，听取了工作汇报。4~5日，由中国社会科学院主办、青海省社会科学院和社会科学文献出版社承办的第十八次全国皮书年会在青海省会议中心举行，来自全国各省（区、市）社科院、高校相关负责人共计500余人参加了会议。青海省社会科学院编撰的"青海蓝皮书"（2016卷）荣获优秀皮书二等奖，一篇研究报告荣获优秀皮书报告三等奖。22日，青海省发展改革委和青海省商务厅委托青海省社会科学院承担的《"一带一路"青藏国际陆港建设研究报告》课题评审会在西宁召开，课题通过评审。

九月

3~9日，俄罗斯圣彼得堡国立经济大学邀请党组书记、院长陈玮教授赴俄罗斯开展学术交流活动。7日，崔永红同志应邀赴京以《青海历史文化概说》为题，给中纪委第九监察室全体干部职工就青海的历史文化、民族宗教等情况进行讲座。

十月

在中共青海省委政策研究室下发的《关于表彰2016年度全省优秀调研报告的通报》中，青海省社会科学院有8项调研报告获奖。

十一月

7日，成立青海省社会科学院"习近平新时代中国特色社会主义思想研究中心"，院党组书记、院长陈玮同志任研究中心主任。21~27日，乌克兰基辅格林琴科大学邀请孙发平副院长一行4人赴该大学进行学术活动。

十二月

29日，召开2018年度院级课题征询会，省委宣传部副部长胡维忠出席会议。省纪委等8个部门的相关负责人应邀参会。同日，召开了2018年度地方分院暨省情调研基地工作会议。

二○一八年

一月

17日，创建《青海社会科学》（藏文版）。23日，院党组召开了2017年度民主生活会。

二月

1日，院党组书记、院长陈玮带领全院副处级以上干部到院定点扶贫帮扶村——海东市乐都区李家乡甘沟岭村开展春节前扶贫慰问活动。9日，省政府副省长王正升一行，前来青海省社会科学院看望慰问张立群教授。26日，召开2018年度院级课题立项论证会。

三月

12日，成立院意识形态工作领导小组。18~24日，党组书记、院长陈玮率11人团组在中国台湾开展了"两岸民族宗教与传统文化保存发扬及创意推广"学术交流活动。

五月

4日，组织全院职工收看"纪念马克思诞辰200周年大会"，直播实况。4日，青海省社会科学界联合会河生花常务副主席一行4人来调研。9日，召开2017年度信息工作总结暨2018年工作部署会议。

六月

4日，党组书记、院长陈玮赴北山绿化区检查绿化工作，副院长马起雄同行。6~8日，党组书记、院长陈玮主持召开《三江源国家公园体制试点评估》课题论证会。9日，青海省社会科学院主办承办"西宁地区第三十二届藏族文化艺术节"，陈玮院长、孙发平、马起雄副院长等一同出席。10日，青海省社会科学院举办"改革开放40周年青海民族文化与社会发展论坛"。

七月

5日，青海省社会科学院举办了以"贯彻新发展理念，推动新时代青海经济社会发展"为主题的学术论坛。12~16日，院党组书记、院长陈玮一行7人专程赴京，前往中国社会科学院协调商定有关工作并专门拜访了中国社科院院长、党组书记谢伏瞻同志，并与中国社科院科研局、国际合作局、中国社科院马克思主义研究院、中国社科中国特色社会主义理论体系研究中心、哲学研究所、历史学研究所、农村发展研究所、美国研究所等部门负责人进行了座谈交流。7月24~31日，应美国国会所属美国亚洲研究所邀请，党组书记、院长陈玮教授一行4人赴美国围绕生态环保、智库建设等主题开展交流研讨和相关协作等公务活动。25日，印发《关于开展建院40周年系列纪念活动的通知》。

八月

14日，召开党组中心组扩大学习会议，认真传达学习研讨省委十三届四次全会精神。27~28日，承办第十四届西部十二省（区、市）社会科学院院长联席会议暨习近平生态文明思想与西部绿色发展论坛，青海省委常委、宣传部部长张西明同志出席并讲话。

后　记

《奋进的历程——青海省社会科学院建院四十周年》一书，是青海省社会科学院建院四十周年之际，全面反映建院以来各项工作成就的一部综合性集成。全书共六章，清晰反映了青海省社会科学院整体发展和人员机构等变化历程，集中体现了历届党组领导班子带领全院职工，围绕中心、服务大局、与时俱进、开拓创新所取得的辉煌成绩，具有重要的史料价值。

为编写好此书，党组书记、院长陈玮担任了编委会主任，党组成员、副院长孙发平、马起雄分别担任副主任。编委会先后多次对编写工作做出指导部署，确定了大纲目录和内容范围。办公室主任（人事处处长）任惠英和科研管理处处长赵晓担任该书主编，办公室秘书科副科长李卫青助理研究员、科研管理处成果管理科科长柴丰洪、人事处人事科研究实习员赵生祥承担编务工作。李卫青负责全书统稿。

该书编写过程中，院属各部门（所、室）对该书的编写工作给予了大力支持。具体编写分工如下：第一章概况由赵生祥、赵晓、李卫青、马勇进、鲁顺元、刘景华、杨志成、任惠英、张建平完成；第二章机构情况由全院各部门共同完成；第三章人员情况由赵生祥和朱鸿典共同完成；第四章科研工作与回顾由孙发平、赵晓、朱奕瑾共同完成；第五章历年科研成果及奖项统计由柴丰洪完成；第六章大事记由李卫青完成；书中图片由朱鸿典收集提供。

该书出版过程中，得到社会科学文献出版社的支持，本书责任编辑陈颖付出了辛勤劳动并提供了科学建议，在此一并表示感谢。由于该书涉及内容时间跨度较大，在资料收集、信息统计等方面有一定难度，加之编写人员时间和经验有限，难免有疏漏和不足之处，敬请读者谅解和指正。

编　者

2018 年 11 月

图书在版编目(CIP)数据

奋进的历程：青海省社会科学院建院四十周年／任惠英，赵晓主编.--北京：社会科学文献出版社，2018.12

（青海省社会科学院建院四十周年丛书）

ISBN 978-7-5201-4033-1

Ⅰ.①奋… Ⅱ.①任… ②赵… Ⅲ.①社会科学院-历史-青海 Ⅳ.①G322.234.4

中国版本图书馆 CIP 数据核字（2018）第 273502 号

·青海省社会科学院建院四十周年丛书·

奋进的历程
—— 青海省社会科学院建院四十周年

主　　编／任惠英　赵　晓

出 版 人／谢寿光
项目统筹／陈　颖
责任编辑／陈　颖

出　　版／社会科学文献出版社·皮书出版分社（010）59367127
　　　　　地址：北京市北三环中路甲29号院华龙大厦　邮编：100029
　　　　　网址：www.ssap.com.cn
发　　行／市场营销中心（010）59367081　59367083
印　　装／三河市龙林印务有限公司
规　　格／开　本：787mm×1092mm　1/16
　　　　　印　张：21　插　页：1.25　字　数：329千字
版　　次／2018年12月第1版　2018年12月第1次印刷
书　　号／ISBN 978-7-5201-4033-1
定　　价／128.00元

本书如有印装质量问题，请与读者服务中心（010-59367028）联系

版权所有 翻印必究